力学测试技术基础

（第 3 版）

张　明　李训涛　主编

国防工业出版社

·北京·

内 容 简 介

本书为高等院校材料力学课程的实验教材。

第1章介绍了测试技术的概念、测量的概念、测试系统特性和实验应力分析方法;第2章从工程角度讨论了误差分析及处理方法,并讨论了测量不确定度的概念和评定方法;第3章详细分析了电阻应变测试的原理和方法,并介绍了多种应用应变测试原理的传感器;第4章按GB/T 228.1—2021论述了金属材料力学性能测试的有关实验标准和实验方法;第5章介绍了光弹性实验原理和方法;第6章讨论了实验技术方面的有关问题,并介绍了若干材料力学的典型实验。

本书可作为材料力学实验的配套教材,也可作为独立设课的材料力学实验课程的教材。

图书在版编目(CIP)数据

力学测试技术基础/张明,李训涛主编. —3版
. —北京:国防工业出版社,2024.4
ISBN 978-7-118-13169-7

Ⅰ. ①力… Ⅱ. ①张… ②李… Ⅲ. ①材料力学—实验—高等学校—教材 Ⅳ. ①TB301-33

中国国家版本馆 CIP 数据核字(2024)第 060364 号

※

国防工业出版社出版发行
(北京市海淀区紫竹院南路23号 邮政编码100048)
天津嘉恒印务有限公司印刷
新华书店经售

*

开本 787×1092 1/16 印张 21½ 字数 508 千字
2024 年 4 月第 3 版第 1 次印刷 印数 1—2000 册 定价 89.00 元

(本书如有印装错误,我社负责调换)

国防书店:(010)88540777 书店传真:(010)88540776
发行业务:(010)88540717 发行传真:(010)88540762

前　言

作为材料力学、实验力学、力学测试、工程力学实验的配套教材,本书第 2 版出版已整整 8 年,目前市场上本教材已经绝版,校内学生已经几年无新教材可买。现抽出一年时间对第 2 版作了修订,给大家带来耳目一新的一版。

这次修订,除继续修正了第 2 版的错误外,主要还有以下几个方面变化:

(1) 新增了一些趣味性图片,以提高学生对实验的兴趣与实验的重要性认识,继续增加了一些彩色图片,尤其是实物图片,以便在学生通过图片对研究对象有更直观的认识,也希望借此拉近理论与实践的距离;

(2) 更新了机械性能实验对应的最新国标;

(3) 增加了应变–应力换算的详细原理及方法;

(4) 增加了应变片应用的一些工程实例,以及应变式传感器的应用实例;

(5) 一些实验设备的更新;

(6) 增加一些周培源力学竞赛相关知识与习题。

由于是修订,保留前版基本框架,基本保留了第 2 版的特色内容而不做大的改动。笔者认为,实验技术的重要性往往被同学们忽视,认为按实验指导书完成数据记录与处理就可以了,殊不知在实际工程中,实验技术的设计方案的编写,实验过程、与实验结果的处理都是我们对未知事物的探索,这其中诸多因素可能与理论设计相差太远,我们需要发现与解决诸多未知问题。

为方便读者使用,本书的实验部分将实验指导书内容合并到此教材,以便同学们直接使用。

本书可作为单独设课的"材料力学实验""实验力学"配套教材,也可作为材料力学实验、工程力学的参考资料。原则上,本书适用于材料力学实验不少于 20 学时的教学,推荐讲课与实验学时各 16 学时。

参加本教材编写工作的有李训涛、苏小光等同志。张明同志为新版教材提了许多建议,教材的排版、整理和校对工作由李训涛同志负责。苏小光同志也参与了全部内容的审核。由于编者水平有限,编写时间仓促,书中错误在所难免,望读者不吝指正。

为方便出版电子版教材,也为方便教师做课件时图片更美观,新版照片尽量采用彩照。需要时可直接与编者联系:lixuntao@nuaa.edu.cn。

编 者

2023 年 3 月

目 录

第1章 力学测试技术概述 ··· 1

  1.1 力学与测试技术 ·· 1
    1.1.1 理论来源于试验研究 ·· 1
    1.1.2 材料力学中的测试技术 ··· 2
    1.1.3 力学以外的测试 ·· 4
    1.1.4 测试技术的发展历史 ·· 4
    1.1.5 力学测试技术与实验 ·· 5
  1.2 测量的基本概念 ·· 6
    1.2.1 测量的定义 ··· 6
    1.2.2 测量的分类 ··· 6
    1.2.3 关于测量方法 ··· 7
  1.3 测试系统 ··· 8
    1.3.1 测试系统的组成及基本要求 ··· 9
    1.3.2 测试系统的静态特性 ·· 12
    1.3.3 测试系统的动态特性 ·· 14
  1.4 实验应力分析 ·· 15
    1.4.1 实验应力分析概述 ··· 15
    1.4.2 实验应力分析方法 ··· 15
  复习题 ·· 17

第2章 误差分析和数据处理 ··· 18

  2.1 误差的基本概念 ·· 18
    2.1.1 真值 ·· 18
    2.1.2 误差的定义 ··· 19
    2.1.3 误差的表示方法 ·· 19
    2.1.4 误差的来源 ··· 21

  2.1.5 误差的分类 ·· 21
  2.1.6 测量数据的精度 ·· 22
 2.2 有效数字及数据运算 ·· 24
  2.2.1 有效数字 ·· 24
  2.2.2 数字舍入规则 ·· 24
  2.2.3 数据运算规则 ·· 26
  2.2.4 测量结果数值的修约 ·· 27
 2.3 随机误差 ·· 28
  2.3.1 抽样、样本与多次重复测量 ································ 28
  2.3.2 正态分布的概率计算 ·· 28
  2.3.3 数学期望与方差的估计值 ·································· 29
  2.3.4 随机误差的特性 ·· 30
  2.3.5 随机误差的正态分布规律 ·································· 31
  2.3.6 标准差的计算 ·· 32
  2.3.7 算术平均值标准差的计算 ·································· 33
  2.3.8 置信水平和极限误差 ·· 33
 2.4 系统误差 ·· 37
  2.4.1 系统误差的分类 ·· 37
  2.4.2 系统误差对测量结果的影响 ································ 38
  2.4.3 系统误差出现的原因及消除 ································ 39
 2.5 粗大误差 ·· 43
  2.5.1 粗大误差产生的原因 ·· 43
  2.5.2 判别粗大误差准则 ·· 43
 2.6 误差的合成 ··· 44
  2.6.1 系统误差的合成 ·· 45
  2.6.2 随机误差的合成 ·· 45
  2.6.3 误差的总合成 ·· 46
  2.6.4 间接测量的误差合成 ·· 46
 2.7 测量的不确定度 ·· 47
  2.7.1 概述 ·· 47
  2.7.2 测量不确定度的定义 ·· 47
  2.7.3 测量不确定度与误差 ·· 48
  2.7.4 测量不确定度的评定方法 ·································· 49
  2.7.5 不确定度的合成 ·· 52
  2.7.6 扩展不确定度的确定 ·· 52
 2.8 数据处理 ·· 54

2.8.1　数据处理方法 ·· 54
　　2.8.2　一元线性回归 ·· 55
　复习题 ··· 60

第3章　电阻应变测量原理及方法 ·· 62

　3.1　概述 ·· 62
　3.2　电阻应变片的工作原理、构造和分类 ··· 63
　　3.2.1　电阻应变片的工作原理 ·· 63
　　3.2.2　电阻应变片的构造 ··· 64
　　3.2.3　电阻应变片的分类 ··· 65
　3.3　电阻应变片的工作特性及标定 ·· 68
　　3.3.1　电阻应变片的工作特性 ·· 68
　　3.3.2　电阻应变片工作特性的标定 ·· 72
　3.4　电阻应变片的选择、安装和防护 ··· 75
　　3.4.1　电阻应变片的选择 ··· 75
　　3.4.2　电阻应变片的安装 ··· 76
　　3.4.3　电阻应变片的防护 ··· 77
　3.5　半导体应变片 ·· 78
　　3.5.1　半导体应变片的结构及工作原理 ··· 78
　　3.5.2　半导体应变片的特点 ··· 78
　　3.5.3　半导体应变片的粘贴技术 ··· 79
　3.6　电阻应变片的测量电路 ·· 80
　　3.6.1　直流电桥 ··· 80
　　3.6.2　电桥的平衡 ·· 83
　　3.6.3　测量电桥的基本特性 ··· 85
　　3.6.4　测量电桥的连接与测量灵敏度 ··· 85
　3.7　电阻应变仪与应变测试系统 ··· 92
　　3.7.1　静态电阻应变仪 ·· 93
　　3.7.2　测量通道的切换 ·· 94
　　3.7.3　公共补偿接线法 ·· 97
　　3.7.4　动态电阻应变仪 ·· 101
　　3.7.5　电阻应变测试系统 ··· 102
　3.8　应变-应力换算关系 ·· 105
　　3.8.1　单向应力状态 ··· 105
　　3.8.2　广义胡克定律 ··· 105
　　3.8.3　已知主应力方向的二向应力状态 ·· 107

3.8.4　未知主应力方向的二向应力状态 …………………………………………… 107
　　3.8.5　不同形式应变花的主应变和主应力计算 …………………………………… 108
　　3.8.6　常见应力状态分析 …………………………………………………………… 110
3.9　测量电桥的应用 …………………………………………………………………………… 113
　　3.9.1　拉压应变的测定 ……………………………………………………………… 113
　　3.9.2　弯曲应变的测定 ……………………………………………………………… 115
　　3.9.3　弯曲切应力的测定 …………………………………………………………… 117
　　3.9.4　扭转切应力的测定 …………………………………………………………… 118
　　3.9.5　内力分量的测定 ……………………………………………………………… 119
3.10　应变测量 …………………………………………………………………………………… 122
　　3.10.1　应变的直接测量 ……………………………………………………………… 123
　　3.10.2　应力的间接测量 ……………………………………………………………… 123
　　3.10.3　静态应变测量 ………………………………………………………………… 124
　　3.10.4　动态应力/应变测量 …………………………………………………………… 127
3.11　电阻应变式传感器 ………………………………………………………………………… 128
　　3.11.1　概述 …………………………………………………………………………… 128
　　3.11.2　测力(称重)传感器 …………………………………………………………… 129
　　3.11.3　扭矩传感器 …………………………………………………………………… 140
　　3.11.4　压力传感器 …………………………………………………………………… 143
　　3.11.5　多分力传感器 ………………………………………………………………… 144
　　3.11.6　位移传感器 …………………………………………………………………… 145
　　3.11.7　加速度传感器 ………………………………………………………………… 148
3.12　电阻应变式传感器的精度、校准与使用 ………………………………………………… 149
　　3.12.1　电阻应变式传感器的精度 …………………………………………………… 149
　　3.12.2　电阻应变式传感器的校准 …………………………………………………… 150
　　3.12.3　电阻应变式传感器的灵敏系数修正 ………………………………………… 150
　　3.12.4　电阻应变式传感器的仪表 …………………………………………………… 152
　　3.12.5　电阻应变式传感器的接线方式 ……………………………………………… 152
3.13　电阻应变式传感器的设计与应用案例 …………………………………………………… 153
　　3.13.1　悬臂梁剪切式传感器的设计 ………………………………………………… 153
　　3.13.2　弯曲梁式应变引伸计的设计 ………………………………………………… 157
复习题 …………………………………………………………………………………………… 160

第4章　金属材料力学性能及测试原理 ………………………………………………………… 165

4.1　概述 ………………………………………………………………………………………… 165
　　4.1.1　工程应力和工程应变 …………………………………………………………… 165

4.1.2　材料的弹性常数 ··· 166
  4.1.3　测试设备 ··· 168
 4.2　金属材料拉伸时的力学性能 ·· 170
  4.2.1　试样与原始标距 ··· 171
  4.2.2　拉伸曲线的特点与材料力学定义 ·· 172
  4.2.3　力学性能指标及国标定义 ··· 174
  4.2.4　引伸计及其标定 ··· 178
  4.2.5　材料强度指标的测定 ·· 180
  4.2.6　材料的塑性指标及其测定 ··· 185
  4.2.7　材料弹性常数的测定 ·· 188
  4.2.8　金属材料拉伸断口分析 ··· 189
 4.3　金属材料压缩时的力学性能 ·· 191
  4.3.1　试验机及测量工具 ··· 192
  4.3.2　压缩力学性能指标及国标定义 ··· 193
  4.3.3　压缩试样 ·· 195
  4.3.4　试验条件 ·· 195
  4.3.5　材料压缩强度指标的测定 ··· 196
  4.3.6　压缩弹性模量(E_c)的测定 ·· 199
  4.3.7　压缩试验的断口分析 ·· 200
 4.4　金属材料扭转时的力学性能 ·· 201
  4.4.1　扭转试样 ·· 201
  4.4.2　试验设备 ·· 201
  4.4.3　试验条件 ·· 202
  4.4.4　扭转力学性能及测定 ·· 202
  4.4.5　扭转破坏断口形式 ··· 205
 4.5　力学性能测试结果的数据处理 ··· 206
  4.5.1　关于结果修约的规定 ·· 206
  4.5.2　测试结果的不确定度 ·· 206
 4.6　金属材料的力学性能测试实例 ··· 207
  4.6.1　低碳钢的拉伸试验实例 ··· 207
  4.6.2　低碳钢的扭转试验实例 ··· 208
 复习题 ·· 210

第5章　光弹性测试原理及方法 ·· 212

 5.1　概述 ··· 212
 5.2　光学基础知识 ·· 212

  5.2.1 光波 ··· 212
  5.2.2 自然光和平面偏振光 ·· 213
  5.2.3 光波的干涉 ·· 213
  5.2.4 双折射 ··· 215
  5.2.5 圆偏振光 ·· 217
 5.3 平面应力-光学定律 ··· 218
 5.4 平面偏振光通过受力模型后的光弹性效应 ··························· 219
  5.4.1 平面偏振光装置简介 ·· 219
  5.4.2 平面偏振光通过受力模型后的光弹性效应 ····················· 219
 5.5 圆偏振光通过受力模型后的光弹性效应 ······························ 222
  5.5.1 圆偏振光场光强方程式 ·· 222
  5.5.2 整数级与半数级等差线 ·· 224
 5.6 白光下的等差线-等色线 ·· 226
 5.7 等差线条纹级数的确定 ·· 227
  5.7.1 整数级等差线 ·· 227
  5.7.2 非整数级等差线 ·· 228
 5.8 等倾线的观测 ··· 230
  5.8.1 等倾线的观测方法 ·· 230
  5.8.2 等倾线的特征 ·· 231
 5.9 平面光弹性应力计算 ·· 234
  5.9.1 边界应力 ·· 234
  5.9.2 内部应力测定 ·· 235
  5.9.3 应力集中系数的确定 ·· 238
 5.10 光弹性贴片法 ··· 238
  5.10.1 光弹性贴片法的基本原理 ·· 238
  5.10.2 主应变的分离 ·· 240
 复习题 ·· 240

第6章 实验技术 ·· 242

 6.1 实验设计 ··· 242
  6.1.1 实验目的 ·· 242
  6.1.2 实验设计应该遵循的原则 ·· 243
  6.1.3 实验设计的辅助手段 ·· 244
  6.1.4 材料力学实验设计实例 ·· 245
 6.2 实验准备 ··· 248
  6.2.1 实验对象(试样)准备 ·· 248

  6.2.2 实验仪器准备 ………………………………………………………… 249
  6.2.3 实验过程准备(预调) …………………………………………………… 250
 6.3 实验测试过程 ………………………………………………………………… 251
  6.3.1 实验过程控制 …………………………………………………………… 251
  6.3.2 实验数据的记录 ………………………………………………………… 251
  6.3.3 异常及其处理 …………………………………………………………… 252
  6.3.4 实验的重复及终止 ……………………………………………………… 252
 6.4 实验数据处理 ………………………………………………………………… 253
  6.4.1 数据整理及数据变换 …………………………………………………… 253
  6.4.2 统计分析及回归分析 …………………………………………………… 253
  6.4.3 误差及不确定度分析 …………………………………………………… 253
 6.5 实验结果分析 ………………………………………………………………… 254
  6.5.1 实验现象及原因分析 …………………………………………………… 254
  6.5.2 实验结论 ………………………………………………………………… 254
  6.5.3 实验报告 ………………………………………………………………… 255
 6.6 材料力学典型实验 …………………………………………………………… 255
  6.6.1 纯弯曲梁正应力分布规律实验 ………………………………………… 256
  6.6.2 压杆稳定实验 …………………………………………………………… 257
  6.6.3 薄壁圆管弯扭组合变形实验 …………………………………………… 259
  6.6.4 开口薄壁梁弯曲中心及内力分量测定实验 …………………………… 261
  6.6.5 对径受压圆环设计实验 ………………………………………………… 263
  6.6.6 开口与闭口薄壁管受扭对比实验 ……………………………………… 263
  6.6.7 光弹性测试实验 ………………………………………………………… 264
 复习题 ……………………………………………………………………………… 266

参考文献 ………………………………………………………………………………… 268

第1章 力学测试技术概述

实验力学是指用实验的方法研究力学问题的学科。广义的实验力学包括实验流体力学和实验量子力学等,狭义的实验力学则往往仅指固体实验力学。事实上,大多数力学分支的发展都离不开实验力学,如理论力学、材料力学、复合材料力学等学科,都是在实验力学的基础上发展起来的。即便是基于数学发展而产生的弹性力学,其结论的正确性仍然要用实验力学的方法来检验。对于新兴学科(如量子力学等),实验力学更是对学科的发展起关键作用的一门学科。

本书仅讨论固体实验力学,主要内容为配合材料力学实验的相关技术,故称为力学测试技术。本课程的目的是通过对本课程的学习,掌握普遍的实验技术及实验数据处理技术,培养学生的独立研究能力,为其他学科的试验研究打好基础,同时也为学好材料力学的理论及工程应用提供实验支持。

1.1 力学与测试技术

测试是具有试验性质的测量,也可以理解为是测量和试验的综合。测量是为了确定被测对象的量值而进行的操作过程,而试验则是对未知事物探索性认识的实验过程。

1.1.1 理论来源于试验研究

在科学研究的领域中,测试是人类认识客观事物最直接的手段,是科学研究的基本方法。科学研究的根本目的在于探索自然规律、掌握自然规律、让自然规律为我所用、征服自然。科学探索需要测试技术,用准确而简明的定量关系和数学语言来表述科学规律。检验科学理论和规律的正确性同样也需要测试技术。可以认为精确的测试是科学研究的根基。

力学的发展从未离开过测试。众所周知,牛顿力学的重要开拓者伽利略(图1.1)曾在比萨斜塔(图1.2)上做了大量探索性实验,以研究力学的一些基本规律。

事实上,伽利略也研究过材料强度问题。图1.3是伽利略研究材料强度时实验装置的示意图。由于设备的简陋,当时的实验尚谈不上精确测试,但其测试结果已能为理论的建立指明了方向。

图 1.1　伽利略　　　　　图 1.2　比萨斜塔　　　　图 1.3　伽利略的木梁实验装置

为了提高测试精度,伽利略不仅研制了多种试验装置,还对其试验装置做了许多改进,使试验精度大大提高。对试验装置的改进,可以是试验原理的改进、试验方法的改进,或者是试验装备的改进。图 1.4 即是伽利略改进后的天文望远镜,由于这一改进,使天文观测精度达到了极高的水平。

在力学史上不难发现有许多搞理论物理研究而成绩卓著的,他们可能并未亲自参与大量的试验研究,如牛顿、爱因斯坦等,但事实上他们的理论仍来源于试验研究。以牛顿发现万有引力定律来说,伽利略、开普勒、哈雷等已为牛顿的万有引力理论做了大量精密的测试和理论研究。尤其是开普勒在其多年的天体观察测试中总结的天体运动三大定律(即:每个行星都沿着椭圆轨道绕太阳转动,太阳处在椭圆的一个焦点上;从太阳指向行星的直线在相等的时间内扫过相同的面积;行星周期的平方与它的半长轴的立方成正比)为牛顿的万有引力定律公式的导出起到了至关重要的作用,同时也为万有引力定律的验证提供了重要的试验依据(图 1.5)。

 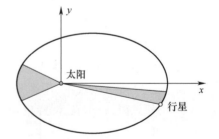

图 1.4　伽利略的天文望远镜　　　　图 1.5　开普勒行星运动定律

1.1.2　材料力学中的测试技术

力学测试技术的发展与材料力学理论的发展是紧密相连的。材料力学的理论就是在总结了大量力学实验结果的基础上逐渐形成的。实验的结果同时也是材料力学理论正确与否的试金石。

由于现实世界的复杂性,任何一种理论都会引入许多假设条件以保证其理论的相对正确性,材料力学也不例外。这些假设条件包括理想材料假设(材料是均匀、连续的,且各向同性的)、理想约束假设(各种约束均为理想约束:铰支座不考虑摩擦力、支座不变形;固定支座在受力时不会产生线位移和角位移;支承面均为刚体等)、理想结构假设(等截面棱柱形理想直杆、对称弯曲问题等)、理想加载假设(约束以理想方式对结构施加载荷、集中力、集中力偶、压杆的加载无偏心等)。这些假设大多数也应用于有限单元法计算,在满足大部分假设条件时,理论计算的结果通常有较高的精度。然而实际的工程结构却往往与这些假设相去甚远,因而用实验方法来验证计算的有效性常常是唯一选择。

以梁受集中力作用时加力点附近的应力分析为例,材料力学因为无法研究而采取了回避策略:提出所谓的"圣维南原理"加以搪塞。尽管使用塑性材料时,结构强度不会因为局部的高应力而受到大的影响,但对于脆性材料,这种局部高应力可能严重影响结构强度。这时,力学测试技术正好可以弥补材料力学的不足。图1.6展示出了梁受集中力加载时的光弹性研究图像。试验不仅可全面分析加力点附近的应力集中现象,还可定量分析应力集中点附近的主应力方向和大小(参见第5章)。

材料力学是机械设计工程师们喜爱的一门学科,因为它计算简单、方便、有效。但对于许多重要的、相对复杂的工程问题而言,力学测试技术同样具有不可替代的作用。譬如:大量的工程结构材料需经过热处理才被使用,或者在结构制造过程中被热处理。热处理对材料的力学性能有极大影响。由于热处理工艺的复杂性,经热处理后的材料性能只能通过材料试验才能较准确地获得,所以对于使用特定工艺进行热处理的材料,其力学性能应该进行专门的力学性能测试,以获得可靠的设计依据。

即便是使用"万能"的有限元方法计算设计的复杂结构(图1.7),其计算结果的可靠性也值得商榷。通过对模型的应力和变形测试来保证设计的正确性,是大多数大型工程普遍采用的方法。力学测试技术作为理论计算的重要补充手段,可为理论计算提供实验验证、研究被理论计算忽略的或无法处理的重要内容、提供更为直接的和真实的试验方法和试验结果,用较少的时间成本和经济成本,实现最完善的结构设计。

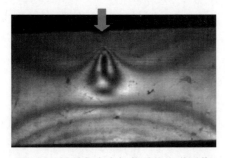

图1.6　梁受集中力加载时的光弹图像

图1.7　用有限元分析的结构受力

1.1.3 力学以外的测试

在工程技术领域中,工程研究、产品开发、生产监控、质量控制和性能试验等都离不开测试技术。测试技术是各种基于计算机的自动化生产流水线、自动化检测线中不可缺少的重要组成部分,对仓库系统、物料流动系统、机器运行状态、机器人的活动空间等进行有效的监测也需要测试技术。总之测试技术已广泛应用于航空、航天、国防、地球物理、生物、医学等国民经济的各个领域,并且起着越来越重要的作用。图1.8即为汽车在制动试验台上作制动性能测试的实例。

图1.8　汽车在制动试验台上作制动性能测试

随着材料科学、微电子技术和计算机技术的发展,测试技术也在迅速发展。测试内容和范围与日俱增,测试对象愈趋复杂,对测试速度和测试精度的要求不断提高。智能传感器和计算机技术的发展和应用,使测试技术正朝着自动化、智能化和网络化的方向发展,朝着测量、控制、分析、显示的自动测试系统发展。

1.1.4 测试技术的发展历史

测试技术的发展,即是仪器仪表科学的发展,大致经历了三个重要的时期。

1. 手工艺时期

20世纪以前,搞科学研究的人多数是个体脑力劳动者,理论研究常常需要实验配合,大多数科学家是自己设计实验,自己动手制作测试仪器。工业生产上使用的仪表大多数属于机械指示式的仪表,主要作为主机的配套设备来使用。因此,这个时期的仪器仪表功能较简单,用途专一,仪器仪表间的互相联系很少,压力表为典型代表。

2. 仪器工程时期

随着电子技术的发展,特别是随着晶体管、集成电路的应用,以及光电、压电、热电等效应的广泛应用,出现了大量的电测仪表和自动记录仪表,在科学研究和生产上逐步形成了由测量点到记录仪表的完整的测试系统。各种物理量通过传感器(常称为一次仪表)被转换为容易处理的电量,再由各种电测仪表(常称为二次仪表)、自动记录仪表、自动显示仪表、自动调节仪表等组合而成自动测试系统,以实现对被测对象的连续监测和控制等目标。

3. 仪器科学时期

近年来,各种新理论、新技术、新材料、新器材和新工艺的不断出现,尤其是微型计算机、微处理器的广泛应用,使仪器仪表及相关的测试技术得到飞速发展。在仪器仪表的设计、制造和使用过程中,已涉及到众多的知识领域和先进技术(包括物理学、化学、精密机械设计、电子技术、微机技术、信息处理技术、数据通信技术、自动控制技术等),而科学技术的发展对测试技术也提出了更高的要求。迫切需要研制和设计出智能化、多功能化、数字化、集成化、微型或小型化的智能仪器仪表、智能测试系统,以满足更快速、更准确、更灵敏、更可靠、更高效的测试要求。数字化、智能化、网络化已是当代测试技术的重要标志。

1.1.5 力学测试技术与实验

力学测试技术仅仅是测试技术的一个方面,是用各种不同的实验方法和手段来测量材料的力学性能(或称机械性能)、受力构件和工程结构的应力、应变、力、力矩、位移等力学量参数,以解决工程结构中的强度、刚度、稳定性的设计或计算问题。力学测试技术也为一些力学量传感器的设计与制造提供必要的理论及实验依据。

在解决工程结构强度、刚度、稳定性计算等问题时有两种方法,一种是理论分析的方法,另一种是实验应力分析的方法。

理论分析的方法是通过建立数学模型进行近似数值计算的方法。主要有材料力学、结构力学、复合材料力学、疲劳断裂力学等,以及基于弹性理论的有限单元法、边界元法等数值计算方法等。其中,数值计算方法离不开计算机技术。例如使用材料力学的理论计算受力杆件的应力和变形;使用有限单元法,借助计算机求解复杂受力构件的应力、应变等的有关数据等。

实验应力分析的方法是以零构件或结构物的原型或模型为研究对象,通过对其进行实验测试来揭示其力学性态或力学量的变化规律。实验应力分析是实验力学的重要组成部分,其实验结果为力学理论的建立、研究、发展和应用提供了重要依据。实验应力分析包括实验理论和实验方法。实验应力分析方法有电测法、光测法、声测法等许多测试方法,是测试技术的一部分,我们称为力学测试技术。

力学测试技术的任务是:在研究力学测试原理的基础上,通过一系列专门设计的相关实验和材料力学实验,帮助掌握测试原理和实验技能,提高实验技术水平,培养具有解决工程实际问题能力的科研人员和高级工程技术人员。

力学测试技术是一门具有综合性、边缘性学科性质的课程,也是一门实践性很强的课程。它牵涉的知识面较广,除必须具备应力分析理论、误差分析和数据处理等方面的知识外,还必须掌握电学、光学等方面的知识。本书主要讨论与材料力学相关的力学测试技术,但其大部分测试原理和方法也适用于更广范围的力学量测试。

1.2　测量的基本概念

1.2.1　测量的定义

测量是通过实验手段获得被测对象的量值的一个操作过程。

测量的目的是要得到被测对象的量值。对于不同的对象、相同对象不同性质的量或相同性质但精度要求不同的量,得到其量值的方法往往不同。可以用测量工具、或者用测试仪表,也可能用复杂的自动测试系统来确定被测量的量值,而不同工具或不同仪表使用的测量方法或测量原理可能完全不同。

1.2.2　测量的分类

测量的分类方法很多,一般按测量结果的精度要求分类,可将测量分为工程测量与精密测量。或者按取得测量结果的方法分类,可将测量分为直接测量与间接测量。也可按取得测量结果的条件或状态分类,将测量分为等精度测量与不等精度测量、静态测量与动态测量等。

1. 工程测量与精密测量

根据测量结果的精度要求,测量可分为工程测量与精密测量。

工程测量有两种情况,一种为测量结果中不考虑测量误差的测量。通常对用于这类工程测量的设备和仪器的灵敏度、精度以及测量环境的要求都不高,只要给出比较稳定的测得值就能满足测量要求。另一种为不需要精细考虑测量误差的测量。用于这种测量的设备和仪器,在产品检定书或铭牌上标注有测量误差的极限值,该标注的测量误差极限值即为测得值的误差。在一般生产现场和科学研究实验中所进行的测量,多为工程测量。

精密测量指测量结果中包含精细估计测量误差的测量。用于这类测量的设备和仪器应具有一定的精度和灵敏度,并且应进行重复多次测量,得到一套测量数据;测量数据按误差理论进行分析、处理,计算得到最佳的测量结果,最终给出的测量结果中包含经过精细估计的测量误差。进行精密测量的条件(环境)比工程测量的要求严格,一般都在符合测量条件的实验室内进行,所以又称为实验室测量。

无论是工程测量还是精密测量,为保证结果的准确度和可靠性,应该定期对测量所使用的仪器设备进行校准(也称标定),但对不同仪器设备要求的标定周期并不相同。

2. 直接测量与间接测量

根据取得测量结果的方法,测量可分为直接测量与间接测量。

直接测量有两种获取被测量值的方法:一种是将被测量与标准量直接进行比较而获得被测量的测量;另一种是用经过标准量标定的器具、仪器对被测量直接进行测量而获得被测量的测量。

例1:用天平称物体的质量,属第一种直接测量的方法。

例2:用卡尺测量工件尺寸,属第二种直接测量的方法。

间接测量是指通过获得与被测量有函数关系的其他测量值,根据函数关系确定被测量的量值的测量方法。

例3:测量圆面积 A,首先测量圆直径 d,然后通过 $A = \frac{\pi}{4}d^2$ 求得圆面积 A。

3. 等精度测量与不等精度测量

根据取得测量结果的条件,测量可分为等精度测量与不等精度测量。

等精度测量是在相同测量精度条件下(包括相同的测量仪器设备、相同的测量环境、相同的测量人员),对某一被测量进行重复测量,取得测量数据的测量。对等精度测量所得的每个数据,其可信赖程度是相同的。本书除特别说明外,讨论的测量问题都属于等精度测量问题。

如果测量条件有一项或多项有所改变,则进行的重复测量即为不等精度测量。不等精度测量所得的测量数据,其可信赖程度是不同的,一般需采取特殊的处理方法处理测量结果。

4. 静态测量与动态测量

根据被测对象状态,测量可分为静态测量与动态测量。

静态测量是对静态量或准静态量的测量。静态量指在测量过程中固定不变的量,准静态量指在测量过程中随时间缓慢变化的量。静态测量不需要考虑时间因素对测量结果的影响。

动态测量是对动态量的测量。动态量指在测量过程中随时间变化的量。动态量有周期变化和非周期变化等特征。

静态测量和动态测量是相对的,在一定条件下会发生变化。由于条件的变化,静态量也会发生变化;通过特定的处理,动态测量也可转化为静态测量(如使用特定频率的频闪光源使频闪频率等于周期性动态变化对象的频率,就可实现准静态光学测量)。

本书主要讨论静态测量的问题,动态测量的问题可以查阅有关书籍。

1.2.3 关于测量方法

为减小测量误差,人们研究了许多提高测量精度的方法。其中,偏差测量法、零位测量法与微差测量法是常用的几种测量方法。

1. 偏差测量法

偏差测量法是根据仪表指针位移(即偏差)确定被测量量值的一种测量方法。它以直接方式实现被测量与标准量的比较,测量过程简单、快捷、直观,但测量结果的难以实现高精度。这种测量方法在工程测量中得到广泛应用。

2. 零位测量法

零位测量法是调整一个或几个与被测量有已知平衡关系的量(标准量或已校准过的量),通过平衡确定被测量量值的一种测量方法。零位测量法又称为补偿测量法或平衡测量法,这种测量方法测量过程比较复杂、费时,但能获得比较高的测量精度。

例如,用惠斯顿电桥测量高精度电阻的方法就属于零位测量法;用机械天平称量物体的质量的方法也属于零位测量法;使用高灵敏表头测量各种微小量值的零读数法也属于零位测量法。

图1.9即为一精密测量用天平。左侧的旋钮用于加载微克或毫克量级的砝码,阻尼器(中间锅状圆筒物体)用于保证测量过程中指针的稳定性。为了防止空气流动影响测量精度,测量对象和主要测量部件均被置于密闭的室内(图中箱体为玻璃密闭室,仅在放、取样品时打开箱门)。

3. 微差测量法

微差测量法是将被测量与同它只有微小差别的已知同种量(标准量)相比较,通过测量这两个量值间的差值以确定被测量的一种测量方法。这种测量方法具有响应快、测量精度高等优点,特别适用于在线控制参数的测量。

机械测量中的塞规(图1.10),应变电测中使用的应变引伸计(图1.11),均属于微差测量工具。前者通常成对使用,其尺寸已经过精密测量,并保证使用过程中的稳定性,用于工业生产性测量。后者使用前需进行校准,其校准工具即为微差测量的量值基准,其测量范围仅限基准量的±2mm以内甚至更小。

在大多数测试系统中,精度和量程是一对矛盾,往往很难同时满足大量程和高精度的要求。在工业生产测量中广泛使用微差测量法,因为它大大降低了对测试系统精度的要求。从本质上讲,用天平称量物体的质量也可认为是微差测量法。

图1.9 精密测量天平　　图1.10 光滑塞规(左)　　图1.11 应变引伸计
　　　　　　　　　　　　和螺纹塞规(右)

1.3 测 试 系 统

通过一定的测试或控制手段,获取某些被测对象的重要信息的完整系统称为测试系统。狭义的测试系统等同于测量系统,而广义的测试系统应包括基本的控制功能。

现代的生产与生活离不开测量与控制。高新技术、尖端科技更离不开测控。当今的信息时代是以计算机广泛应用为主要标志,而计算机的发展首先归功于微电子技术的发展。一块半导体芯片上能集成成千上万个元件和逻辑单元取决于超精细工艺制作出的图案,这不仅依赖于光刻的精确重复定位,而且依赖于定位系统的精密测量与控制。航空航天飞行器的发射与飞行,都需要靠精密测量与控制保证它们轨道的准确性。

1.3.1 测试系统的组成及基本要求

1. 测试系统的组成

一个完整的测试系统包括以下三个部分(如图1.12所示):

(1) 传感级:直接感受被测量,并将其转换成与被测量有一定函数关系(通常为线性关系)的另一种物理量(通常为电量),以便处理或传输。

(2) 中间级:将接收到的传感级信号进行变换、放大或转换,输出满足特定要求的信号。可能是模拟信号,也可以是开关量信号或纯数字信号。

(3) 终端级:显示或控制中间级信号。一般是一个显示器或是一个控制器,也可能是两者的组合。终端级常包含基本的控制功能、数据记录和数据处理功能。显示器有指示式、数字式和屏幕式几种。现代测试系统常使用由计算机系统组成的虚拟显示仪表代替传统的终端级设备,称为计算机综合显示系统,可将多种不同类型的测试数据、状态或图形显示在一个(或几个)统一的屏幕上,还可以根据当前工作状态的不同作灵活的显示内容切换。

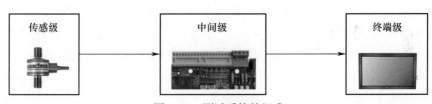

图1.12 测试系统的组成

传感级的基本元件为传感器。

传感器作为非电量的敏感元件,其功能是探测被测对象的变化并将之转换成易于测量和控制的电信号。但是,传感器的输出信号一般很微弱,而且常伴随着各种噪声,需要通过测量电路将它放大,剔除噪声,选取有用信号,按照测量与控制功能的要求,进行所需的演算、处理与转换,输出能控制执行机构动作的信号。完成这一功能的电路称为测控电路。在整个测试系统中,测控电路是最灵活的部分,起着十分关键的作用,它具有放大、转换、传输,以及适应各种使用要求的功能。一旦传感器确定后,整个测试系统,乃至整个机器和生产系统的性能在很大程度上取决于测控电路。

工程中,常把安装于测试现场前端的设备称为一次仪表,后端的设备称为二次仪表。一次仪表通常指传感级设备,有些传感器也包含放大、转换及信号传输电路部分,这类传感器常称为信号变送器。二次仪表包括终端级设备及部分(或全部)中间级设备。除显示功能外,二次仪表还常常带有控制功能,以完成对测试系统的基本功能控制。

2. 测试系统的基本要求

测试系统实际上包括物理量(即被测对象)的测量与控制两部分。对整个测试系统的要求而言,可概括为精度高、响应快和转换灵活。当然也可能有其他方面的要求,例如系统的可靠性和性能价格比等。

(1) 精度高。

对于测试系统通常要求具有较高的测试精度。首先要求传感器能准确地反映(即检测到)被测对象的状态与参数。这是获得高精度测试结果的基础,也是实现精确控制的前提条件。同时,测控电路应具备如下性能。

① 低噪声与高抗干扰能力。

传感器输出信号的变化往往是很微小的。在精密测量中,要精确测得被测参数的微小变化,必须采用低噪声元器件,精心设计电路,合理布置元器件、走线和接地,采用适当的隔离与屏蔽等,以保证测控电路的噪声降到最低,抗干扰能力最强。必要时,对信号进行调制,合理安排电路的通频带,对抑制干扰也是十分重要的。此外,对于高增益放大电路,采用高共模抑制比的差动输入放大电路,将有效地抑制共模干扰及工频干扰。

② 低漂移,高稳定性。

由半导体材料特性决定,半导体器件和集成电路的所有参数严格意义上讲都是温度的函数,如运算放大器的失调电压和失调电流、二极管与三极管的漏电流,都会随温度变化而变化。电路工作中元器件流过的电流产生的热量、外界环境温度的变化等都会引起输出信号的漂移。另外,仪器工作环境的相对湿度对传感器及工作电路的工作稳定性也有较大影响。此外,电路长期工作、频繁开关机、元器件老化、开关与接插件的弹性疲劳和氧化造成接触电阻的变化等,也是影响电路长期工作稳定性的重要因素。

减小漂移的基本做法是:选用低功耗节能型元器件,尽量减少电路关键部分的温度变化;选择低温漂元器件,减小温度变化对电路输出的影响;尽量使用电子开关代替机械开关;让大功率器件远离前级电路,安排好散热;保持较低的相对湿度,避免使用湿布清洁传感器或仪表;避免频繁开关机等。

③ 线性度与保真度。

对于测试系统,不管其中间经过多少环节的信号变换,都要能真实地再现被测信号。这就要求系统本身具有不失真传输信号的能力,而测量电路良好的线性关系和在信号所占频带段内良好的频率特性是保证信号传输不失真的关键。对于动态测试系统,良好的线性关系尤为重要。

④ 有合适的输入与输出阻抗。

测量电路输入与输出阻抗前后级不匹配,不但会影响系统的线性度、灵敏度、还会引起测量电路的噪声。为保证测试系统的精度,还必须重视系统的输入与输出阻抗的匹配。

大多数情况下,要求测量电路具有高输入阻抗、低输出阻抗。但对于电流输出型测量电路,则要求下级具有较低的输入阻抗。用于长距离传输的信号,输出端的输出阻抗不能过小,否则容易因传输线路的意外短路而损坏输出驱动电路;其下级的信号输入部分则常设计为低阻抗输入,以提高传输信号的信噪比。

(2) 响应速度快。

响应速度快,主要针对动态测试系统而言,是动态测试系统的一项重要指标。实时动态测试已成为测试技术发展的主流。要实现对被控对象的精准控制,必然要求能迅速准确地测出被测对象的变化状态,测量电路必须具有良好的频率特性和较快的响应速度。

事实上,高响应速度与高精度测量是一对矛盾,应根据测试对象的特点选择合适的响应速度和测量精度。

(3) 转换灵活。

为了满足不同情况下测量与控制的需要,测量电路应具有灵活地转换输出信号的能力,主要的转换如下。

① A/D 转换与 D/A 转换。

以幅值的大小表示信号量值大小的量称为模拟量(Analog Signal),常以 A 表示;以开关量的组合表示信号量值大小的量称为数字量(Digital Signal),常以 D 表示。被测信号及控制信号有数字量和模拟量之分。数字量具有便于计算、分析处理和长期保存的特点,而自然信号本身则多为模拟量。因此,常需根据系统对信号的要求,进行 A/D 转换和 D/A 转换。

② 信号其他形式的转换。

除模拟量和数字量的相互转换外,测试系统的信号还需做其他形式的转换,如交流/直流转换、电压/电流转换、幅值/频率转换、相位/幅值转换、幅值/脉宽转换等。

(4) 信号的选择性和运算处理能力强。

对于测试系统还需要具有从测量所获取的多种信号中选取所需信号的能力,例如,测量不同频率的信号,系统应具有选取所需频率或所需频带的能力。

对信号进行处理、运算也是测试系统所必须具有的能力,例如,对测量信号进行整流、放大、滤波处理和进行线性化、误差补偿等处理,对信号进行求平均值、求微分、积分、对数运算和逻辑判断、复杂函数运算等。

(5) 可靠性与性能价格比。

随着测控技术的发展,测试系统的应用越来越广泛,系统本身规模越来越大,这对系统的可靠性提出了严格的要求。一个系统由若干个单元部分组成。假设每个单元的各种可靠性是相互独立的,那么,整个系统的可靠性为各部分可靠性的乘积。

例如,一个智能化温度检测系统,含有传感器、放大器、A/D 转换器、单片机及外围芯片、打印机、显示部件等 7 部分单元,每部分的可靠性为 0.99,则整个系统的可靠性仅为 $0.99^7 = 0.93$。若考虑到电源、接插件等部件和元器件可靠性,系统的可靠性还会更低。由此可见,一个测试系统对电子元器件的可靠性提出了极高的要求。

性能价格比是衡量和评估一台仪器或系统优劣的重要指标之一。一个成本高昂的测量和控制系统难以被用户接受。在满足性能指标的基础上,应尽可能地优化系统、降低成本、提高产品的性能价格比。

合适的才是最好的。

1.3.2 测试系统的静态特性

当被测量不随时间变化,或随时间变化的速率非常缓慢时,评价一个测试系统的品质主要是用测试系统的静态特性来衡量的。进行测量时,测试系统的输入和输出的关系曲线称为静态特性曲线。测试系统的静态特性,即指静态特性曲线形状的一些基本性能。

测试系统的静态特性主要有以下几个方面。

1. 量程

量程是指测试系统输入信号的有效工作范围。该有效工作范围的最大值或边界称为满量程(Full Range)。包含全部有效工作范围的信号区间称为全量程(Full Scale,或 Full-Scale range),常记为 F.S.,下面公式用到的以 y_{max} 表示。

测试系统的输出数值全部为正电压或正数(或者全部为负数)称为单极性输出,否则称为双极性输出。当测试系统为单极性输出且输出数值下限为 0 时,满量程值与全量程值相同。

以有效工作范围为-50~+150℃的温度计为例,其满量程值为+150℃,其全量程值为200℃。也有少数测试系统以全量程的下限作为满量程值,如用于低温测量的温度计,其有效工作范围为-150~0℃,其满量程值常定为-150℃。高于测试系统全量程上限时,称为上溢(Overflow),低于测试系统全量程下限时,称为下溢(Underflow),统称为超量程。多数测试系统超量程时即不能使用。少数测试系统超量程时在一定范围内仍可使用,但测试精度不能保证。

2. 线性度

假定测试系统的静态特性曲线在理想情况下是线性的,但实际上往往并非如此。图 1.13 中曲线 a 表示静态特性曲线,直线 b 为曲线 a 的拟合直线。静态特性曲线与拟合直线之间的最大偏差 $|y_i - y_i'|_{max}$ 与全量程输出范围 y_{max} 比值的百分数称为测试系统的线性度(图 1.13 中以正单极性输出且输出数值下限为 0 的测试系统为例。下同)。即

$$线性度 = \frac{|y_i - y_i'|_{max}}{y_{max}} \times 100\% \quad (1.1)$$

线性度说明静态特性曲线与拟合直线的吻合程度。

3. 灵敏度

灵敏度是指测试系统输出量的变化量 Δy 与输入量的变化量 Δx 的比值,即

$$灵敏度 = \frac{\Delta y}{\Delta x} \quad (1.2)$$

它代表静态特性曲线上相应点的斜率。若静态特性曲线为直线,则灵敏度为常数。若静态特性曲线不是直线,则灵敏度为变量,它随输入量的变化而变化。

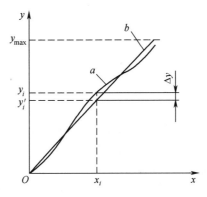

图 1.13 线性度的定义

4. 滞后

滞后表示测试系统当输入量由小到大和由大到小变化时,所得的输出量不一致的程度。假定输入量以线性变化,如图 1.14 中直线 a 所示,当输入量由小到大变化时,输出量沿曲线 b 变化,对应于 x_i 的输出为 y_b;当输入量由大到小变化时,输出量沿曲线 c 变化,对应于 x_i 的输出为 y_c。同一输入量时的输出量的偏差 $|y_b - y_c|$,称为滞后偏差。最大滞后偏差 $|y_b - y_c|_{max}$ 与全量程输出范围 y_{max} 比值的百分数称为测试系统的滞后。即

$$滞后 = \frac{|y_b - y_c|_{max}}{y_{max}} \times 100\% \tag{1.3}$$

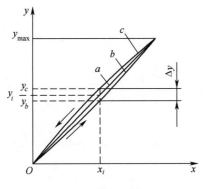

图 1.14 滞后的定义

5. 灵敏限和分辨率

当输入量由零逐渐加大时,存在着某个最小值,在该值以下,系统不能保证能够正确检测到输入信号的变化。这个最小信号输入值,称为灵敏限。

如果输入量从任意非零值缓慢地变化,将会发现在输入信号变化值没有超过某一数值之前,系统也不能检测到输入信号的变化。规定系统能够可靠检测到输入信号变化的最小输入变化量,称为分辨率。有些测试系统在全量程的不同阶段具有不同的分辨率。

一般指针式仪表的分辨率规定为最小刻度分格值的一半,数字式仪表的分辨率是最后一位的一个最小变化量。

注:有些数字式仪表经过数字修约后显示,因而最后一位的一个最小变化量不等同于最后一位的一个数字。常见的是偶数修约显示或是 5 的倍数修约显示。参见 2.2.4 节。

6. 重复性

重复性(Repeatability)在相同的工作条件下,输入量按全量程由小到大(正行程)或由大到小(反行程)进行多次重复测量,所得测试系统的静态特性曲线不会重合。正行程(或反行程)上同一输入量上多次重复测量测得结果间的相互偏差的最大值 Δ_{max},与全量程输出范围 y_{max} 之比,即为重复性(见图 1.15,图中为正行程时的重复性定义)。

$$重复性 = \frac{\Delta_{max}}{y_{max}} \times 100\% \tag{1.4}$$

重复性反映了多次重复测量所得静态特性曲线不一致的程度。

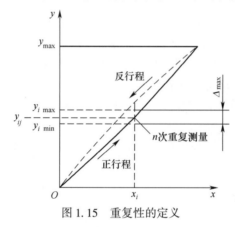

图 1.15　重复性的定义

有些测试系统只以正行程(或反行程)单向工作,则重复性以单行程的最大偏差定义。如果需正反行程同时工作,则重复性定义为正、反两个行程中的最大偏差。

7. 零漂与温漂

当测试系统输入量不变,且环境温度不变时,输出量随时间变化,称为零漂。由外界环境温度的变化引起的输出量变化,称为温漂。

8. 再现性

再现性(Reproducibility)是指两个不同的实验室对同一物料进行测定的两个分析结果接近的程度。再现性的值总是大于或等于重复性,因为再现性的测量结果把重复性引起的偏差考虑进去了。在很多实际工作中,最重要的再现性指由不同操作者、采用相同的方法、仪器,在相同的环境条件下,检测同一被测物的重复检测结果之间的一致性,即检测条件的改变只限于操作者的改变。

1.3.3　测试系统的动态特性

当被测量随时间快速变化或具有瞬态现象时,测试系统的品质是以系统的动态特性来评价的,如响应频率、相位滞后、振幅响应等。

1.4 实验应力分析

1.4.1 实验应力分析概述

研究工程强度问题可以有两种不同的途径,即理论应力分析和实验应力分析。实验应力分析是材料力学的一个重要部分,也是本课程的主要研究内容。实验应力分析是用实验的方法确定受力构件的应力、变形状态,并对其进行分析的一门学科。通过实验应力分析可以检验和提高设计质量,提高工程结构的安全度和可靠性,并且达到减少材料消耗、降低生产成本和节约能源的要求,还可为发展新理论、设计新型结构、创造新工艺以及应用新材料提供依据。

实验应力分析不仅可以推动理论分析的发展,而且能有效地解决许多理论上不能解决的工程实际问题,因此,它和理论应力分析一样,是解决工程强度问题的一个重要手段。

实验应力分析的方法很多,有电测法、光测法、机械测量法等。随着科学技术和工农业的高速度发展,对应力和应变测试技术也提出了更高的要求。目前测试技术正在向宏观测试和微观测试纵深发展,同时许多科学领域的新成就也给测试技术提供了丰富的物质条件,例如半导体技术、激光技术、光导纤维技术、声学技术、计算技术、遥感技术、自动化技术等,此外一大批大范围、高精度、高灵敏度的传感器应运而生,新型传感器层出不穷。可以预期,由于微电子技术和计算机技术的发展将使测试技术发生根本性的变化。

力学测试技术基础是一门综合性课程,它牵涉的知识面较广。学习者除了必须具备应力分析理论、误差分析、数据处理等基础知识外,还必须掌握有关电学、光学等技术知识。此外,本课程具有很强的实践性,在学习中要密切联系实际,掌握实验方法的基本原理和实验技能,培养自己独立工作的能力。

1.4.2 实验应力分析方法

实验应力分析的方法很多,下面简单介绍电测法、光测法及机械测量法。

1. 电测法

电测法有电阻、电容、电感等多种应变测试方法,其中以电阻应变测试方法应用最为普遍。

电阻应变测试方法是用电阻应变片测定构件表面的应变,再根据应变-应力关系确定构件表面的应力状态。这种方法可用来测量模型或实物表面的应变,具有很高的灵敏度和测量精度。电阻应变测量输出的是电信号,易于实现测量的数字化和自动化,并可实现遥控遥测。电阻应变测量可以在高温、高压、高速旋转、强磁场、液体中等特殊条件下进行。由于电阻应变片具有体积小、重量轻、价格便宜等优点,因此电阻应变测试方法已成为实验应力分析中应用最广的一种方法。

图 1.16(a)为用于应变电测的电阻应变片,图 1.16(b)为用于测量主应力和主应力方向的电阻应变花,该电阻应变花相当于三个具有固定相对位置关系的电阻应变片,图 1.16(c)为使用单个电阻应变片测量应变的实例。

该法的主要缺点是:一个电阻应变片只能测量构件表面一个点在某一个方向的应变,不能进行全域性的测量。

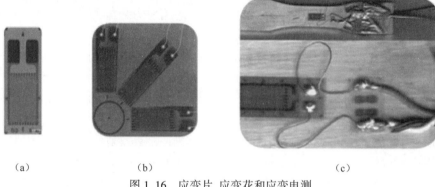

(a)   (b)   (c)

图 1.16 应变片、应变花和应变电测

使用电阻应变片制作的应变引伸计进行应变测量,通常也属于应变电测,常用于材料的机械性能测试。图 1.11 即为用应变引伸计测量金属材料伸长应变的实例。

2. 光测法

光测法包括光弹性、全息干涉、散斑、云纹等测试方法,其中以光弹性测试法应用最为广泛,它是利用偏振光通过具有双折射效应的透明受力模型获得干涉条纹图,可以直接观察到模型的全部应力分布情况,特别是能直接看到应力集中部位,确定应力集中系数。光弹性法不仅可以测定模型的边界应力,而且可以测定模型的内部应力。

这种方法的缺点是周期长,成本较高,测试精度通常不高。图 1.17 为用于光弹性测

图 1.17 用于光弹性测试的 409-2 型光弹仪

试的409-2型光弹仪。

随着散斑技术的不断成熟,散斑测试技术不断应用到工程测量中,与光弹性测试方法不同的是它不需要制作光弹模型,可直接在工程构件上喷涂散斑,即可利用采样摄像头与分析软件观测散斑区域的应力应变大小、方向等,图1.18为散斑测试设备与结果图。

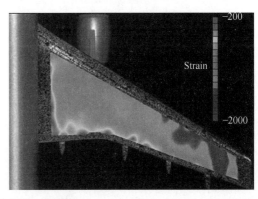

图1.18 散斑测试设备与结果

3. 机械测试法

机械测试法是利用引伸计、百分表、千分表等测定试样的变形,从而得到在载荷作用下的应变。由于变形一般都很小,要经过放大后才能指示。常用的引伸计放大机构有杠杆和齿轮两种,前者称为杠杆引伸计,后者称为表式引伸计,该两种引伸计统称为机械式引伸计。由于机械式引伸计体积大、重量较重、使用不方便,所以已逐渐为其他方法所代替。目前,计算机辅助测试系统已逐渐普及。在具有计算机辅助测试功能的试验机上,已广泛使用电阻应变式引伸计,测力系统也已全部使用电阻应变式力传感器,使测试过程智能化、自动化。

复 习 题

1.1 力学测试技术的任务是什么?

1.2 什么是工程测量?什么是精密测量?主要区别是什么?

1.3 什么是直接测量?什么是间接测量?间接测量由哪三部分组成?

1.4 什么是等精度测量?什么是不等精度测量?使用同一仪器测量同一对象,为什么也会造成精度不等?

1.5 为什么要区分静态测量和动态测量?对测量的要求有何不同?

1.6 常用的测量方法有哪几种?各有何特点?

1.7 测试系统由哪三部分组成?各起什么作用?

1.8 测试系统的静态特性有哪些常用指标?各自的含意是什么?

1.9 实验应力分析方法主要有几种?各有何优、缺点?

第 2 章 误差分析和数据处理

当对某物理量进行测量时,由于测量方法和测量设备的不完善、周围环境的影响,以及人们对事物认识能力的限制等因素,使被测量的真值和实验所得结果之间存在一定的差异,这就是测量误差。随着科学技术的发展,虽然可将测量误差控制得越来越小,但终究不能完全消除。即误差的存在是必然的、普遍的、绝对的。它的存在使人们对客观现象的认识受到不同程度的歪曲,甚至得出虚假的结论和错误的判断。因此,必须对误差进行研究,分析其产生的原因、表现的规律,以便最大限度地减小误差,并对测量结果的可信度有确切的结论。

测量得到的原始数据一般在形式上是参差不齐的,因此,需要运用数学的方法加以精选、加工,从中引出反映客观事物内部规律的东西,从而获得可靠的、真正反映事物本质的结论,这就是数据处理。

测量数据处理所讨论的问题可分为两类:第一类问题为基本测量问题;第二类问题为标定问题。第一类问题包括如下内容:直接测量时,根据误差理论,计算测试目标参数的最佳值和该值所含的误差;间接测量时,根据已知函数关系求出未知量的值,并根据各个直接测量值的误差,求出函数的误差。标定问题则要求通过测量数据,确定两个变量或多个变量之间的相互关系,给出数学模型(经验公式)及其误差。

测试技术的发展与误差分析和数据处理的发展紧密相关。在新技术、新科学规律的突破和发现过程中,测量是必不可少的;误差分析和数据处理则是判别科学实验和测量结果的质量和水平的主要手段。

2.1 误差的基本概念

2.1.1 真值

误差是相对于真值而言的。被测对象的真实值即为被测对象的真值。

对于真值的描述,必须有相应的参考量,称为基准。基准的真值通常是由国际计量委员会直接规定,称规定真值。譬如,1967 年,国际计量委员会规定,1s 是铯原子同位素 133(Cs 133)基态的两个超精细能级之间跃迁所对应的辐射的 9192631770 个周期所持续的时间。又如,长度量"1m"被规定为光在真空中经过了 1/299 792 458s 时间间隔内的行程长度。国际计量大会定义了 7 个基本单位和两个辅助单位作为各个物理量的规定真值。7 个基本单位是:长度(m)、质量(kg)、时间(s)、电流(A)、热力学温度

(K)、发光强度(cd)、物质的量(mol),两个辅助单位是:平面角(rad)、立体角(sr)。

由公认的理论公式导出的结果,或由规定真值经过理论公式推导而导出的结果,称为理论真值。如在一个平面内,三角形的内角和为180°;圆周率 $\pi = 3.141592\cdots$。

规定真值或理论真值在大多数情况下都难以作为直接基准使用,计量学上常使用相对真值。通过量值传递机制将规定真值或理论真值传递给测量仪器,该过程即称为校准或标定(Calibration)。相对真值是通过计量量值传递而确定的量值基准。

如质量千克(kg)是以放在巴黎国际计量局的千克原器定义的(图2.1)。通过各国的计量局,将量值基准传递给下一级的计量器具,再用该计量器具作为基准,通过若干级量值传递,将量值基准传递给基层的测量仪器。经过正确的量值传递了的仪器,可认为已具有相对真值基准。

2018年11月16日,在国际计量大会上,科学家们通过投票,正式让国际千克原器退役,改以普朗克常数(符号是 h)作为新标准来重新定义"千克"。新标准于2019年5月20日实施。

相对真值本身已具有误差,该误差将通过测量过程传递给被测量。

图2.1 质量千克原器

2.1.2 误差的定义

测量误差是指某被测量的测量值与其真实值(或称真值)之间的差别。

由于真值通常是未知的,因而误差具有不确定性。通常只能估计误差的大小及范围,而不能确切指出误差的大小。

由于误差来源和性质的不同,误差表现出各种各样的规律。因而根据使用目的的不同,常使用不同的表示方法来表示误差的大小。

2.1.3 误差的表示方法

根据测量对象的不同,测量误差可用多种不同的方法表示。

绝对误差:指测量值与真值之差,可写为

$$\text{绝对误差} = \text{测量值} - \text{真值}$$

记 X 为测量值，T_S 为真值，则绝对误差 δ 可表示为

$$\delta = X - T_S \tag{2.1}$$

绝对误差对被测对象是重要的，但对于评价测量过程的质量和水平，绝对误差的大小常显得无针对性，这时常使用相对误差的概念。

$$\text{相对误差} = \frac{\text{绝对误差}}{\text{被测真值}} \times 100\%$$

记相对误差为 r，则

$$r = \frac{\delta}{T_S} \times 100\% = \frac{X - T_S}{T_S} \times 100\% \tag{2.2}$$

当被测量真值很小时，相对误差可能会很大，显然用它来评价仪器的精度是不合理的。衡量仪器的测量误差常使用引用误差的概念。一次测量的引用误差 R 被定义为示值误差（即该次测量的绝对误差）与仪器最大示值的比值，以百分数表示：

$$\text{引用误差} = \frac{\text{示值误差}}{\text{最大示值}} \times 100\%$$

记为

$$R = \frac{\delta}{A} \times 100\% \tag{2.3}$$

仪器的最大引用误差被称为引用误差限：

$$\text{引用误差限} = \frac{\text{最大示值误差}}{\text{最大示值}} \times 100\%$$

以 R_m 记引用误差限，则

$$R_m = \frac{\delta_{\max}}{A} \times 100\% \tag{2.4}$$

仪器的精度等级由仪器的引用误差决定。对于给定精度等级的合格仪器，其引用误差不得大于该级别的引用误差限。如精度等级为 0.5 级的仪器，其引用误差不得大于其引用误差限 0.5%。国标对不同的测试仪器规定了相应的精度等级序列，通常用引用误差限的百分数表示，如 0.005、0.02、0.05、0.1、0.2、0.35、0.4、0.5、1.0、1.5、2.5、4.0 等。

例 2.1 测量某一质量 $G_1 = 50\text{g}$，测量的误差为 $\delta_1 = 2\text{g}$；测量另一质量 $G_2 = 2\text{kg}$，测量的误差为 $\delta_2 = 50\text{g}$。问哪个质量的测量效果更好些？

解:两个质量的相对误差分别为

G_1:
$$r_1 = \frac{\delta_1}{G_1} \times 100\% = \frac{2g}{50g} \times 100\% = 4\%$$

G_2:
$$r_2 = \frac{\delta_2}{G_2} \times 100\% = \frac{50g}{2000g} \times 100\% = 2.5\%$$

所以,尽管对第二个质量 G_2 的测量的绝对误差远大于对第一个质量 G_1 的测量结果,相对误差却并不大,对 G_2 的测量精度更高。

例 2.2 检定量程为 250V 的 2.5 级电压表时,发现在 123V 处的有最大示值误差 5V。问该电压表是否合格?

解:对于 2.5 级的仪表,其引用误差限为 $R_m = 2.5\%$。

在 123V 处,该表的引用误差为

$$R = \frac{\delta}{A} \times 100\% = \frac{5V}{250V} \times 100\% = 2\%$$

因为 $R < R_m$,所以该电压表合格。

2.1.4 误差的来源

误差的来源是多方面的,主要由以下几个方面。

(1) 测量装置误差,由于试验设备、测量仪器或仪表带来的测量误差。包括基本的仪器量值传递误差(非线性、滞后、刻度不准等误差),也包括因设备加工粗糙、安装调试不当、缺少正确的维护保养、设备磨损等引起的测量误差。

(2) 环境误差,主要指环境的温度、湿度、气压、振动、电场、磁场等与要求的标准状态不一致,引起测量装置的测量误差增大,或被测量本身发生变化所造成的额外的测量误差。

(3) 方法误差,指测量的方法不当而引起的测量误差。例如使用钢卷尺测量圆柱体的直径,方法本身就不合理。

(4) 人员误差,指测量者的分辨能力、熟练程度、精神状态等因素引起的测量误差。

2.1.5 误差的分类

按误差的性质,通常将误差分为随机误差、系统误差和粗大误差三类。

(1) 随机误差,在相同条件下,对同一对象进行多次重复测量时,有一种大小和符号都随机变化的误差称随机误差。就单次测量而言,测量误差没有规律,即大小、正负都不确定,但对于多次重复测量,随机误差符合统计规律。可以证明,随机误差符合正态分布规律。

(2) 系统误差,在相同条件下,对同一对象进行多次重复测量时,有一种大小和符号都保持不变,或者按某一确定规律变化的误差,称为系统误差。系统误差可通过适当手段消除或减小。

(3) 粗大误差,由于测试人员的粗心大意而造成的误差。例如,测试设备的使用不当或测试方法不当,实验条件不合要求,错读、错记、偶然干扰误差等造成明显歪曲测试结果的误差。粗大误差通常具有明显特点,可以将测量数据从多次测量结果中剔除。

2.1.6 测量数据的精度

测量结果与真值的接近程序,称为精度,它与误差的大小对应。误差小则精度高,误差大则精度低。目前常用下述三个概念来评价测量精度。

(1) 准确度,反映测量结果中系统误差的影响程度。表示测试数据的平均值与被测量真值的偏差。

(2) 精密度,反映测量结果中随机误差的影响程度。表示测试数据相互之间的偏差,亦称重复性。精密度高,则测试数据点比较集中。

(3) 精确度,反映测量结果中系统误差和随机误差的综合影响程度。精确度高则系统误差和随机误差都小,因而其准确度和精密度必定都高。

准确度、精密度和精确度三者的含义,可用图 2.2 所示的打靶的情况来描述。图 2.2(a) 的精密度很高,即随机误差小,但准确度低,有较大的系统误差;图 2.2(b) 表示精密度不如图 2.2(a),但准确度较图 2.2(a) 高,即系统误差不大;图 2.2(c) 表示精密度和准确度都高,即随机误差和系统误差都不大,也即精确度高。我们希望得到精确度高的测量结果。

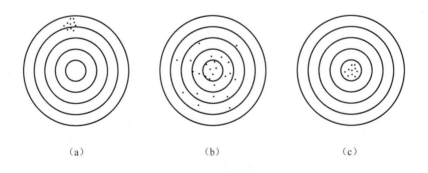

(a)　　　　　　　　(b)　　　　　　　　(c)

图 2.2　数据精度比较示意图

对精确度的定量描述,使用不确定度作为评价指标(图 2.3)。

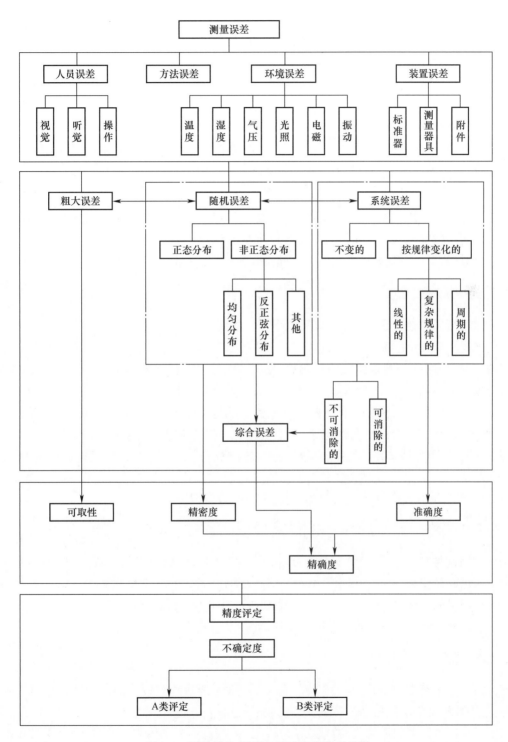

图 2.3 测量误差、精度与不确定度关系总图

2.2　有效数字及数据运算

由于误差的存在,描述测量结果的每一个数据位数并非都有意义。由此引入有效数字的概念。

首先必须区分精确数和近似数的概念。

精确数是指没有误差的数。如某正方形的边长为 a,则其周长为 $4a$。其中的 4 即是精确数,它没有误差。常用整数或分数表示精确数,但精确数也可使用小数或无理数表示。如 1mm=0.001m,此处的 0.001 即是精确数。直径为 D 的圆的周长为 πD,边长为 a 的正方形的对角线长度为 $\sqrt{2}a$。此处,π、$\sqrt{2}$ 也是精确数。但在计算中,无理数常使用有限精度的小数参与运算,这时,参与运算的无理数就成了近似数。

含有误差的数值,统称为近似数。近似数的精度,使用有效数字描述。

2.2.1　有效数字

测量结果的数值几乎都是近似数(计数测量例外)。近似数使用有效数字表示。有效数字通常取几位准确数字(高位)加一位估计数字(最低位)组成。准确数字加估计数字的位数总和,称为测量读数的有效数字的位数,或说几位有效数字。工程上常取 3~4 位有效数字,但对于高精度测量,可能取 5~6 位有效数字或更多。

一个有效数字通常是含有误差的近似数。从这个近似数左方起的第一个非零的数字,称为第一位有效数字,或称最高有效位。从第一位有效数字起到最末一位数字止的所有数字,不论是零或非零的数字,都统计为有效位数。最后一位有效数字称最低有效位。例如取 π=3.14,第一位有效数字为 3,共有三位有效位数;又如 0.0027,第一位有效数字为 2,共有两位有效位数;而 0.00270,则为三位有效位数。

若某近似数的最右边带有若干个零,则通常把这个近似数写成 $a \times 10^n$ 形式,而 $1 \leqslant a <$ 10。利用这种写法,可从 a 含有几个有效数字来确定近似数的有效位数。如 2.400×10^3 表示四位有效位数;2.40×10^3 和 2.4×10^3,分别表示三位和两位有效位数。

在测量的最终结果中,最末一位有效数字取到哪一位,是由测量精度来决定的,即最末一位有效数字应与测量精度是同一量级的。

2.2.2　数字舍入规则

由于测量精度的需要,或近似计算的需要,常常要对位数较多的近似数或精确数截尾,称为数值修约。数值修约将减少有效数字位数。

对于位数很多的近似数,当有效位数确定后,其后面多余的数字应舍去,而保留的有效数字最末一位数字可按国家标准① GB/T 8170-2008《数值修约规则与极限数值的表示与判定》进行舍入。舍入规则有以下基本规则：

（1）拟舍弃的数字中，若左边第一个数字大于5（不包括5），则保留的最末位数字加1；

（2）拟舍弃的数字中，若左边第一个数字小于5（不包括5），则保留的最末位数字不变；

（3）拟舍弃的数字中，若左边第一个数字等于5，其右边的数字并非全为零，则保留的最末位数字加1；

（4）拟舍弃的数字中，若左边第一个数字等于5，其右边的数字全为零，则保留的最末位数字为奇数则加1，偶数则舍弃；

（5）负数修约时先按绝对值修约，再加上负号；

（6）不许连续修约；

（7）必要时，可采用0.5单位修约和0.2单位修约。

例如，按上述舍入规则，将下面各数据保留四位有效数字（表2.1）。

表2.1 数据舍入实例

原始数据	舍入后数据	舍入依据
3.14159	3.142	（3）
2.71729	2.717	（2）
4.51250	4.512	（4）（第四位有效数字是偶数）
3.21550	3.216	（4）（第四位有效数字是奇数）
6.378501	6.379	（3）
7.691499	7.691	（2）
5.43460	5.435	（1）
-15.4546	-15.45	（5）

数字舍入会引起舍入误差，但按上述规则进行舍入，其舍入误差皆不会超过保留数字最末位的半个单位。并且，根据舍入规则，被舍去的数字不是见5就入，从而使舍入误差成为随机误差，在大量运算时，舍入误差的均值趋于零。这就避免了按四舍五入规则舍入时，舍入误差的累积而产生系统误差。

为便利记忆，上述进舍可归纳成下列口诀：四舍六入五考虑，五后非零则进一，五后全零看五前，五前偶舍奇进一，不论数字多少位，都要一次修约成。

事实上，计算机软件的数字舍入函数按四舍五入规则进行计算，由此引起的舍入误差同样不会超过保留数字最末位的半个单位，所以对最终计算结果的影响通常不必追究。换句话说：按四舍五入规则进行舍入计算，基本符合有效数字运算规范。进一步研究不难

---

① "GB"为"国家标准"的拼音缩写，"/T"表示该标准是推荐标准，否则为强制标准。

发现,在各位数据分布符合均匀分布的前提下,如果舍入部分包括两位有效数字,则上述舍入规则与四舍五入规则不一致的概率仅 0.5%。如果舍入部分包括三位以上有效数字,则上述舍入规则与四舍五入规则不一致的概率不大于 0.05%。

2.2.3 数据运算规则

在近似数运算中,为了保证最后结果有尽可能高的精度,所有参与运算的数据,在有效数字后可多保留一位数字作为参考数字,或称为安全数字。

(1) 精确数字与近似数的加减运算,由近似数的最低有效位确定计算结果的最低有效位。结果的有效数字位数可能增加、可能减少,也可能不变。

例 2.3 计算 $(1000)+23.5$、$45.45-(40)$、$2.34\times10^4+(15)$ 的结果,并指出结果的有效数字位数。其中,括号中的数为精确数字。

解:$(1000)+23.5=1023.5$,结果有 5 位有效数字,有效数字位数增加。

$45.45-(40)=5.45$,结果有 3 位有效数字,有效数字位数减少。

$2.34\times10^4+(15)\approx2.34\times10^4$,结果有 3 位有效数字,有效数字位数不变。

(2) 精确数字与近似数的乘除运算,由近似数的有效位数确定计算结果的有效位数。结果的有效数字位数与原近似数的有效数字位数相同。

(3) 在近似数加减运算时,各运算数以小数位数最少的数据位数为准,其余各数据可多取一位小数,但最后结果应与小数位数最少的数据小数位相同(近似数中位数最高的最低有效位决定结果的最低有效位)。

例 2.4 求 $2\ 643.0+987.7+4.187+0.2354$ 的值。

解:$2643.0+987.7+4.187+0.2354\approx2\ 643.0+987.7+4.19+0.24$
$=3\ 635.13\approx3\ 635.1$

(4) 在近似数乘除运算时,各运算数以有效位数最少的数据位数为准,其余各数据要比有效位数最少的数据位数多取一位数字,而最后结果应与有效位数最少的数据位数相同。

例 2.5 求 15.13×4.12 的值。

解:$15.13\times4.12=62.335\ 6\approx62.3$

(5) 在近似数平方或开方运算时,平方相当于乘法运算,开方是平方的逆运算,故可按乘除法运算处理。

(6) 在对数运算时,n 位有效数字的数据应该用 n 位对数表,或用 $(n+1)$ 位对数表,以免损失精度。

(7) 三角函数运算中,所取函数值的位数应随角度误差的减小而增多,其对应关系如表 2.2 所示。

以上所述的运算规则,都是一些常见的最简单情况,但实际问题的数据运算皆较复杂,往往一个问题包括几种不同的简单运算,对中间的运算结果所保留的数据位数可比简单运算结果多取一位数字。

表 2.2　三角函数运算的有效数字位数的舍入

角度误差	10″	1″	0.1″	0.01″
函数值位数	5	6	7	8

使用计算器或计算机进行数值计算时,可以仅对结果值按要求修约,而不管中间数的有效数字位数。但对于频繁作减法运算,且参与运算的近似数的数值大小相当时,为保证运算结果的有效数字位数,应使用双精度运算(8 字节二进制浮点数,其中尾数 6~7 字节)或高精度运算(10 字节二进制浮点数,其中尾数 8 字节)。

对有效数字的运算,不必拘泥于规则,必要时仍可灵活掌握。如 1.2345×9.4,按有效数字运算规则,应取两位有效数字,即 12。但事实上,取 11.6 是合理的。因为从相对误差来说,如果近似数 9.4 的实际误差是 0.1,则运算前的相对误差仅为 1.06%,取结果 12 时,因舍入引起的相对误差已有 3.44%,加上原数传递的 1.06% 的误差,总误差增大到 4.5%,而结果取 11.6 时,相对误差基本不变。所以,如果作乘除运算时,有效数字位数最少的数最高位为 8 或 9,运算结果的最高位为 1 或 2,则必要时,结果的有效数字位数可以多取一位。换句话说:当数值的最高位为 8 或 9 时,有效数字位数可以多算一位。

2.2.4　测量结果数值的修约

在大多数情况下,运算过程中的数值修约并不重要,但对测量结果,数值修约是必要的。为了保证在运算过程中不丢失精度,运算过程中可以不作舍入运算,而仅在提交测量结果时进行一次性修约计算。

许多场合中,并不要求按最多的有效数字位数提供测量结果。也许你的测量仪器及测量方法能够保证 4 位有效数字,但测量结果可能只要求提供 3 位或更少位数的有效数字数值,这时应该按要求进行修约运算后提交,不必吝惜数据精度的丢失。

修约间隔是确定修约保留位数的一种方式。修约间隔的数值一经确定,修约值即应为该数值的整数倍。最常用的修约间隔为 1 单位、0.5 单位和 0.2 单位三种。

按 2.2.2 节所述方法修约即称为 1 单位修约。0.5 单位修约(半个单位修约)是指修约间隔为指定数位的 0.5 单位,即修约到指定数位的 0.5 单位,这时,有效数字的末位不会出现除 0 和 5 以外的数字。0.2 单位修约是指修约间隔为指定数位的 0.2 单位,即修约到指定数位的 0.2 单位,这时,有效数字的末位数都是偶数。

0.5 单位的修约计算方法:将拟修约数值乘以 2,按 2.2.2 节的方法修约,结果再除以 2。

0.2 单位的修约计算方法:将拟修约数值乘以 5,按 2.2.2 节的方法修约,结果再除以 5。

例 2.6　①将 128.38 修约到个位数的 0.5 单位。②将 128.38 修约到个位数的 0.2 单位。③将 128.38 修约到十位数的 0.2 单位。

解:① 128.38×2→256.76

　　　　修约到个位：257
　　　　结果：257÷2→128.5
　② 128.38×5→641.9
　　　　修约到个位：642
　　　　结果：642÷5→128.4
　③ 128.38×5→641.9
　　　　修约到十位：640
　　　　结果：640÷5→128

由于计算机运算时通常仅对计算结果修约，中间过程不考虑有效数字运算，因此用计算机运算时，国标推荐采用GB/T 8170规定的舍入规则修约。可以编写专门函数实现以上功能。大多数情况下，仍可使用四舍五入规则对运算结果进行数值舍入运算。

2.3 随机误差

2.3.1 抽样、样本与多次重复测量

对一批产品的质量评判，常使用抽样。抽样是随机的，通常一次抽样取多个产品样品，称样本，以便更可靠更客观地衡量产品质量。样品个数称为样本容量 n，被抽样产品的全部称为总体。

对同一对象进行多次重复测量，实际上就是一个样本容量 n 等于重复次数的抽样过程。一个单次测量的数据即为一个样本。样本的全体即为总体。

概率论与数理统计理论已对抽样过程及样本数据的统计规律进行了严格的理论研究，并已形成一门独立的数学学科。既然测量过程即是抽样过程，因此，可以直接使用数学工具来研究测量过程，从而获得科学合理的测试结论。

2.3.2 正态分布的概率计算

如果某随机变量 x 服从数学期望值为 a，方差为 σ^2 的正态分布，则其概率密度函数为

$$y = f(x) = \frac{1}{\sigma\sqrt{2\pi}} e^{-\frac{(x-a)^2}{2\sigma^2}} \tag{2.5}$$

常使用 $x \sim N(a, \sigma^2)$ 表示。当 $a=0, \sigma=1$ 时的正态分布则称为标准正态分布，记为 $x \sim N(0,1)$。

连续性随机变量 X 的数学期望定义为 X 的一阶中心矩，并记为 $E(X)$

$$E(X) = \int_{-\infty}^{\infty} x f(x) \mathrm{d}x \tag{2.6}$$

可以证明，随机变量的数学期望等于随机变量无限多次取值的算术平均值，即

$$E(X) = \lim_{n \to \infty} \sum_{i=1}^{n} \frac{x_i}{n} \tag{2.7}$$

连续性随机变量 X 的方差定义为随机变量与数学期望之差的平方的数学期望,记为 $D(X)$

$$D(X) = E[X - E(X)]^2 = \int_{-\infty}^{\infty} [X - E(X)]^2 f((x) \mathrm{d}x \tag{2.8}$$

如果随机变量 X 的数学期望是 a,则方差 $D(X)$ 为

$$D(X) = \sigma^2 = \lim_{n \to \infty} \frac{1}{n} \sum_{i=1}^{n} (x_i - a)^2 \tag{2.9}$$

可以证明,对于正态分布 $N(a, \sigma^2)$,方差即为 σ^2。

方差的平方根称为标准差,常使用 σ 表示。显然,正态分布 $N(a, \sigma^2)$ 的标准差即为 σ。

2.3.3 数学期望与方差的估计值

从数学定义可知,要想通过测量得到数学期望与方差,必须作无穷多次重复测量,即得到测量值的总体,实际上无法做到。对于有限容量的样本,可以求得数学期望与方差的估计值。如果估计值的数学期望等于所估计值的真值,则这种估计方法称为无偏估计。

1. 测量值数学期望的无偏估计

一般用有限次测量值的算术平均值 $\bar{x}$ 作为被测量的真值 a 的估计值。算术平均值就是被测量的无偏估计。证明如下:

$$\begin{aligned} E(\bar{x}) &= E\left[\frac{1}{n}(x_1 + \cdots + x_n)\right] = \frac{1}{n} E(x_1 + \cdots + x_n) \\ &= \frac{1}{n}[E(x_1) + \cdots + E(x_n)] = \frac{1}{n}(a + \cdots + a) = a \end{aligned} \tag{2.10}$$

2. 测量值算术平均值 $\bar{x}$ 的方差 $\sigma_{\bar{x}}^2$

用有限次测量值的算术平均值 $\bar{x}$ 来估计被测量的数学期望是有误差的,误差的大小可用算术平均值的方差或标准差来衡量。n 次重复测量的算术平均值 $\bar{x}$ 的方差 $\sigma_{\bar{x}}^2$ 为

$$\sigma_{\bar{x}}^2 = D\left[\frac{1}{n}(x_1 + \cdots + x_n)\right] = \frac{1}{n^2} D(x_1 + \cdots + x_n) \tag{2.11}$$

考虑到各次测量值是相互独立的,它们的方差均为 σ^2,因此,有

$$\sigma_{\bar{x}}^2 = \frac{1}{n^2}[D(x_1) + \cdots + D(x_n)] = \frac{1}{n^2}(\sigma^2 + \cdots + \sigma^2) = \frac{\sigma^2}{n} \tag{2.12}$$

所以

$$\sigma_{\bar{x}}^2 = \frac{\sigma^2}{n}, \sigma_{\bar{x}} = \frac{\sigma}{\sqrt{n}} \tag{2.13}$$

3. 测量值的方差的无偏估计

设 $x_1, x_2, \cdots, x_n$ 为 n 个测量值,令 $\delta_i = x_i - \bar{x}$,称为剩余误差或残差,则

$$E\left(\sum_{i=1}^{n}\delta_i^2\right) = E\left[\sum_{i=1}^{n}(x_i-\bar{x})^2\right] = E\left\{\sum_{i=1}^{n}[(x_i-a)-(\bar{x}-a)]^2\right\}$$
$$= E\left\{\sum_{i=1}^{n}[(x_i-a)^2+(\bar{x}-a)^2-2(x_i-a)(\bar{x}-a)]\right\} \quad (2.14)$$

而
$$2\sum_{i=1}^{n}(x_i-a)(\bar{x}-a) = 2(\bar{x}-a)\sum_{i=1}^{n}(x_i-a) = 2n(\bar{x}-a)^2 \quad (2.15)$$

$$E\left(\sum_{i=1}^{n}\delta_i^2\right) = E\left\{\sum_{i=1}^{n}[(x_i-a)^2+(\bar{x}-a)^2]-2n(\bar{x}-a)^2\right\}$$
$$= E\left[\sum_{i=1}^{n}(x_i-a)^2\right]-nE[(\bar{x}-a)^2] \quad (2.16)$$

由于各次测量值是相互独立的,其方差均为σ^2,所以
$$E\left[\sum_{i=1}^{n}(x_i-a)^2\right] = \sum_{i=1}^{n}[E(x_i-a)^2] = n\sigma^2 \quad (2.17)$$

$$E\left[\sum_{i=1}^{n}(\bar{x}-a)^2\right] = nE(\bar{x}-a)^2 = n\sigma_{\bar{x}}^2 \quad (2.18)$$

由式(2.13),得
$$E\left(\sum_{i=1}^{n}\delta_i^2\right) = n\sigma^2 - n\cdot\frac{\sigma^2}{n} = (n-1)\sigma^2 \quad (2.19)$$

$$E\left(\frac{1}{n-1}\sum_{i=1}^{n}\delta_i^2\right) = E\left(\frac{1}{n-1}\sum_{i=1}^{n}(x_i-\bar{x})^2\right) = \sigma^2 \quad (2.20)$$

所以,有限次测量的统计量$\sum_{i=1}^{n}\delta_i^2/(n-1)$是方差$\sigma^2$的无偏估计,称为样本方差,以符号$S^2$表示,即

$$S^2 = \frac{1}{n-1}\sum_{i=1}^{n}(x_i-\bar{x})^2 \quad (2.21)$$

$$S = \sqrt{\frac{1}{n-1}\sum_{i=1}^{n}\delta_i^2} = \sqrt{\frac{1}{n-1}\sum_{i=1}^{n}(x_i-\bar{x})^2} \quad (2.22)$$

式(2.22)称为贝塞尔公式,它说明,在有限次测量中,可用S作为σ的无偏估计。S为样本的标准差,σ则为总体的标准差。

2.3.4 随机误差的特性

前面已论述,误差可分为随机误差、系统误差和粗大误差三类。由于三类误差通常可以区分,因此将其分开研究是合理的。

在剔除粗大误差后,再分离出系统误差,剩余的误差即主要是随机误差。分析随机误

差,可发现有以下特点:

(1) 随机误差的出现是偶然、随机的,在测量之前,不能预估误差的大小和正负;

(2) 随机误差的分布表现出必然性,不管何时、何地做相同的多次重复测量,测量结果的分布规律是相同的、可复现的,它符合统计规律,可用统计学的方法来处理;

(3) 对于大多数等精度的多次重复测量,测量误差符合正态分布规律。某些特殊测试参数或测试仪器的测试结果误差,可能符合其他的分布规律,如均匀分布、三角形分布等。例如:纯数字量化误差符合均匀分布。

2.3.5 随机误差的正态分布规律

对某一测量对象进行多次重复测量,如果已知其真值为 T_s,测量重复次数为 n,测量值为 $x_1,x_2,\cdots,x_n$,则随机误差为(本小节讨论的误差只有随机误差,无粗大误差和系统误差)

$$\varepsilon_i = x_i - T_S \quad (i=1,2,\cdots,n) \tag{2.23}$$

这些测试误差大多符合正态分布规律 $\varepsilon \sim N(0,\sigma^2)$,其概率密度函数为

$$y = p(\varepsilon) = \frac{1}{\sigma\sqrt{2\pi}} e^{-\frac{\varepsilon^2}{2\sigma^2}} \tag{2.24}$$

式中 y——误差 ε 出现的概率密度;

σ——总体标准差。

由式(2.9),可知

$$\sigma = \lim_{n \to \infty} \sqrt{\frac{1}{n}\sum_{i=1}^{n}\varepsilon_i^2} \tag{2.25}$$

不难发现,含随机误差的测量值 $x_1,x_2,\cdots,x_n$ 也同样符合以真值 T_S 为数学期望、方差为 σ^2 的正态分布,即 $x \sim N(T_S,\sigma^2)$。显然,x_i 的分布规律与 ε_i 的分布规律相同,差别仅平移一个偏移量 T_S。正态分布函数的曲线如图2.4所示。

测量值 x 落在区间 $[x_a,x_b]$ 内的概率,或随机误差 ε 出现在区间 $[a,b]$ 内的概率为

$$P(x_a \leq x \leq x_b) = \int_{x_a}^{x_b} p(x)\mathrm{d}x \tag{2.26}$$

$$P(a \leq \varepsilon \leq b) = \int_{a}^{b} p(\varepsilon)\mathrm{d}\varepsilon \tag{2.27}$$

符合正态分布的随机误差必定具有以下特点:

(1) 对称性:绝对值相等的正误差与负误差出现的概率相等;

(2) 单峰性:绝对值小的误差出现的概率大,而绝对值大的误差出现的概率小;

(3) 有界性:在有限次测量中,随机误差的绝对值不会超过一定界限;

(4) 抵偿性:随着测量次数的增加,随机误差 ε_i 的代数和 $\sum_{i=1}^{n}\varepsilon_i$ 趋于零。

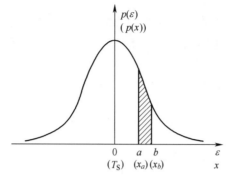

图 2.4 正态分布曲线

2.3.6 标准差的计算

1. 算术平均值

测量的目的即是寻求真值。由于算术平均值就是被测量的无偏估计,因而使用多次重复测量的算术平均值 $\bar{x}$ 作为真值 T_S 的估计值。

设 $x_1, x_2, \cdots, x_n$ 为 n 次重复测量测得的值,则算术平均值 $\bar{x}$ 为

$$\bar{x} = \frac{x_1 + x_2 + \cdots + x_n}{n} = \frac{1}{n}\sum_{i=1}^{n} x_i \tag{2.28}$$

2. 剩余误差

测量值 x_i 与算术平均值 $\bar{x}$ 之差,称为剩余误差,简称残差,以 δ_i 表示

$$\delta_i = x_i - \bar{x} \tag{2.29}$$

容易证明:剩余误差的代数和等于零:

$$\sum_{i=1}^{n} \delta_i = \sum_{i=1}^{n} x_i - n\bar{x} = 0$$

3. 标准差的估计

根据 2.3.3 节知,样本标准差 S 即是标准差 σ 的无偏估计。工程上常直接将 S 写为 σ,所以,由式(2.22),随机误差的标准差 σ 的估计值为

$$\sigma = \sqrt{\frac{1}{n-1}\sum_{i=1}^{n} \delta_i^2} = \sqrt{\frac{1}{n-1}\sum_{i=1}^{n} (x_i - \bar{x})^2} \tag{2.30}$$

当重复测量次数无限多时,上述估计值将无限趋近于随机误差的总体标准差 σ。

表 2.3 列出了某多次重复测量的标准差的估计值随测量次数增加而变化的规律。多次重复测量的样本序列为 8.01,8.05,7.97,8.02,7.94,7.99,8.00,8.02,7.96,7.99,⋯。当重复测量的次数增加到 40 次以上时,测量次数的增加对标本标准差的影响已可忽略。可以明显看到,所有的标准差的估计值都大于随机误差的标准差,因为当 n 趋于无穷大时,标准差的估计值将无限趋近于随机误差的标准差。

表 2.3　标准差的估计值随测量次数的增加而变化的规律

n	3	4	5	6	8	10	20	40	80	150	400	1000
σ	0.042	0.036	0.043	0.039	0.034	0.033	0.0320	0.0315	0.0313	0.0312	0.0312	0.0312

2.3.7　算术平均值标准差的计算

由式(2.13)知,算术平均值的方差 $\sigma_{\bar{x}}^2$ 等于 σ^2/n,而标准差 σ 可用式(2.30)估计,所以,算术平均值的标准差可以用剩余误差按下式估计:

$$\sigma_{\bar{x}} = \sqrt{\frac{1}{n(n-1)} \sum_{i=1}^{n} \delta_i^2} = \frac{\sigma}{\sqrt{n}} \tag{2.31}$$

式中,σ 为按式(2.30)计算的标准差的估计值。显然,就随机误差而言,经多次重复测量后,其算术平均值的标准差,远小于单次测量的标准差,因而测量精度将有很大提高。

图 2.5 为不同标准差时的正态分布曲线对比。根据概率密度函数的特点,应有

$$P(-\infty < x < \infty) = \int_{-\infty}^{\infty} p(x) \mathrm{d}x = 1 \tag{2.32}$$

所以当标准差 σ 较小时,曲线高而窄,说明数据点密集,重复性好;而当标准差 σ 较大时,曲线低而宽,说明数据点分散,随机误差大。

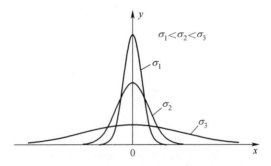

图 2.5　不同标准差的正态分布曲线

由于测试精度随着重复测量的次数增大而提高,因此,多次重复测量往往是需要的。但由 n 与 $1/\sqrt{n}$ 的关系曲线(图 2.6)可知,随着 n 的增大,$\sigma_{\bar{x}}$ 的下降速率逐渐减慢,因而无限制增大测量次数是不合适的。通常取 $n=10$ 以内较为合适。

2.3.8　置信水平和极限误差

1. 置信概率

在一等精度测量列中,大小为 x 的测量值落入某指定区间 $[x_a, x_b]$ 内的概率称为置信概率,该指定区间称为置信区间(图 2.7)。显然,置信概率可按式(2.26)或式(2.27)计算。

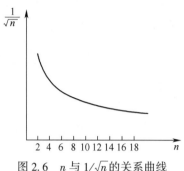

图 2.6　n 与 $1/\sqrt{n}$ 的关系曲线

对于一个测量值 x 来讲,置信区间取得宽,置信概率就大,置信区间取得窄,置信概率就小。若取 $-\infty<x<\infty$,则测量值落入置信区间的概率 $P(x)=1$,即在 $-\infty<x<\infty$ 范围内,全部随机变量 x 出现的概率为 100%。

工程上,对于符合正态分布规律的随机变量,其置信区间常取标准差 σ 的倍数,并对称于正态分布函数的对称轴,记为 $t\sigma$。对应于 $t=1$、$t=2$、$t=3$ 时,单次测量值的置信区间分别为 $[T_S-\sigma,T_S+\sigma]$、$[T_S-2\sigma,T_S+2\sigma]$、$[T_S-3\sigma,T_S+3\sigma]$,相应的置信概率分别为 68.3%、95.4%、99.73%,如图 2.7 所示。置信概率按下式计算:

$$P(-t\sigma<x<t\sigma)=\int_{-t\sigma}^{t\sigma}p(x)\,\mathrm{d}x \tag{2.33}$$

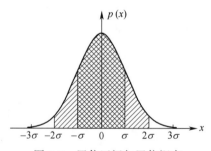

图 2.7　置信区间与置信概率

2. 单次测量的极限误差

显然,对于置信概率 68.3%,可信程度太低,因而置信区间 $[T_S-\sigma,T_S+\sigma]$ 是不可取的。对于置信概率 95.4%,绝大多数数据点都已经落在相应的置信区间 $[T_S-2\sigma,T_S+2\sigma]$ 内,可以认为数据较为可靠。而对于置信概率 99.73%,则可信度已极高,因为这时平均每 370 次测量,只有一次的数据点落在置信区间之外。

工程上将 3σ 称为单次测量的极限误差。单次测量的误差大于极限误差的概率仅 0.27%,因而通常认为这样的事件是不可能发生的。极限误差的置信区间为 $[T_S-3\sigma,T_S+3\sigma]$。

$$\delta_{\lim}=\pm 3\sigma \tag{2.34}$$

3. 算术平均值的极限误差

对于多次重复测量,通常将算术平均值作为测量结果。算术平均值的置信区间用算术平均值的标准差来描述。与单次测量的情况不同,算术平均值 $\bar{x}$ 的分布与重复数 n 有关,显然与正态分布不同。

设重复测量的总体服从正态分布 $N(a,\sigma^2)$,绝对误差服从 $N(0,\sigma^2)$,样本容量为 n,且已根据式(2.22)计算得到样本标准差 S,则统计量

$$t = \frac{\bar{x} - a}{S/\sqrt{n}} \tag{2.35}$$

服从自由度为 $(n-1)$ 的 t 分布。

t 分布的概率密度函数为

$$p(t) = \frac{1}{\sqrt{\pi v}} \frac{\Gamma\left(\frac{v+1}{2}\right)}{\Gamma\left(\frac{v}{2}\right)} \left(1 + \frac{t^2}{v}\right)^{-\frac{v+1}{2}} \quad (-\infty < t < \infty) \tag{2.36}$$

算术平均值的置信概率可通过 t 分布函数计算:

$$P(-t_\alpha \sigma_{\bar{x}} < t < t_\alpha \sigma_{\bar{x}}) = \int_{-t_\alpha \sigma_{\bar{x}}}^{t_\alpha \sigma_{\bar{x}}} p(t)\,\mathrm{d}t \tag{2.37}$$

不难找到 Γ 函数的计算机算法程序,但使用计算器通常难以计算。为方便使用,表2.4列出了三种常用置信概率 $P(95\%、99\%、99.73\%)$ 下的置信区间 $(-t_\alpha \sigma_{\bar{x}} < t < t_\alpha \sigma_{\bar{x}})$ 中 t_α 值。表中 $\alpha = 1 - P$ 称为显著度,n 为测量次数,自由度 $v = n - 1$,$\sigma_{\bar{x}}$ 为用式(3.31)计算的算术平均值的标准差估计值。

算术平均值的极限误差仍按 99.73% 置信概率(即显著度为 0.0027)确定相应的置信区间。随着 n 的增大(大样本),置信区间(即极限误差限)将趋于 $3\sigma_{\bar{x}}$,相应的置信区间为 $(T_S - 3\sigma_{\bar{x}} < t < T_S + 3\sigma_{\bar{x}})$。即对于大样本(通常取 $n \geq 40$)

$$\lambda_{\lim} = \pm 3\sigma_{\bar{x}} \tag{2.38}$$

当 n 较小时(通常小于 40 时,称为小样本),应按表 2.4 找到 t_α 值,这时,置信概率仍为 99.73% 的置信区间为 $(T_S - t_\alpha \sigma_{\bar{x}} < T_S + t_\alpha \sigma_{\bar{x}})$。相应的极限误差即为 $\pm t_\alpha \sigma_{\bar{x}}$

$$\lambda_{\lim} = \pm t_\alpha \sigma_{\bar{x}} \tag{2.39}$$

例 2.7 对某量进行 6 次重复测量,测得数据如下:802.40,802.50,802.38,802.48,802.42,802.46。求算术平均值及其极限误差。

解:算术平均值为

$$\bar{x} = \frac{\sum x_i}{n} = 802.44$$

按式(2.31),算术平均值的标准差为

$$\sigma_{\bar{x}} = \sqrt{\frac{1}{n(n-1)} \sum_{i=1}^{n} \delta_i^2} = 0.019$$

按自由度 $v=n-1=5$ 查表 2.4,得 $t_\alpha=5.51$。所以,算术平均值的极限误差为
$$\lambda_{\lim} = \pm t_\alpha \sigma_{\bar{x}} = \pm 5.51 \times 0.019 = \pm 0.10$$

表 2.4 t 分布表

自由度 v	显著度 α			自由度 v	显著度 α		
	0.05	0.01	0.0027		0.05	0.01	0.0027
1	12.71	63.66	235.80	20	2.09	2.85	3.42
2	4.3	9.92	19.21	21	2.08	2.83	3.40
3	3.18	5.84	9.21	22	2.07	2.82	3.38
4	2.78	4.60	6.62	23	2.07	2.81	3.36
5	2.57	4.03	5.51	24	2.06	2.80	3.34
6	2.45	3.71	4.90	25	2.06	2.79	3.33
7	2.36	3.50	4.53	26	2.06	2.78	3.32
8	2.31	3.36	4.28	27	2.05	2.77	3.30
9	2.26	3.25	4.09	28	2.05	2.76	3.29
10	2.23	3.17	3.96	29	2.05	2.76	3.28
11	2.20	3.11	3.85	30	2.04	2.75	3.27
12	2.18	3.05	3.76	40	2.02	2.70	3.20
13	2.16	3.01	3.69	50	2.01	2.68	3.16
14	2.14	2.98	3.64	60	2.00	2.66	3.13
15	2.13	2.95	3.59	70	1.99	2.65	3.11
16	2.12	2.92	3.54	80	1.99	2.64	3.10
17	2.11	2.90	3.51	90	1.99	2.63	3.09
18	2.10	2.88	3.48	100	1.98	2.63	3.08
19	2.09	2.86	3.45	∞	1.96	2.58	3.00

例 2.8 测量某小孔 12 次,测得结果为(单位为 mm):
0.375,0.371,0.376,0.374,0.375,0.378,0.373,0.375,0.377,0.376,0.374,0.375
求:(1)单次测量的极限误差;(2)算术平均值的极限误差。

解:(1)单次测量的极限误差。算术平均值为

$$\bar{x} = \frac{\sum x_i}{n} = 0.375 \text{mm}$$

由式(2.30)得

$$\sigma = \sqrt{\frac{1}{n-1}\sum_{i=1}^{n}(x_i - \bar{x})^2} = 0.018 \text{mm}$$

由式(2.34),单次测量的极限误差为

$$\delta_{\lim} = \pm 3\sigma = \pm 0.054 \text{mm}$$

(2) 算术平均值的极限误差。由式(2.31),算术平均值的标准差为

$$\sigma_{\bar{x}} = \frac{\sigma}{\sqrt{n}} = 0.0052 \text{mm}$$

查表(2.4),$t_\alpha = 3.85$,所以由式(2.39)得

$$\lambda_{\lim} = \pm t_\alpha \sigma_{\bar{x}} = 0.020 \text{ mm}$$

2.4 系统误差

系统误差是由固定不变的或按确定规律变化的因素造成的,一般说来这些因素是可以掌握的,例如,使用的工具、仪器不完善方法,测量方法不当,环境影响等。对待系统误差的基本措施是要设法发现并予以消除。

2.4.1 系统误差的分类

按系统误差出现的特点以及对测量结果的影响,可分为定值系统误差和变值系统误差两大类。

1. 定值系统误差

在整个测量过程中,误差的大小和符号都是不变的。例如,测力传感器的标定误差、千分尺的调零误差等,它对每一测量值的影响为一定值常量。

2. 变值系统误差

在测量过程中,误差的大小和符号按一定的规律变化。根据变化的规律又可分为以下几种。

(1) 累积性系统误差。在整个测量过程中,随着测量时间的增长或测量数值的增大,误差逐渐增大或减小,这样的误差称为累积性系统误差或线性变化系统误差。例如,测量过程中仪器温度逐渐升高,使被测量随时间 t 逐渐增大或减小。又如千分尺微螺杆螺距的累积性误差,使测量误差随被测量尺寸增大而增大。这类累积性误差与时间 t 或被测量大小 x 成正比,故称线性误差。

(2) 周期性系统误差。误差的大小和符号呈周期性变化。例如,仪器刻度盘或传动齿轮偏心,被测对象安装偏心等,都可引起周期性变化的系统误差。

(3) 按复杂规律变化的系统误差。这种误差在测量过程中按一定的,但比较复杂的规律变化。

图 2.8 为几种常见的系统误差 Δ 随时间变化的曲线。其中:a 为定值系统误差;b 为线性变化(或近似线性变化)的系统误差;c 为非线性变化的系统误差;d 为周期性变化的系统误差;e 为按复杂规律变化的系统误差。

根据对系统误差掌握的程度,系统误差又可分为"确定系统误差"和"不确定系统误差"两类。确定系统误差是指误差取值的变化规律和具体数值都已知,通过修正方法可消除的这类系统误差。不确定系统误差是指误差的具体数值、符号(甚至规律)都未确切

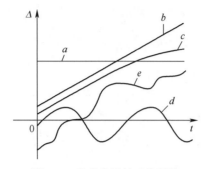

图 2.8 几种常见的系统误差

掌握,但不是随机误差,它没有随机误差的可抵偿性特征的这类系统误差。

2.4.2 系统误差对测量结果的影响

1. 定值系统误差对测量结果的影响

经过 n 次测量的一组测得值,记为 $x_1, x_2, \cdots, x_n$,每个测得值都含有系统误差。这些测量值中含的系统误差的大小和符号都相等,记为 Δ_0。测试过程中存在的随机误差记为 ε_i。设被测量真值为 T_S,则有

$$x_i = T_S + \Delta_0 + \varepsilon_i \quad (i = 1, \cdots, n)$$

$$\sum_{i=1}^{n} x_i = nT_S + n\Delta_0 + \sum_{i=1}^{n} \varepsilon_i$$

求平均值,得

$$\bar{x} = \frac{1}{n}\sum_{i=1}^{n} x_i = T_S + \Delta_0 + \frac{1}{n}\sum_{i=1}^{n} \varepsilon_i$$

当 n 足够大时,$\sum_{i=1}^{n} \varepsilon_i$ 趋于零,这时有

$$\bar{x} = T_S + \Delta_0 \quad (n \to \infty) \tag{2.40}$$

式(2.40)表明,在样本足够大时,随机误差可以通过计算平均值 $\bar{x}$ 而消除,而定值系统误差 Δ_0 则不能消除。在定值系统误差 Δ_0 已知时,应通过下式修正测量值,以使测得结果尽可能接近真值

$$T_S = \bar{x} - \Delta_0$$

对于剩余误差 δ_i,有

$$\delta_i = x_i - \bar{x} = (T_S + \Delta_0 + \varepsilon_i) - \left(T_S + \Delta_0 + \frac{1}{n}\sum_{i=1}^{n} \varepsilon_i\right)$$

$$\delta_i = \varepsilon_i \quad (n \to \infty)$$

即当样本足够大时时,定值系统误差对剩余误差 δ_i 无影响,或者说剩余误差中不存在系统误差。因此对标准差 σ 也无影响,但是从正态分布曲线来看,平移了一个位置(图 2.9)。

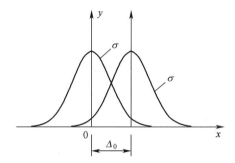

图 2.9　定值系统误差对误差分布

2. 变值系统误差对测量结果的影响

设 n 次测量的 $x_1, x_2, \cdots, x_n$ 中，测得值含系统误差 $\Delta_1, \Delta_2, \cdots, \Delta_n$。测试过程中存在的随机误差为 $\varepsilon_1, \varepsilon_2, \cdots, \varepsilon_n$。被测量真值为 T_S，则

$$x_i = T_S + \Delta_i + \varepsilon_i \quad (i = 1, \cdots, n)$$

$$\sum_{i=1}^{n} x_i = nT_S + \sum_{i=1}^{n} \Delta_i + \sum_{i=1}^{n} \varepsilon_i$$

求平均值，得

$$\bar{x} = \frac{1}{n}\sum_{i=1}^{n} x_i = T_S + \frac{1}{n}\sum_{i=1}^{n} \Delta_i + \frac{1}{n}\sum_{i=1}^{n} \varepsilon_i$$

当 n 足够大时，$\sum_{i=1}^{n} \varepsilon_i$ 趋于零，这时有

$$\bar{x} = T_S + \bar{\Delta} \quad (n \to \infty) \tag{2.41}$$

式中：$\bar{\Delta}$ 为变值系统误差的平均值。通常，$\bar{\Delta}$ 可正可负，能否被消除取决于 $\bar{\Delta}$ 有无规律。对于无规律的变值系统误差，变值系统误差 $\bar{\Delta}$ 的影响将不能被消除。

对于剩余误差 δ_i，有

$$\delta_i = x_i - \bar{x} = (T_S + \Delta_i + \varepsilon_i) - (T_S + \bar{\Delta}) = \varepsilon_i + (\Delta_i - \bar{\Delta})$$

所以，变值系统误差对剩余误差也有影响，这将带来对样本标准差的计算误差，从而影响对系统标准差估计的准确性。

2.4.3　系统误差出现的原因及消除

1. 系统误差产生的原因

系统误差产生的原因有很多，主要有以下几个方面。

（1）原理误差（方法误差）。测量原理和方法的不完善带来的误差。例如，计算公式的近似或忽略了一些因素的影响等带来的误差。

(2) 设备误差。量值传递误差,仪表或设备的材质、零部件及制造工艺有缺陷等引起的误差等。例如测量设备本身校准精度不高而带来的误差。

(3) 环境误差。测量设备的精度保证对测量环境(温度、湿度、气压、电磁场、电源环境等)有一定的要求。由于测量时的实际环境与测试要求的环境偏差而带来的误差测量,称环境误差。例如测试过程中温度、湿度不符合要求等。

(4) 人员误差。由于测量者的个人特点等引起的误差。例如在刻度上读数时,个人看数的习惯偏差引入的误差等。

2. 系统误差的减少和消除

为获得正确的测量结果,必须控制系统误差,当然能消除最好,可实际上是不可能的,只能尽量减少系统误差,控制在一定范围内。可以从以下两个方面减少和消除系统误差。

(1) 从产生误差的根源上消除系统误差。如,正确使用仪器,定期校准等。

(2) 使用修正方法。若已知系统误差具有某种规律,则首先做修正曲线,测试时,使用修正曲线直接进行修正。

3. 定值系统误差的消除方法

常用的有抵消法、交换法、替代法三种。

(1) 抵消法。如果改变测量条件能改变定值系统误差的符号,则可以使用该法消除定值系统误差。设在测量条件改变前,测得值为

$$x_1 = T_S + \Delta$$

改变测量条件,使误差符号相反,而其绝对值不变,再测量一次,得

$$x_2 = T_S - \Delta$$

取两次的平均值

$$x = \frac{x_1 + x_2}{2} = T_S$$

所以,定值系统误差可以完全消除。

所谓改变测量条件,包括改变某部件左右移动的方向;交换两个接线端子上的接线;改变导线中电流的方向等。

例如:直流放大器的零点漂移是由于放大器特性随温度、时间的变化而缓慢变化,从而引起的输出电压异常变化的现象。使用这种放大器测量微弱电压信号时,必然会引入系统误差。如果能在短时间内迅速交换两个输入接线端子上的接线,并测量之,则使用该方法测得的结果可消除直流放大器零点漂移引起的误差。

(2) 交换法。交换法本质上也属于抵消法。将测量中的条件(如被测对象位置等)相互交换,使产生系统误差的因素对两次测得值起相反的作用,然后求两次测得的平均值,使系统误差抵消。

以等臂天平称量为例。图2.10(a)中,将被测量 x 放置于右盘中,左盘放置适量砝码 m,使天平平衡。如果天平两臂的长度完全相等,即 $L_1 = L_2$,则天平平衡时,$x = m$。实际

上，L_1 与 L_2 总有微小差异，因此，实际被测质量应为 $x = \dfrac{L_1}{L_2}m$。将被测量放置于左盘中，砝码放置于右盘中再次称量，如图 2.10(b)所示。天平平衡时，砝码质量为 m'，这时 $x = \dfrac{L_2}{L_1}m'$，所以，取 $x = \sqrt{m \cdot m'}$ 即可以消除系统误差。事实上，由于 $L_1 \approx L_2$，所以 $x = \sqrt{m \cdot m'} \approx \dfrac{m+m'}{2}$。

（3）替代法。在被测对象测量一次后，在不改变测量条件的情况下，用一个已知量的物体代替被测对象再测量一次，可以消除某因素引起的系统误差。

例如，用图 2.10(b)所示的天平称量某物体。若天平平衡，则 $x = \dfrac{L_2}{L_1}m'$。可用另一适当质量 m 的砝码代替被测对象再测量一次，使天平平衡，则 $m = \dfrac{L_2}{L_1}m'$。显然，$x = m$。因此，消除了因天平不完全等臂引起的系统误差。

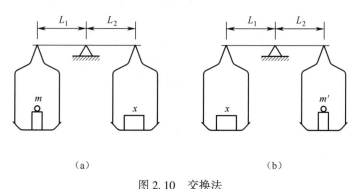

图 2.10 交换法

4. 变值系统误差的消除方法

根据变值系统误差的变化规律，可以消除某些因素引起的变值系统误差。常用方法有对称法和半周期法等。

（1）对称法。

对称法常用于消除线性变化的系统误差。

当系统误差随时间线性变化时，采用等时间间隔对称读数的方法，即可找出系统误差的变化规律，从而予以消除。

例如用比较法检定仪表时，按图 2.11(a)所示的方法读数。

t_1、t_2、t_3、t_4、t_5 各次读数的时间间隔均匀。其中 t_1、t_3、t_5 时刻读标准表的读数，读数值分别为 d_1、d_3、d_5；t_2、t_4 时刻读被检定表的读数，读数值分别为 d_2、d_4。

$$\bar{d} = \dfrac{d_1 + d_3 + d_5}{3} = \dfrac{(a+\Delta_1)+(a+\Delta_3)+(a+\Delta_5)}{3} = a + \bar{\Delta}$$

被检定表的测得值为

$$\bar{x} = \frac{d_2 + d_4}{2} = \frac{(x + \Delta_2) + (x + \Delta_4)}{2} = x + \bar{\Delta}$$

显然被检定表与标准表的测量值之差

$$\Delta_x = x - a = \bar{x} - \bar{d}$$

不含系统误差。根据 Δ_x 值可判别被检定表是否合格,或者可提供相应的修正依据。

对称读数法的读数次数可以是奇数次,如图 2.11(a)所示,也可以是偶数次,如图 2.11(b)所示。不管是奇数次还是偶数次,都应从读标准表开始。注意:如果读偶数次,则应该读取 $4n(n=1,2,\cdots)$ 次,最中间两次连续读取被检量。

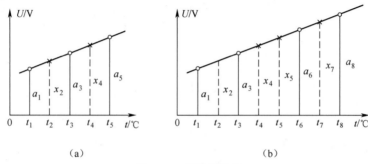

图 2.11 对称读数法

(2)半周期法。

半周期法用于消除周期性变化的系统误差。

设系统误差可表示为

$$\varepsilon = K\sin\frac{2\pi t}{T}$$

式中　K——常数;

　　　T——系统误差变化的周期;

　　　t——时间(可以是角度、位置等)。

如果在 $t = t_1$ 时刻进行第一次测量,此时系统误差为

$$\varepsilon_1 = K\sin\frac{2\pi t_1}{T}$$

经过半个周期,即 $t_2 = t_1 + T/2$ 时刻进行第二次测量,系统误差为

$$\varepsilon_2 = K\sin\frac{2\pi\left(t_1 + \dfrac{T}{2}\right)}{T} = -K\sin\frac{2\pi t_1}{T} = -\varepsilon_1$$

取两次测量结果的平均值,则平均值的系统误差为

$$\varepsilon = \frac{\varepsilon_1 + \varepsilon_2}{2} = 0$$

可见,系统误差可以完全消除。

事实上,非正弦变化的周期性系统误差,只要变化过程正负对称,都可使用半周期法消除,前提是能够确定变化周期。

半周期法的采样频率是系统误差变化频率的两倍。不难证明,只要采样频率是系统误差变化频率的偶数倍,则取系统误差变化周期的整数倍内的所有采样数取平均,都可消除这类周期性系统误差。例如,为消除50Hz工频干扰引起的系统误差,常使用100Hz、200Hz、300Hz、…的采样频率,取2次、4次、6次、…的平均即可消除由此引起的系统误差。

2.5 粗 大 误 差

如果存在粗大误差,会对测量结果产生明显的甚至是严重的影响。所以,一旦发现含有粗大误差的测量值,应该从测量结果中剔除。

2.5.1 粗大误差产生的原因

粗大误差产生的原因主要有两种:

(1)测量人员的主观原因,如工作过于疲劳,缺乏经验,操作不当,不小心,不耐心,不仔细等产生的粗大误差;

(2)由于偶然的强干扰源对测量设备造成的偶然大异常值,如大型用电设备的启停,使电网电压瞬时突变,造成仪器短时间工作异常;测试过程中的雷电干扰;地震等偶然事件对测量仪器的影响等。

2.5.2 判别粗大误差准则

一个测量数据明显不同于其他测量数据,能否剔除也不能随意决定,否则可能对测量数据的可信程度带来负面影响。

对于能够明确产生原因的粗大误差,通常可以直接予以剔除。对于不能明确产生原因的粗大误差,通常应按一定的剔除准则来判断是否剔除。

剔除含粗大误差数据的准则有多种,此处仅介绍常用的两种。

1. 莱以特准则(3σ准则)

具有正态分布的随机误差,常以$\pm 3\sigma$为其实际分布范围,超出$\pm 3\sigma$的误差出现的可能性是很小的,仅0.27%。所以如果发现个别值超出了$\pm 3\sigma$,则认为该值是异常值,可以予以剔除。所以判别准则为

$$|\delta_i| = |x_i - \bar{x}| > 3\sigma \tag{2.42}$$

式中:σ为样本标准差。如果检出了粗大误差则每次只能剔除一个偏差最大的异常数据点。剔除异常数据点后,应重新计算$\bar{x}$、σ、δ_i,再重复以上过程直到没有粗大误差为止。

当样本较小时(如$n<50$时),该准则的可靠性较差。当$n<20$时,异常值常常难以检出。当$n<10$时,有异常值也不能检出。因此,对于小样本,常使用格拉布斯准则。

2. 格拉布斯准则

当样本容量 n 不大于 20 时，通常应使用该准则，但它也可用于 $n>20$ 的场合。判别粗大误差的准则为

$$|\delta_i| = |x_i - \bar{x}| > G\sigma \tag{2.43}$$

临界值 G 按样本容量 n 和置信概率 P_α 由表 2.5 查出。注意：在剔除含粗大误差的测量数据时，一次只能剔除一个异常数据：剔除数据中 $|\delta_i|$ 最大的一个。剔除异常数据点后，应重新计算 $\bar{x}$、σ、δ_i，再重复以上过程直到没有粗大误差为止。

表 2.5 格拉布斯准则临界值 G 值

样本容量 n	置信概率 P_α		样本容量 n	置信概率 P_α	
	95%	99%		95%	99%
3	1.15	1.16	17	2.48	2.78
4	1.46	1.49	18	2.50	2.82
5	1.67	1.75	19	2.53	2.85
6	1.82	1.94	20	2.56	2.88
7	1.94	2.10	21	2.58	2.91
8	2.03	2.22	22	2.60	2.94
9	2.11	2.32	23	2.62	2.96
10	2.18	2.41	24	2.64	2.99
11	2.23	2.48	25	2.66	3.01
12	2.28	2.55	30	2.74	3.10
13	2.33	2.61	35	2.81	3.18
14	2.37	2.66	40	2.87	3.24
15	2.41	2.70	50	2.96	3.34
16	2.44	2.75	100	3.17	3.59

当使用计算机进行计算、判别时，可按下式计算临界值 G

$$G = C_0 + C_1 n^{-\frac{1}{2}} + C_2 n^{-1} + C_3 n^{-\frac{3}{2}} + C_4 n^{-2} \tag{2.44}$$

其中，临界值系数 $C_0 \sim C_4$ 见表 2.6。

表 2.6 格拉布斯准则临界值系数

P_α	C_0	C_1	C_2	C_3	C_4
95%	3.9452	-9.1567	18.839	-28.907	16.023
99%	4.2755	-8.1124	13.348	-26.218	19.389

2.6 误差的合成

在实际测量中，由于情况复杂，会同时存在引起一系列随机误差、系统误差和粗大误差的因素。这些因素对测量值的总误差以不同的方式在不同程度上产生影响。若已知各

单项因素产生的误差,如何确定测量值的总误差,即是误差的合成问题。

不同性质的误差对测量结果的影响方式也不一样,因而其合成方法也有所不同。

2.6.1 系统误差的合成

1. 已定系统误差的合成

已定系统误差是指大小和方向均已确切掌握了的系统误差。在测量过程中,若有 r 个单项已定系统误差,其误差值分别为 $\Delta_1,\Delta_2,\cdots,\Delta_r$,则总的已定系统误差为

$$\Delta = \Delta_1 + \Delta_2 + \cdots + \Delta_r = \sum_{i=1}^{r} \Delta_i \tag{2.45}$$

在实际测量中,已定系统误差在测量过程中可以消除,因而通常不含这一部分系统误差。如果未予消除,则也可按式(2.45)合成后再予修正。否则必须计算该项系统误差,并按 2.6.3 节合成到总误差中。

2. 未定系统误差的合成

未定系统误差是指误差大小和/或方向未被确切掌握,或不必花费过多精力去掌握,而只能或只需估计出其不超过某一极限范围 $\pm e_i$ 的误差。对于某一单项未定系统误差的极限范围,是根据该误差源的具体情况的分析与判断而做出估计的。其估计结果是否符合实际,往往取决于对误差源具体情况的掌握程度以及测量人员的经验和判断能力。但对某些未定系统误差的极限范围是较容易确定的。

例如在检定工作中,所使用的标准计量器具误差,对检定结果的影响属未定系统误差,而此误差值虽然不能具体确定,但已知不超过某一极限范围。可将这一极限误差作为未定系统误差之一,与其他误差合成。

在测量过程中,若有 s 个单项未定系统误差,其极限值分别为 $e_1,e_2,\cdots,e_s$,并且它们互不相关,则总的未定系统误差为

$$e = \pm\sqrt{e_1^2 + e_2^2 + \cdots + e_s^2} = \pm\sqrt{\sum_{i=1}^{s} e_i^2} \tag{2.46}$$

2.6.2 随机误差的合成

如果在一测量过程中存在 q 项互不相关的随机误差,设每一项随机误差的标准差分别为 $\sigma_1,\sigma_2,\cdots,\sigma_q$,则 q 个随机误差综合作用的结果的标准差为

$$\sigma = \sqrt{\sigma_1^2 + \sigma_2^2 + \cdots + \sigma_q^2} = \sqrt{\sum_{i=1}^{q} \sigma_i^2} \tag{2.47}$$

在多数情况下,已知 q 个独立因素的极限测量误差 $\delta_{\lim 1},\delta_{\lim 2},\cdots,\delta_{\lim q}$,若各项误差均服从正态分布,则总极限随机误差为

$$\delta_{\lim} = \pm\sqrt{\delta_{\lim 1}^2 + \delta_{\lim 2}^2 + \cdots + \delta_{\lim q}^2} = \pm\sqrt{\sum_{i=1}^{q} \delta_{\lim i}^2} \tag{2.48}$$

2.6.3 误差的总合成

若有 r 个单项已定系统误差 $\Delta_1, \Delta_2, \cdots, \Delta_r$；有 s 个单项未定系统误差 $e_1, e_2, \cdots, e_s$；有 q 个互不相关的随机误差，它们的极限测量误差为 $\delta_{\lim 1}, \delta_{\lim 2}, \cdots, d_{\lim q}$。如果已定系统误差已通过修正而消除，则其余两项的合成总误差为

$$\Delta_{\text{sum}} = \pm \sqrt{\sum_{i=1}^{s} e_i^2 + \sum_{i=1}^{q} \delta_{\lim i}^2} = \pm \sqrt{e^2 + \delta_{\lim}^2} \tag{2.49}$$

对于多次重复测量，测量结果取算术平均值 $\bar{x}$。系统误差对测量结果的影响不会因测量次数的增多而变化，而随机误差将按式(2.31)的规律减小，因而总合成误差为

$$\Delta_{\text{sum}} = \pm \sqrt{\sum_{i=1}^{s} e_i^2 + \frac{1}{n}\sum_{i=1}^{q} \delta_{\lim i}^2} = \pm \sqrt{e^2 + \frac{1}{n}\delta_{\lim}^2} \tag{2.50}$$

2.6.4 间接测量的误差合成

在许多情况下，测量只能通过间接手段进行。如应力测量，通常只能通过应变测量间接进行。测得应变分量后，根据应力-应变分析，求得各主应力值。那么，间接测量的误差该如何合成？

设间接测量量 y 与直接测量量 $x_1, x_2, \cdots, x_n$ 的关系为

$$y = f(x_1, x_2, \cdots, x_n) \tag{2.51}$$

y 的全微分为

$$\text{d}y = \frac{\partial f}{\partial x_1}\text{d}x_1 + \frac{\partial f}{\partial x_2}\text{d}x_2 + \cdots + \frac{\partial f}{\partial x_n}\text{d}x_n \tag{2.52}$$

设各测量值 $x_1, x_2, \cdots, x_n$ 的已定系统误差已通过修正而消除，其误差 $\Delta x_1, \Delta x_2, \cdots, \Delta x_n$ 仅含有未定系统误差 $e_1, e_2, \cdots, e_n$ 和随机误差 $\delta_1, \delta_2, \cdots, \delta_n$。当各个误差均服从正态分布，且各个测量量互不相关时，间接测量量 y 的未定系统误差为

$$e_y = \pm \sqrt{\sum_{i=1}^{n} \left(\frac{\partial f}{\partial x_i}\right)^2 e_i^2} \tag{2.53}$$

y 的极限随机误差为

$$\delta_y = \pm \sqrt{\sum_{i=1}^{n} \left(\frac{\partial f}{\partial x_i}\right)^2 \delta_i^2} \tag{2.54}$$

总误差为

$$\Delta_y = \pm \sqrt{e_y^2 + \delta_y^2} = \pm \sqrt{\sum_{i=1}^{n} \left(\frac{\partial f}{\partial x_i}\right)^2 \Delta_{\text{sum}i}^2} \tag{2.55}$$

式中：$\Delta_{\text{sum}i}$ 为第 i 个直接测量值的总误差。

2.7 测量的不确定度

由于测量误差的存在,被测量的真值难以确定,测量结果带有不确定性,由此引入了不确定度这一概念。测量不确定度(Uncertainty in Measurement)是评定测量结果准确性或分散性的一个重要指标。不确定度越小,测量结果的分散性就越小,准确度等级就越高。大多数情况下,不确定度也是反映测量水平的一个指标,不确定度越小,则测量水平就越高。但有些情况下的不确定度与测量水平无关:如由于加工工艺水平不高引起的药品成分偏差,只用来说明药品成分的不确定性,并不反映测量水平。

2.7.1 概述

早在1980年,国际计量局(BIPM)在征求各国意见的基础上提出了《实验不确定度建议书 INC-1》;1986年由国际标准化组织(ISO)等7个国际组织共同组成了国际不确定度工作组,制定了《测量不确定度表示指南》(Guide to the expression of Uncertainty in Measurement,简称"GUM");1993年,GUM由国际标准化组织(ISO)颁布实施,在世界各国得到执行和广泛应用。

1999年,国家技术监督局批准实施计量技术规范 JJF1059-1999《测量不确定度评定与表示》。从此,不确定度在我国的各个领域逐渐普及应用。主要应用领域有:石油、化工、医学、药品、测量、计量等。

2008年,国际标准化组织更新了GUM标准:ISO/IEC GUIDE 98-3:2008(Uncertainty of measurement Part-3:Guide to the expression of uncertainty in measurement)。

为了促进以充分完整的信息表示带有测量不确定度的测量结果,为测量结果的比较提供国际上公认一致的依据,2012年该计量技术规范更新为 JJF1059.1—2012《测量不确定度评定与表示》,并要求于2013年6月3日开始实施新规范。

JJF1059.1—2012规范主要涉及有明确定义的、并可用唯一值表征的被测量估计值的不确定度,也适用于实验、测量方法、测量装置和系统的设计和理论分析中有关不确定度的评定与表示。规范的方法主要适用于输入量的概率分布为对称分布、输出量的概率分布近似为正态分布或t分布,并且测量模型为线性模型或可用线性模型近似表示的情况。当该规范不适用时,可考虑采用 JJF1059.2—2012《用蒙特卡洛法评定测量不确定度》(简称 MCM)进行不确定度评定。

2.7.2 测量不确定度的定义

1. 测量不确定度

由于测量结果是变化的、不确定的,因而,只能对被测量的真值在某个量值范围给出一个估计。测量结果应表示为被测量真值的估计值和分散性参数两部分。

根据所用到的信息,表征赋予被测量值分散性的非负参数称为测量不确定度。

例如被测量 y 的测量结果应表示为 $Y=y\pm U$，其中 y 是被测量真值的估计，它具有的测量不确定度为 U，即分散性参数。

注意：测量不确定度一般由若干分量组成。可包括由系统影响引起的分量。有时对估计的系统影响未作修正，而是当作不确定度分量处理。此参数可以是诸如称为标准测量不确定度的标准偏差。

2. 测量不确定度的评定类型

根据评定方法的不同，测量不确定度可分为 A 类评定和 B 类评定。

对在规定测量条件下测得的量值用统计分析的方法进行的测量不确定度分量的评定称为 A 类评定。规定测量条件是指重复性测量条件、期间精密度测量条件或复现性测量条件。

用不同于测量不确定度 A 类评定的方法对测量不确定度分量进行的评定，称为 B 类评定。

3. 标准不确定度

以标准差表示的测量不确定度称为标准不确定度。标准不确定度除以测得值的绝对值称为相对标准不确定度。

4. 合成标准不确定度

由在一个测量模型中各输入量的标准测量不确定度获得的输出量的标准测量不确定度称为合成标准不确定度。

5. 扩展不确定度

合成标准不确定度与一个大于 1 的数字因子的乘积称为扩展不确定度。扩展不确定度用于报告结果。

扩展不确定度分为 U 和 U_p 两种。在给出测量结果时，一般情况下报告扩展不确定度 U。当要求扩展不确定度所确定的区间具有接近于规定的包含概率 p 时，扩展不确定度用符号 U_p 表示。

2.7.3　测量不确定度与误差

测量不确定度和误差是误差理论中的两个重要概念，它们具有相同点，都是评价测量结果质量高低的重要指标，都可作为测量结果的精度评定参数。但它们又有明显的区别，必须正确认识和区分，以防混淆和误用。

误差是不确定度的基础，只有对误差的性质、分布规律、相互联系及对测量结果的误差传递关系等有了充分的认识和了解，才能更好地估计各不确定度分量，正确得到测量结果的不确定度；用测量不确定度代替误差表示测量结果，易于理解、便于评定，具有合理性和实用性。但测量不确定的内容不能包罗更不能取代误差理论的所有内容，传统的误差分析和数据处理等均不能被取代。

误差是测量结果与真值之差，它以真值或约定真值为中心；而测量不确定度则反映人们对测量认识不足的程度，是可以定量评定的。误差按自身特征和性质分类，测量不确定度不按性质分类，而是按评定方法分类。

2.7.4 测量不确定度的评定方法

中华人民共和国国家计量技术规范① JJF1059.1-2012 对测量不确定度评定的方法简称 GUM 法。用 GUM 法评定不确定度的一般流程如图 2.12 所示。

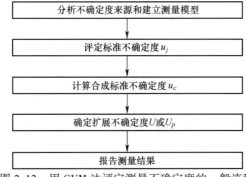

图 2.12 用 GUM 法评定测量不确定度的一般流程

1. 分析不确定度的来源

实际测量中,不确定度的来源很多,以下是几种可能的来源。
(1) 被测量的定义不完整,或无法理想复现被测量;
(2) 取样的代表性不够;
(3) 对测量受环境条件的影响认识不足,或对环境条件的测量不完善;
(4) 模拟式仪器的人员计数偏移;
(5) 测量仪器的计量性能(如最大允许误差、灵敏度、鉴别力、分辨力、死区及稳定性等)的局限性,而导致仪器的不确定度;
(6) 测量标准或标准物质提供的标准值的不准确;
(7) 引用的常数或其他参数值的不准确;
(8) 测量方法和测量程序中的近似和假设。

修正可引入不确定度,必须考虑对评定结果的影响。离群值(异常值)应剔除。

2. 建立测量模型

当被测量(即输出量)Y 由 N 个其他量 $X_1, X_2, \cdots, X_N$(即输入量),通过函数 f 来确定时,则式(2.56)称为测量模型。

$$Y = f(X_1, X_2, \cdots, X_N) \tag{2.56}$$

式中 大写字母表示量的符号;
　　　f——测量函数。

设输入量 X_i 的估计值为 x_i,被测量 Y 的估计值为 y,则测量模型可写为

$$y = f(x_1, x_2, \cdots, x_N) \tag{2.57}$$

---

① "JJF1059.1-2012"对测量不确定度的名词作了详细定义,此处的名词和符号尽量与规范一致。

测量模型可以很简单,也可能很复杂。测量模型与测量方法有关。测量模型直接影响到不确定度的评定。

当测量模型为线性函数时,如果第 i 个输入量 x_i 的第 k 次独立测量值记为 x_{ik},则被测量 Y 的最佳估计值 y 为

$$y = \bar{y} = \frac{1}{n}\sum_{k=1}^{n} y_k = \frac{1}{n}\sum_{k=1}^{n} f(x_{1k},\ x_{2k},\ \cdots,\ x_{Nk}) \tag{2.58}$$

也常使用正式计算

$$y = f(\bar{x}_1,\ \bar{x}_2,\ \cdots,\ \bar{x}_N) \tag{2.59}$$

式中:$\bar{x}_i = \frac{1}{n}\sum_{k=1}^{n} x_{i,k}$,为第 i 个输入量 x_i 的第 k 次独立测量值 $x_{i,k}$ 的算术平均值。

当 f 是 X_i 的线性函数时,式(2.58)和式(2.59)的计算结果相同,否则应采用式(2.58)计算。

3. 测量不确定度的 A 类评定

A 类评定的基本评定方法与确定随机误差的方法相似。

对被测量进行单独重复观测,得到一系列观测值,统计分析后可得标准偏差 $s(x)$,用算术平均值 $\bar{x}$ 作为被测量估计值时,A 类标准不确定度为

$$u_A = u(\bar{x}) = s(\bar{x}) = \frac{s(x)}{\sqrt{n}} \tag{2.60}$$

显然,式(2-60)与使用式(2.31)估计的算术平均值标准差相同。

$$\sigma_{\bar{x}} = \sqrt{\frac{1}{n(n-1)}\sum_{i=1}^{n} \delta_i^2} = \frac{\sigma}{\sqrt{n}}$$

A 类标准不确定度 $u_A(\bar{x})$ 的自由度即为实验标准偏差 $s(x_k)$ 的自由度,即 $\nu = n - 1$。

当自由度很小时,A 类标准不确定度也可使用极差法评定。极差法、合并标准偏差的 A 类标准不确定度评定等,可参考 JJF1059.1—2012 规范的有关章节。

4. 测量不确定度的 B 类评定

B 类评定的方法是根据有关的信息或经验,判断被测量的可能值区间 $[\bar{x}-a, \bar{x}+a]$,假设被测量值的概率分布,根据概率分布和要求的概率 p 确定 k,则 B 类标准不确定度可由正式计算

$$u_B = \frac{a}{k} \tag{2.61}$$

式中:a 为被测量可能值区间的半宽度。根据概率论获得的 k 称为置信因子,当 k 为扩展不确定度的倍乘因子时称为包含因子。

区间的半宽度 a 一般根据以下信息确定:
(1)以前测量的数据;
(2)对有关技术资料和测量仪器特性的了解和经验;

(3)生产厂提供的技术说明书;
(4)校准证书、检定证书或其他文件提供的数据;
(5)手册或某些资料给出的参考数据;
(6)检定规程、校准规范或测试标准中给出的数据;
(7)其他有用的信息。

5. k 的确定方法

(1)已知扩展不确定度是合成标准不确定度的若干倍时,该倍数就是包含因子 k。
(2)假设为正态分布时,根据要求的概率查表2.7得到 k。

表2.7 正态分布情况下概率 p 与置信因子 k 间的关系

p	0.50	0.68	0.90	0.95	0.954 5	0.99	0.997 3
k	0.675	1	1.645	1.960	2	2.576	3

(3)假设为非正态分布时,根据概率分布查表2.8得到 k。

表2.8 常用非正态分布的置信因子 k 及 B 类标准不确定度 $u_B(x)$

分布类别	$p(\%)$	k	$u_B(x)$
三角	100	$\sqrt{6}$	$a/\sqrt{6}$
梯形($\beta=0.71$)	100	2	$a/2$
矩形(均匀)	100	$\sqrt{3}$	$a/\sqrt{3}$
反正弦	100	$\sqrt{2}$	$a/\sqrt{2}$
两点	100	1	a

注:表中 β 为梯形的上底与下底之比,对于梯形分布来说 $k=\sqrt{6/(1+\beta^2)}$。

6. 概率分布的假设

大多数情况下可假设为正态分布。但以下情况需特别考虑。

当利用有关信息或经验估计出被测量可能值区间的上限和下限,其值在区间外的可能几乎为零时,若被测量值落在区间内的任意值处的可能性相同,则假设为均匀分布;若落在中间的可能性大,则假设为三角形分布;若落在中间的可能性小,而落在区间上限和下限的可能性大,则假设为反正弦分布。

已知被测量的分布是两个大小不同的均匀分布的合成时,可假设为梯形分布。

对被测量的可能值落在区间内的情况缺乏了解时,一般假设为均匀分布。

更多的经验数据参考 JJF1059.1-2012 规范的有关章节。

7. B 类标准不确定度举例

例2.9 校准证书上给出标称值为 1000g 的不锈钢标准砝码质量 m_s 的校准值为 1000.000325g,且校准不确定度为 24mg(按三倍标准偏差计)。求砝码的标准不确定度。

解: $a = U = 24\mu g$,$k = 3$,则砝码的标准不确定度为

$$u(m_s) = 24\mu g/3 = 8\mu g。$$

例2.10 由数字电压表的仪器说明书得知,该电压表的最大允许误差为 $\pm(14\times10^{-6}\times$读

数+2×10⁻⁶×量程),在10V量程上测得1V电压,测量10次,取其平均值作为测量结果,$\bar{V}$ = 0.928571V ,平均值的实验标准偏差为 $s(\bar{X})$ = 12μV 。求电压表仪器的标准不确定度。

解:电压表最大允许误差的模为区间的半宽度:

$$a = (14 \times 10^{-6} \times 0.928571V + 2 \times 10^{-6} \times 10V) = 33 \times 10^{-6}V = 33\mu V$$

设在区间内为均匀分布,查表得到 $k = \sqrt{3}$,则电压表仪器的标准不确定度为

$$u(V) = 33\mu V / \sqrt{3} = 19\mu V$$

更多的示例请参考 JJF1059.1-2012 规范的附录。

2.7.5 不确定度的合成

1. 不确定度传播律

对于测量模型(式(2.57)),被测量的估计值 y 的合成标准不确定度按下式计算

$$u_c(y) = \sqrt{\sum_{i=1}^{N}\left(\frac{\partial f}{\partial x_i}\right)^2 u^2(x_i) + 2\sum_{i=1}^{N-1}\sum_{j=i+1}^{N} \frac{\partial f}{\partial x_i}\frac{\partial f}{\partial x_j} r(x_i, x_j) u(x_i) u(x_j)} \tag{2.62}$$

式中　$u(x_i)$ ——输入量 x_i 的标准不确定度;

　　　$r(x_i, x_j)$ ——输入量 x_i 与 x_j 的相关系数;

　　　$r(x_i, x_j)u(x_i)u(x_j) = u(x_i, x_j)$,$u(x_i, x_j)$ 为 x_i 与 x_j 的协方差。

式(2.62)称为不确定度传播律,是计算合成标准不确定度的通用公式。当各输入量之间均不相关时,公式简化为

$$u_c(y) = \sqrt{\sum_{i=1}^{N}\left(\frac{\partial f}{\partial x_i}\right)^2 u^2(x_i)} \tag{2.63}$$

2. 当输入量间不相关时合成标准不确定度的计算

当各输入量之间均不相关时,记 $u_i(y) = \frac{\partial f}{\partial x_i} u(x_i)$,为相应于 $u(x_i)$ 的输入量 y 的不确定度分量,则式(2.63)还可简化为

$$u_c(y) = \sqrt{\sum_{i=1}^{N} u_i^2(y)} \tag{2.64}$$

3. 简单测量的合成标准不确定度的计算

简单测量时,$y = x$,式(2.64)简化为

$$u_c(y) = \sqrt{\sum_{i=1}^{N} u_i^2} \tag{2.65}$$

更复杂的计算模型的合成标准不确定度计算请参看 JJF1059.1—2012 规范的相关章节。

2.7.6 扩展不确定度的确定

扩展不确定度是被测量可能值包含区间的半宽度。扩展不确定度分为 U 和 U_p 两种,

在一般情况下报告扩展不确定度 U。

1. 扩展不确定度 U

扩展不确定度 U 由合成标准不确定度 u_c 乘包含因子 k 得到,即

$$U = k u_c \tag{2.66}$$

测量结果可用下式表示:

$$Y = y \pm U \tag{2.67}$$

2. 扩展不确定度 U_p

当要求扩展不确定度所确定的区间具有接近于规定的包含概率 p 时,扩展不确定度用 U_p 表示。如 p 为 0.95 或 0.99 时,分别表示为 U_{95} 和 U_{99}。

U_p 按下式计算

$$U_p = k_p u_c \tag{2.68}$$

式中:k_p 为包含概率为 p 时的包含因子,即

$$k_p = t_p(v_{\text{eff}}) \tag{2.69}$$

式中:v_{eff} 为合成标准不确定度的有效自由度,t_p 通过查 t 分布表得到,关于 v_{eff} 的计算请参看规范的相关章节。

3. 测量不确定度的表示

通常以式(2.67)的形式表示测量结果。也可单独表示测量不确定度。单独表示时,其前不加正负号(±)。

常用计量仪器的测量极限误差($P=99.73\%$)见表 2.9 所列。

表 2.9 常用计量仪器的测量极限误差($P=99.73\%$)

计量仪器名称		刻度值 /mm	被测尺寸特征	所用量块		被测尺寸范围/mm							
				检定等级	制造级别	1~10	>10 ~50	>50 ~80	>80 ~120	>120 ~180	>180 ~260	>260 ~360	>360 ~500
						测量极限误差(±μm)							
游标卡尺		0.05	外尺寸	绝对测量		80	80	90	100	100	100	110	110
			内尺寸			—	100	130	130	150	150	150	150
		0.02	外尺寸			40	40	45	45	45	50	60	70
			内尺寸			—	50	60	60	65	70	80	90
游标深度尺 游标高度尺		0.02	深度、高度			60	60	60	60	60	60	70	80
千分尺	0级	0.01	外尺寸			4.5	5.5	6	7	8	10	12	15
	1级					7	8	9	10	12	15	20	25
内径千分尺		0.01	内尺寸			16	16	18	20	22	25	30	35
1级深度千分尺		0.001	深度			14	16	18	22	—	—	—	—
杠杆千分尺		0.002	外尺寸			3	4	—	—	—	—	—	—

续表

计量仪器名称	刻度值/mm	被测尺寸特征	所用量块 检定等级	所用量块 制造级别	被测尺寸范围/mm 1~10	>10~50	>50~80	>80~120	>120~180	>180~260	>260~360	>360~500
					测量极限误差(±μm)							
内径千分表	0.01	内尺寸		3	16	16	17	17	18	19	19	20
千分尺式比较仪（微差范围内用）	0.002	外尺寸	5	2	1.2	1.5	1.8	2.0	2.5	3.0	4.0	5.0
			4	1	0.6	0.8	1.0	1.2	1.4	2.0	2.5	3.0
	0.001		5	2	0.7	1.0	1.7	1.8	2.0	2.5	3.5	4.5
立式、卧式光较仪	0.001	外尺寸	4	1	0.4	0.6	0.8	1.0	1.2	1.8	2.5	3.0
卧式光较仪	0.001	内尺寸	4	1	—	1	1.3	1.6	1.8	2.3	—	—
卧式测长仪	0.001	内尺寸	绝对测量		2.5	3	3.3	3.5	3.8	4.2	4.8	—
立式、卧式测长仪	0.001	外尺寸			1.1	1.5	1.9	2	2.3	2.5	3	3.5
万能工具显微镜	0.001	平面件长度 圆柱直系			1.5 4.1 5	2 4.7	2.5 5	2.5 5.6	3 —	3.5 —	— —	— —
大型工具显微镜	0.01	平面件长度			—	—	—	—	—	—	—	—

注：① 表列数值是在正常测量条件下，直接测量钢制一般形状零件时的测量极限误差；
②本表仅供参考。

2.8 数据处理

2.8.1 数据处理方法

对测量数据的处理，除统计分析方法外，还有表格法、图示法、经验公式法等常用方法。

1. 表格法

将数据列成表格，然后进行分析处理，或者作为计算依据查询。该方法简单、方便、有条理，但为便于进一步分析，必须设计合理的表格形式，以方便使用。

大多数测量的原始数据列成表格，以便存档或作进一步处理。

2. 图示法

用坐标和图形来表示测量数据，一目了然。表示大量数据点的变化规律及特征时，该方法最为清晰、直观。

通过图示，可找出数据的变化规律：最大值、最小值、递增、递减、非线性、滞后、有无周期性变化等。但通常不能依此进行数学分析。

3. 经验公式法

将大量的数据用一个或几个公式来近似表示，该公式即称为经验公式。

大多数经验公式是在分析了大量测量数据后,总结数据变化的规律后得出的。当数据的变化趋势有一定的理论支持时,有些公式就称为半经验的:因为理论公式的存在条件与工程实际有出入,需通过经验公式进行修正。

经验公式简单明了、紧凑扼要,并可以进行数学运算,以确定自变量和因变量之间的函数关系,因而工程应用中极受重视。但经验公式通常不能完全准确地表达工程数据的变化趋势,因而必须在误差允许范围内应用,否则应寻求更好的解决方案。

确定经验公式的一般步骤如下。

(1) 描绘曲线,一般用直角坐标;

(2) 对描绘的曲线进行分析,确定公式的基本形式;有理论公式支持时,通常以理论公式作为模板,添加修正项进行修正;

(3) 通过用测量数据对经验公式的拟合,确定公式中的常量;

(4) 检查确定的公式的准确性,若差别大,要重新建立公式,或再添加修正项。

理论上,有限长度的曲线都可以用泰勒多项式描述,从而使用大量的数据点可以拟合到一条接近该曲线的泰勒多项式。事实上,往往需要取很多项才能保证足够的拟合精度。所以,经验公式的形式往往不同于泰勒多项式,以期使公式最简,如式(2.44)。在缺乏相应的公式时,可以选用泰勒多项式拟合,拟合项数在合理的精度范围内越少越好,以方便使用。

2.8.2 一元线性回归

对大多数测试对象而言,被测量的几个量之间存在有固定的函数关系,而且以线性关系为最多。

以两个变量 x 和 y 为例,设二个变量间有关系: $y = f(x)$。已测得数据 $x_1, x_2, \cdots, x_n$ 和 $y_1, y_2, \cdots, y_n$。通过数据曲线拟合,即可确定相应的函数关系。

如果两者呈线性关系,则可表示为

$$y = a_0 + a_1 x \tag{2.70}$$

求出测量数据点与上述关系最符合时的参数 a_0 和 a_1,即称为一元线性回归。

线性回归的方法有多种,各适用于不同的场合。常用的有端值法、平均值法和最小二乘法三种,有时也使用最优线性回归方法计算。

1. 端值法

用两端点的测量值代入式(2.70),得到两个线性方程,确定线性方程的系数 a_0 和 a_1,即

$$\begin{cases} y_1 = a_0 + a_1 x_1 \\ y_n = a_0 + a_1 x_n \end{cases} \tag{2.71}$$

求解得

$$\begin{cases} a_1 = \dfrac{y_n - y_1}{x_n - x_1} \\ a_0 = y_n - a_1 x_n \quad \text{或} \quad a_0 = y_1 - a_1 x_1 \end{cases} \tag{2.72}$$

例 2.11 压杆稳定试验,测得的临界应力与柔度有如下关系:

柔度 λ	42.1	51.2	60.9	71.0	81.2	90.9	100.1
临界应力 σ_{cr}/MPa	265.0	262.5	248.0	233.0	218.0	202.0	171.0

假定经验公式为直线公式 $\sigma_{cr} = a - b\lambda$,试用端值法确定以下两种情况下的参数 a 和 b ,并判断公式的大致适用范围。

(1) 全部数据点按直线拟合;
(2) 去掉第一点和最后一点的拟合。

解:(1) $b = -\dfrac{171.0 - 265.0}{100.1 - 42.1} = 1.62 \text{MPa}$, $a = 265 - (-1.62) \times 42.1 = 333 \text{MPa}$

(2) $b = -\dfrac{202.0 - 262.5}{90.9 - 51.2} = 1.52 \text{MPa}$, $a = 262.5 - (-1.52) \times 51.2 = 340 \text{MPa}$

这时的经验公式为 $\sigma_{cr} = 340 - 1.52\lambda$ 。

图 2.13 为试验数据点曲线。可以看出最低端的数据点与最高端的数据点与直线公式偏离较大,所以(2)的拟合结果比较合理。又根据材料力学知识可知,本例的直线公式适用范围大致当柔度在 51~91 之间是合适的,第 1 点的 265MPa 应该接近屈服极限 σ_s。当柔度达 100 左右时,应使用欧拉公式计算临界应力(图 2.14,参见参考文献[1])。

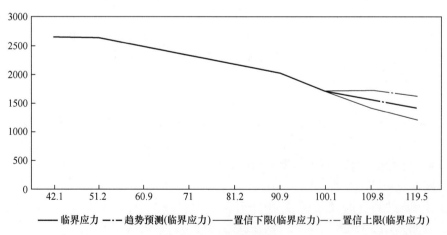

图 2.13 试验数据点曲线

2. 平均值法

将 n 个方程分成两组,前半组有 k 个方程,后半组有 k' 个方程。

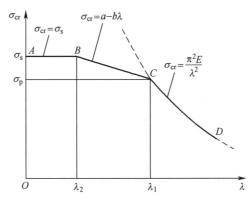

图 2.14 使用直线经验公式时的临界应力总图

若 n 为偶数,则 $k = k' = \dfrac{n}{2}$;若 n 为奇数,则 $k = \dfrac{n+1}{2}$, $k' = \dfrac{n-1}{2}$。

$$\sum_{i=1}^{k} y_i = k a_0 + a_1 \sum_{i=1}^{k} x_i, \quad \sum_{i=1}^{k'} y_i = k' a_0 + a_1 \sum_{i=1}^{k'} x_i \tag{2.73}$$

$$\frac{1}{k}\sum_{i=1}^{k} y_i = a_0 + a_1 \frac{1}{k}\sum_{i=1}^{k} x_i, \quad \frac{1}{k'}\sum_{i=1}^{k'} y_i = a_0 + a_1 \frac{1}{k'}\sum_{i=1}^{k'} x_i \tag{2.74}$$

令

$$\frac{1}{k}\sum_{i=1}^{k} y_i = \bar{y}_{k1}, \frac{1}{k}\sum_{i=1}^{k} x_i = \bar{x}_{k1}$$

得

$$\bar{y}_{k1} = a_0 + a_1 \bar{x}_{k1} \tag{2.75}$$

同样可得

$$\bar{y}_{k2} = a_0 + a_1 \bar{x}_{k2} \tag{2.76}$$

联立求解得

$$\begin{cases} a_1 = \dfrac{\bar{y}_{k2} - \bar{y}_{k1}}{\bar{x}_{k2} - \bar{x}_{k1}} \\ a_0 = \bar{y}_{k1} - a_1 \bar{x}_{k1} \quad \text{或} \quad a_0 = \bar{y}_{k2} - a_1 \bar{x}_{k2} \end{cases} \tag{2.77}$$

3. 最小二乘法

拟合直线的函数值 $y(x_i)$ 与所有拟合点之间的函数值 y_i 的偏差平方和为最小,这一拟合方法称为最小二乘法。当最小二乘法用于测量数据点的拟合时,其物理意义是:各测量值的残差平方和为最小。

设拟合得到的直线为式(2.70),对应于数据 $x_1, x_2, \cdots, x_n$,拟合点的函数值为 $y'_1, y'_2, \cdots, y'_n$,所以

$$y'_i = a_0 + a_1 x_i$$

偏差平方和为

$$u = \sum_{i=1}^{n} (y_i - y_i')^2 = \sum_{i=1}^{n} [y_i - (a_0 + a_1 x_i)]^2 \qquad (2.78)$$

为求 u 的极小值,分别对 a_0 和 a_1 求偏导,有

$$\begin{cases} \dfrac{\partial u}{\partial a_0} = -2\sum_{i=1}^{n} (y_i - a_0 - a_1 x_i) \\ \dfrac{\partial u}{\partial a_1} = -2\sum_{i=1}^{n} x_i(y_i - a_0 - a_1 x_i) \end{cases} \qquad (2.79)$$

令

$$\frac{\partial u}{\partial a_0} = 0, \quad \frac{\partial u}{\partial a_1} = 0$$

得

$$\begin{cases} na_0 + \left(\sum_{i=1}^{n} x_i\right) a_1 = \sum_{i=1}^{n} y_i \\ \left(\sum_{i=1}^{n} x_i\right) a_0 + \left(\sum_{i=1}^{n} x_i^2\right) a_1 = \sum_{i=1}^{n} x_i y_i \end{cases} \qquad (2.80)$$

解得

$$a_1 = \frac{L_{xy}}{L_{xx}}, \quad a_0 = \bar{y} - a_1 \bar{x} \qquad (2.81)$$

式中　$\bar{x}$——x_i 的平均值;
　　　$\bar{y}$——y_i 的平均值;
　　　L_{xx}——x_i 的离差平方和;
　　　L_{xy}——x_i 和 y_i 的协方差之和;

$$\begin{cases} \bar{x} = \dfrac{1}{n}\sum_{i=1}^{n} x_i, \quad \bar{y} = \dfrac{1}{n}\sum_{i=1}^{n} y_i \\ L_{xy} = \sum_{i=1}^{n} (x_i - \bar{x})(y_i - \bar{y}) \\ L_{xx} = \sum_{i=1}^{n} (x_i - \bar{x})^2 \\ L_{yy} = \sum_{i=1}^{n} (y_i - \bar{y})^2 \end{cases} \qquad (2.82)$$

如果拟合的直线通过坐标原点,则式(2.70)中 $a_0 = 0$,拟合方程应为

$$y = a_1 x \qquad (2.83)$$

拟合常数为

$$a_1 = \frac{\sum_{i=1}^{n} x_i y_i}{\sum_{i=1}^{n} x_i^2} \qquad (2.84)$$

例 2.12 压杆稳定试验,试验数据点同例 2.10。假定经验公式为直线公式 $\sigma_{cr} = a - b\lambda$,去掉第一点和最后一点后,试用最小二乘法拟合参数 a 和 b。

解: $\bar{x} = \dfrac{51.2 + 60.9 + 71 + 81.2 + 90.9}{5} = 71.04$

$\bar{y} = \dfrac{262.5 + 248.0 + 233.0 + 218.0 + 202.0}{5} = 232.7 \text{MPa}$

$L_{xy} = \sum_{i=1}^{n} (x_i - \bar{x})(y_i - \bar{y}) = 14875 \text{MPa}$

$L_{xx} = \sum_{i=1}^{n} (x_i - \bar{x})^2 = 984$

$b = a_1 = \dfrac{L_{xy}}{L_{xx}} = 15.1 \text{MPa}$

$a = a_0 = \bar{y} - a_1 \bar{x} = 340 \text{MPa}$

这时的经验公式为 $\sigma_{cr} = 340 - 1.51\lambda$。本例中的拟合结果与端值法相近。

最小二乘法是数据处理和误差分析中最有力的数学工具,应用非常广泛。事实上,最小二乘法不仅可用于直线拟合,也可用于曲线拟合。但用于曲线拟合时,如果各数据点对拟合曲线的偏差影响程度不同时,应使用加权拟合,使各数据点对拟合曲线的偏差具有相近的影响权重。考虑加权后进行最小二乘法曲线拟合的方法称为加权最小二乘法。加权最小二乘法也适用于拟合直线方程。

4. 最优一元线性回归

需要说明的是:最小二乘法虽然应用广泛,但它并非最优拟合。对于一元线性回归,最优拟合时,拟合数据点与拟合直线的距离平方和最小。可以证明,最优拟合直线方程(2.70)式的斜率为

$$a_1 = m + \sqrt{m^2 + 1} \qquad (2.85)$$

式中

$$m = \frac{L_{xx} - L_{yy}}{2L_{xy}} \qquad (2.86)$$

式中 L_{xx}——x_i 的离差平方和;

L_{yy}——y_i 的离差平方和;

L_{xy}——x_i 和 y_i 的协方差之和,参见式(2.82)。

拟合参数 a_0 的求法仍与公式(2.81)相同。

注意：并非所有场合的最优一元线性回归算法都优于最小二乘法线性拟合。事实上仅当 x 和 y 的具有相同的物理性质（如均为长度量）时，最优一元线性回归算法才有意义，否则应当使用最小二乘法拟合。

复 习 题

2.1 什么是真值？真值可以分为哪三类？

2.2 什么是测量仪器的标定？为什么要对测量仪器进行定期标定？

2.3 什么是误差？什么是绝对误差？什么是相对误差？什么是引用误差？什么是引用误差限？

2.4 误差的来源主要有哪些？

2.5 根据误差的性质，误差通常分为哪三类？各有什么特点？

2.6 什么是测量数据的精度？常用哪三个概念来评价测量精度？

2.7 什么是精确数？什么是近似数？什么是有效数字？如何确定有效位数？

2.8 什么是数值修约？什么是数值修约间隔？有哪些基本的数值修约规则？

2.9 符合正态分布的随机误差，如何用有限次测量结果估计其标准差？

2.10 随机误差有哪些特性？

2.11 多次重复测量有什么好处？如何估计算术平均值的标准差？

2.12 什么是置信概率和置信区间？什么是极限误差？算术平均值的极限误差应如何计算？

2.13 什么是定值系统误差？什么是变值系统误差？能否修正？如能，该如何修正？

2.14 如何判别粗大误差？如何剔除粗大误差？

2.15 系统误差如何合成？随机误差如何合成？总误差如何合成？

2.16 什么是测量不确定度？如何以不确定度表示测量结果？

2.17 测量不确定度有哪两类评定方法？它们是如何定义的？

2.18 不确定度如何合成？写出简单测量时不确定度的合成公式，并说明其含意。

2.19 什么是扩展不确定度？它与合成不确定度是什么关系？

2.20 一元线性回归有哪几种常方法？其物理意义是什么？

2.21 为什么最小二乘法并非最优一元线性回归？最优一元线性回归与最小二乘法的区别在哪儿？

2.22 一只温度计的测量范围为 300～1100℃，准确度等级为 1.5 级。检定结果如下：

标准表示值(℃)　300　400　500　600　700　800　900　1000　1100
被检表示值(℃)　304　394　498　610　706　812　897　1007　1098

求：(1) 各点的绝对误差、相对误差和引用误差；

(2) 该表的引用误差限，并判断该表是否合格。

2.23 在流量恒定的条件下,重复测量流量孔板前后的差压,得16个差压数据(单位为Pa):20030,20014,20003,20025,19997,19975,20013,19986,19975,20010,20042,19958,19910,19987,20000,19995。

(1) 求测得值的标准差;
(2) 求置信概率为95%时,误差的置信区间;
(3) 求测得值的平均值的标准差,并在上述置信概率下,求测得值的置信区间。

2.24 在材料力学实验中,往往采用逐级加载的方法然后取平均值,这是为了消除什么误差的影响,而在有些实验中要求加初载荷,又可以消除什么误差影响?

第3章 电阻应变测量原理及方法

3.1 概　　述

电阻应变测量方法是实验应力分析方法中应用最为广泛的一种方法。该方法是用应变敏感元件——电阻应变片(也称电阻应变计,Strain Gauge)测量构件的表面应变,再根据应变—应力关系得到构件表面的应力状态,从而对构件进行应力分析。

电阻应变片(简称应变片)测量应变的大致过程如下:将应变片粘贴或安装在被测构件表面,然后接入测量电路(电桥或电位计式线路),随着构件受力变形,应变片的敏感栅也随之变形,致使其电阻值发生变化,此电阻值的变化与构件表面应变成比例。应变片电阻变化产生的信号,经测量放大电路放大后输出,由指示仪表或记录仪器指示或记录。这是一种将机械应变量转换成电量的方法,其转换过程如图 3.1 所示。测量电路输出的信号也可经放大、模数转换后,直接传输给计算机进行数据处理。

图 3.1　使用电阻应变片测量应变

电阻应变测量方法又称应变电测法,之所以得到广泛应用,是因为它具有下列优点:
(1) 测量灵敏度和精度高,其分辨率达 $1\mu\varepsilon$,1 微应变 $= 10^{-6}$;
(2) 应变测量范围广,可从 1 微应变测量到 $20\,000\mu\varepsilon$;
(3) 电阻应变片尺寸小,最小的应变片栅长为 0.2mm,重量轻、安装方便,对构件无附加力,不会影响构件的应力状态,并可用于应变变化梯度较大的测量场合;
(4) 频率响应好,可从静态应变测量到数十万赫兹的动态应变;
(5) 由于在测量过程中输出的是电信号,易于实现数字化、自动化及无线遥测;
(6) 可在高温、低温、高速旋转及强磁场等环境下进行测量;
(7) 可制成各种高精度传感器,测量力、位移、加速度等物理量,图 3.2 为使用电阻应变片制作的测力传感器实例。

该方法的缺点是:
(1) 只能测量构件表面的应变,而不能测构件内部的应变;
(2) 一个应变片只能测定构件表面一个点沿某一个方向的应变,不能进行全域性的测量;

图 3.2 使用电阻应变片制作的测力传感器

（3）只能测得电阻应变片栅长范围内的平均应变值,因此对应变梯度大的应变场无法进行测量。

3.2 电阻应变片的工作原理、构造和分类

3.2.1 电阻应变片的工作原理

由物理学可知,金属导线的电阻值 R 与其长度 L 成正比,与其截面积 A 成反比,若金属导线的电阻率为 ρ ,则用公式表示为

$$R = \rho \frac{L}{A} \tag{3.1}$$

当金属导线沿其轴线方向受力而产生变形时,其电阻值也随之发生变化,这一现象称为应变-电阻效应。为了说明产生这一效应的原因,可将式(3.1)的等式两边取对数并微分,得

$$\frac{dR}{R} = \frac{d\rho}{\rho} + \frac{dL}{L} - \frac{dA}{A} \tag{3.2}$$

式中 $\dfrac{dL}{L}$ ——金属导线长度的相对变化,可用应变表示,即

$$\frac{dL}{L} = \varepsilon \tag{3.3}$$

$\dfrac{dA}{A}$ ——导线截面积的相对变化。

若导线直径为 D,则

$$\frac{dA}{A} = 2\frac{dD}{D} = 2\left(-\mu\frac{dL}{L}\right) = -2\mu\varepsilon \tag{3.4}$$

式中：μ 为导线材料的泊松比。

将式(3.3)和式(3.4)代入式(3.2)即可得

$$\frac{dR}{R} = \frac{d\rho}{\rho} + (1 + 2\mu)\varepsilon \tag{3.5}$$

式(3.5)表明,金属导线受力变形后,由于其几何尺寸和电阻率发生变化,从而使其电阻发生变化。可以设想,若将一根金属丝粘贴在构件表面上,当构件产生变形时,金属丝也将随之变形,利用金属丝的应变—电阻效应就可将构件表面的应变量直接转换为电阻的相对变化量。电阻应变片就是利用这一原理制成的应变敏感元件。

若令

$$K_S = \frac{dR}{R} \cdot \frac{1}{\varepsilon} = \frac{d\rho}{\rho} \cdot \frac{1}{\varepsilon} + (1 + 2\mu) \quad (3.6)$$

则式(3.5)写为:

$$\frac{dR}{R} = K_S \varepsilon \quad (3.7)$$

式中:K_S 为金属导线(或称金属丝)的灵敏系数,表示金属导线对所承受的应变量的灵敏程度。

由式(3.6)看出,这金属导线的灵敏系数不仅与导线材料的泊松比有关,且与导线变形后电阻率的相对变化有关。我们希望金属导线电阻的相对变化与应变量之间呈线性关系,即希望 K_S 为常数。实验表明:大多数金属导线在弹性范围内电阻的相对变化与应变量之间呈线性关系。在金属导线的弹性范围内,$(1+2\mu)$ 的值一般为 1.4~1.8 之间。

3.2.2 电阻应变片的构造

不同用途的电阻应变片,其构造不完全相同,但一般都由敏感栅、引线、基底、盖层和黏结剂组成,其构造简图如图 3.3 所示。

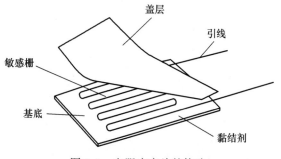

图 3.3 电阻应变片的构造

敏感栅是应变片中将应变量转换成电量的敏感部分,是用金属或半导体材料制成的单丝或栅状体。敏感栅的形状与尺寸直接影响应变片的性能。敏感栅的形状如图 3.4 所示,其纵向中心线称为纵向轴线,也是应变片的轴线。敏感栅的尺寸用栅长 L 和栅宽 B 来表示。栅长指敏感栅在其纵轴方向的长度,对于带有圆弧端的敏感栅,该长度为两端圆弧内侧之间的距离,对于两端为直线的敏感栅,则为两直线内侧的距离。在与轴线垂直的方向上敏感栅外侧之间的距离为栅宽。栅长与栅宽代表应变片的标称尺寸。一般应变片栅长在 0.2~100mm 之间。

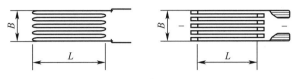

图 3.4 应变片敏感栅的形状和尺寸

引线用以从敏感栅引出电信号,为镀银线状或镀银带状导线,一般直径在 0.15~0.3mm 之间。

基底用以保持敏感栅、引线的几何形状和相对位置。基底尺寸通常代表应变片的外形尺寸。

黏结剂用以将敏感栅固定在基底上,或者将应变片黏结在被测构件上,具有一定的电绝缘性能。

盖层为用来保护敏感栅而覆盖在敏感栅上的绝缘层。

3.2.3 电阻应变片的分类

1. 按应变片敏感栅材料分类

根据应变片敏感栅所用的材料不同可分为金属电阻应变片和半导体应变片。半导体应变片的敏感栅是由锗或硅等半导体材料制成的,详见 3.5 节。金属电阻应变片则又分为金属丝式应变片、金属箔式应变片和金属薄膜应变片。

(1) 金属丝式应变片。

金属丝式应变片的敏感栅用直径为 0.01~0.05mm 的镍合金或镍铬合金的金属丝制成,有丝绕式和短接式两种,如图 3.5 所示。前者是用一根金属丝绕制而成,敏感栅的端部呈圆弧形;后者则是用数根金属丝排列成纵栅,再用较粗的金属丝与纵栅两端交错焊接而成,敏感栅端部是平直的。

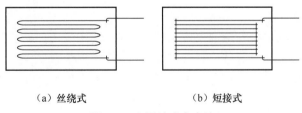

(a) 丝绕式　　　　(b) 短接式

图 3.5 金属丝式应变片

丝绕式应变片敏感栅的端部呈圆弧形,当被测构件表面存在两个方向应变时(即平面应变状态)敏感栅不但感受轴线方向的应变,同时还能感受到与轴线方向垂直的应变,这就是电阻应变片的横向效应。丝绕式应变片的横向效应较大,测量精度较低,且端部圆弧部分形状不易保证,因此,丝绕式应变片性能分散。短接式应变片敏感栅的端部平直且较粗,电阻值很小,故其横向效应很小,加之制造时敏感栅形状较易保证,故测量精度较高。但由于敏感栅中焊点较多,容易损坏,疲劳寿命较低。

金属丝式应变片现已极少使用。

(2) 金属箔式应变片。

金属箔式(简称为箔式)应变片,如图 3.6 所示,是用厚度为 0.002~0.005mm 的金属箔(铜镍合金或镍铬合金)作为敏感栅的材料。该应变片制作大致分为刻图、制版、光刻、腐蚀等工艺过程,如图 3.7 所示。箔式应变片制造工艺易于实现自动化大量生产,易于根据测量要求制成任意图形的敏感栅,制成小标距应变片和传感器用的特殊形状的应变片。

箔式应变片敏感栅端部的横向部分可以做成比较宽的栅条,其横向效应很小;箔栅的厚度很薄,能较好地反映构件表面的应变,也易于粘贴在弯曲的表面上;箔式应变片蠕变小、散热性能好、疲劳寿命长,测量精度高。由于箔式应变片具有以上诸多优点,故在各个测量领域中得到广泛的应用。

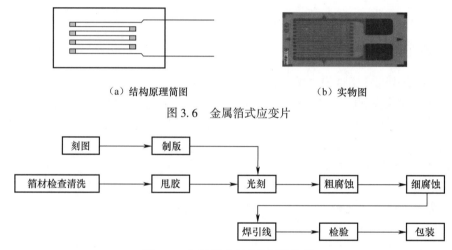

(a) 结构原理简图　　　　　(b) 实物图

图 3.6　金属箔式应变片

图 3.7　金属箔式应变片制作流程

(3) 金属薄膜应变片。

为了克服金属箔式应变片应变灵敏系数低及滞后、蠕变大的缺点,最近二十多年来,传感器技术界的研究重点是寻找一种价格便宜、能替代传统金属箔式应变片的新型传感元件。金属薄膜应变片就是典型的一类。此外,半导体应变片、氧化物应变片也比较适合制成薄膜应变片。

金属薄膜应变片的敏感栅是用真空蒸镀、沉积或溅射的方法将金属材料在绝缘基底上制成一定形状的薄膜而形成的,膜的厚度由几埃到几千埃不等,有连续膜和不连续膜之分,其性能有所差异。金属薄膜应变片蠕变小、滞后小、电阻温度系数低,易于制成高温应变片,便于大批量生产,可直接将应变片做在传感器弹性元件上制成高性能、价廉的传感器产品。有兴趣的读者可以参看相关的技术文献。

2. 按应变片敏感栅结构形状分

金属电阻应变片按敏感栅的结构形状可分为以下几种。

(1) 单轴应变片。

单轴应变片一般是指具有一个敏感栅的应变片,如图3.5、图3.6所示。这种应变片可用来测量单向应变。若把几个单轴敏感栅做在同一个基底上,则称为平行轴多栅应变片或同轴多栅应变片,如图3.8所示,这类应变片用来测量构件表面的应变梯度。

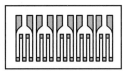 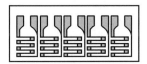

(a) 平行轴多栅应变片　　　(b) 同轴多栅应变片

图3.8　平行多栅应变片和同轴多栅应变片

(2) 应变花(多轴应变片)。

由两个或两个以上轴线相交成一定角度的敏感栅制成的应变片称为多轴应变片,也称为应变花,用于测量平面应变,图3.9所示是几种比较典型的应变花,也有应变片轴线不等夹角和敏感栅重叠在一起的应变花。

(3) 特殊结构应变片。

使用特殊结构的弹性体制作的传感器,往往需要特殊的应变片结构,以实现其特殊的物理量测试或提高传感器的测试性能,如图3.10所示。它们通常用于制作传感器,如压力传感器、载荷传感器(即测力传感器)等。

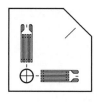  

(a) 二轴90°　　　(b) 三轴45°　　　(c) 三轴60°　　　(d) 三轴120°

图3.9　多轴应变花

3. 按应变片的工作温度分

每种应变片只能在一定的工作温度范围内中使用,根据应变片的工作温度可分为以下几种。

(1) 常温应变片,其工作温度为-30~60℃。一般的常温应变片使用时温度基本保持不变,否则会有热输出,若使用时温度变化大,则可使用常温温度自补偿应变片;

(2) 中温应变片,其工作温度为60~350℃;

(3) 高温应变片,工作温度高于350℃时,均为高温应变片;

(4) 低温应变片,工作温度低于-30℃时,均为低温应变片。

不同的温度的应变计应使用对应温度的黏结剂黏结在构件上。

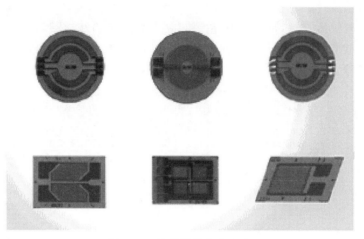

图 3.10 特殊结构的应变片

4. 根据应变片的使用特点分类

（1）通用应变片，用于一般的应变测量；

（2）高精度应变片，用于制作各类高精度应变式传感器，或用于特殊用途的应变测量；

（3）焊接式应变片，将应变片制作在 0.15mm 厚,经特殊处理的不锈钢薄片上,通过焊接固定在被测构件上,使应变片具有即焊即测的特点,避免了普通应变片粘贴、固化带来的使用不便。通常具有温度自补偿功能,适用于金属构件的应变测量；

（4）大应变应变片，用于大应变场合的应变测量,其极限应变通常达 5% 以上,为了防止大应变测量时引线断裂,应变片上制作了接线端子(图 3.11)；

图 3.11 大应变应变片

（5）抗磁应变片，抗磁式应变片采用特殊的结构设计,可以将电磁干扰对电阻应变片信号的干扰降到最小,保证应变型号的准确传递。适用于较强的电磁干扰环境；

（6）疲劳寿命计，一类特殊的电阻应变片,其电阻值随被测构件的疲劳循环而增长累积,且有一定规律,可用于估计被测构件的疲劳寿命。

3.3 电阻应变片的工作特性及标定

3.3.1 电阻应变片的工作特性

用来表达应变片的性能及特点的数据或曲线,称为应变片的工作特性。应变片实际工作时,与其电阻变化输出相对应的,按标定的灵敏系数折算得到的被测试样的应变值,称为应变片的指示应变。

应变片使用范围非常广泛,使用条件差异甚大,对应变片的性能要求各不相同。因此,在不同条件下使用的应变片,需检测的应变片工作特性(或性能指标)也不相同。下面仅介绍常温应变片的工作特性。

1. 应变片电阻(R)

指应变片在未经安装也不受力的情况下,室温时测定的电阻值。应根据测量对象和测量仪器的要求选择应变片的电阻值。在允许通过同样工作电流的情况下,选用较大电阻值的应变片,可提高应变片的工作电压,使输出信号加大,提高测量灵敏度。即使不提高应变片的工作电压,由于工作电流的减小,应变片上的实际功耗将减小,可以降低对供桥电路(参见3.7节)驱动电流的要求,同时对提高应变片的温度稳定性也有利。

用于测量构件应变的应变片阻值一般为120Ω,这与检测仪器(电阻应变仪)的设计有关;用于制作应变式传感器的应变片阻值一般为350Ω、500Ω和1 000Ω(名义值)。为适应绿色节能设计及电池供电,少数应变片阻值高达2 000Ω。

制造厂对应变片的电阻值逐个测量,按测量的应变片阻值分装成包,并注明每包应变片电阻的平均值以及单个应变片阻值与平均值的最大偏差。

2. 应变片灵敏系数(K)

指在应变片轴线方向的单向应力作用下,应变片电阻的相对变化$\Delta R/R$与安装应变片的试样表面上轴向应变ε_x的比值,即

$$K = \frac{\Delta R/R}{\varepsilon_x} \tag{3.8}$$

应变片的灵敏系数主要取决于敏感栅灵敏系数,但与敏感栅的结构型式和几何尺寸也有关;此外,试样表面的变形是通过基底和黏结剂传递给敏感栅的,所以应变片的灵敏系数还与基底和黏结剂的特性及厚度有关。因此应变片的灵敏系数受到多种因素的影响,无法由理论计算得到。

应变片灵敏系数是由制造厂按应变片检定标准,抽样在专门的设备上进行标定确定的。标定得到的灵敏系数应在包装上注明。金属电阻应变片的灵敏系数一般在1.80~2.50之间。

3. 机械滞后(Z_j)

指在恒定温度下,对安装有应变片的试样加载和卸载,以试样的机械应变(试样受力产生的应变)为横坐标、应变片的指示应变为纵坐标绘成曲线,如图3.12所示,在增加或减少机械应变过程中,对于同意一个机械应变量,应变片的指示应变有一个差值,此差值即为机械滞后,即$Z_j = \Delta \varepsilon_i$。

机械滞后的产生主要是敏感栅、基底和黏结剂在承受机械应变之后留下的残余变形所致。制造或安装应变片时,若敏感栅受到不适当的变形,或黏结剂固化不充分,都会产生机械滞后。为了减小机械滞后,可在正式测量前预先加载和卸载若干次。

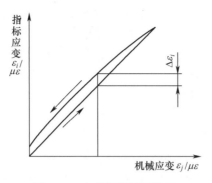

图 3.12 应变片的机械滞后

4. 零点漂移(P)和蠕变(θ)

对于已安装在试样上的应变片,当温度恒定时,即使试样不受外力作用,不产生机械应变,应变片的指示应变仍会随着时间的增加而逐渐变化,这一变化量称为应变片的零点漂移,简称零漂。若温度恒定,试样产生恒定的机械应变,这时应变片的指示应变也会随着时间的变化而变化,该变化量称为应变片的蠕变。

零漂和蠕变反映了应变片的性能随时间的变化规律,只有当应变片用于较长时间的测量时才起作用。实际上,零漂和蠕变是同时存在的,在蠕变值中包含着同一时间内的零漂值。

零漂主要由敏感栅通上工作电流后的温度效应、应变片制造和安装过程中的内应力以及黏结剂固化不充分等引起;蠕变则主要由黏结剂和基底在传递应变时出现滑移所致。

5. 应变极限($\varepsilon_{\lim}$)

指在温度恒定时,对安装有应变片的试样逐渐加载,直至应变片的指示应变与试样产生的应变(机械应变)的相对误差达到10%时,该机械应变即为应变片的应变极限。在图3.13中实线2是应变片的指示应变随试样机械应变的变化曲线,虚线1为规定的误差限(10%),随着机械应变的增加,曲线2由直线渐弯,直至曲线2与虚线1相交,相交点的机械应变即为应变片的应变极限。

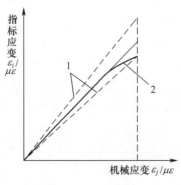

图 3.13 应变极限

制造厂按应变片检定标准,在一批应变片中,按一定比例抽样测定应变片的应变极限,取其中最小的应变极限值作为该批应变片的应变极限。

6. 绝缘电阻(R_m)

应变片的绝缘电阻是指应变片的引线与被测试样之间的电阻值。过小的绝缘电阻会引起应变片的零点漂移,影响测得应变的读数的稳定性。提高绝缘电阻的办法主要是选用绝缘性能好的黏结剂和基底材料。

7. 横向效应系数(H)

前面指出,应变片的敏感栅除有纵栅外,还有圆弧形或直线形的横栅,横栅主要感受垂直于应变片轴线方向的横向应变,因而应变片的指示应变中包含有横向应变的影响,这就是应变片的横向效应。应变片横向效应的大小用横向效应系数H来衡量,H值愈小,表示应变片横向效应影响愈小。

将应变片置于平面应变场中,沿应变片轴线方向的应变为ε_x,垂直于轴线方向的横向应变为ε_y,此时应变片敏感栅的电阻相对变化可表示为

$$\frac{\Delta R}{R} = \left(\frac{\Delta R}{R}\right)_x + \left(\frac{\Delta R}{R}\right)_y = K_x \varepsilon_x + K_y \varepsilon_y \tag{3.9}$$

式中　$(\Delta R/R)_x$和$(\Delta R/R)_y$——由ε_x和ε_y引起的敏感栅电阻的相对变化;

K_x和K_y——应变片轴向和横向灵敏系数,它们可表示为

$$K_x = \frac{(\Delta R/R)_x}{\varepsilon_x}, K_y = \frac{(\Delta R/R)_y}{\varepsilon_y} \tag{3.10}$$

横向灵敏系数与轴向灵敏系数的比值取百分数,定义为横向效应系数H,即

$$H = \frac{K_y}{K_x} \times 100\% \tag{3.11}$$

应变片横向效应系数主要与敏感栅的型式和几何尺寸有关,还受到应变片基底和黏结剂质量的影响。应变片的横向效应系数应在专门的装置上进行标定。不同种类的应变片,其横向效应的影响也不同,丝绕式应变片的横向效应系数最大,箔式应变片次之,短接式应变片的H值最小,常在0.1%以下,故可忽略不计。

近年来,由于箔式应变片设计的合理性以及箔材质量的提高、制造工艺的改进,使得应变片的横向效应系数已非常小,均优于0.1%,因此箔式应变片的横向效应亦可忽略不计。

8. 热输出(ε_t)

应变片安装在可以自由膨胀的试样上,试样不受外力作用,当环境温度发生变化时,应变片的指示应变会随着环境温度的变化而变化。该指示应变的变化一部分是由于试样的热胀冷缩(称为试样的温度应变)所致。扣除试样的温度应变,剩余的指示应变变化量称为应变片的热输出(ε_t)。即这部分的应变片指示应变变化值不是由于试样本身的应变所致,而是由于环境温度变化所产生的。

敏感栅材料的电阻温度系数、敏感栅材料与试样材料之间线膨胀系数的差异,是应变

片产生热输出的主要原因。若敏感栅材料的电阻温度系数为 α，当温度变化 Δt 时，应变片电阻的相对变化为 $\Delta R/R = \alpha \cdot \Delta t$，以指示应变表示为

$$\varepsilon'_t = \frac{1}{K} \cdot \alpha \cdot \Delta t \tag{3.12}$$

若试样和敏感栅的线膨胀系数分别为 β_m、β_s，当 $\beta_m \neq \beta_s$ 且温度变化 Δt 时，由此产生的指示应变变化为

$$\varepsilon''_t = (\beta_m - \beta_s)\Delta t \tag{3.13}$$

将以上两项相加，则得应变片的热输出为

$$\varepsilon_t = \frac{\Delta t}{K}[\alpha + K(\beta_m - \beta_s)] \tag{3.14}$$

9. 疲劳寿命(N)

在幅值恒定的交变应力作用下，应变片连续工作，直至产生疲劳损坏时的循环次数，称为应变片的疲劳寿命。当应变片出现以下任何一种情况时，即认为是疲劳损坏：

（1）敏感栅或引线发生断路；
（2）应变片输出幅值变化 10%；
（3）应变片输出波形上出现尖峰。

疲劳寿命是反映应变片对动态应变适应能力的参数。

表 3.1 中列出了不同质量等级的常温应变片各项工作性能的要求。

表 3.1 常温应变片工作特性的质量等级

工作特性	说 明	质 量 等 级		
		A	B	C
应变片电阻	对标称值的偏差/%	1	3	6
	对平均值的公差/%	0.2	0.4	0.8
灵敏系数	对平均值的标准误差/%	1	2	3
机械滞后	室温下/$\mu\varepsilon$	5	10	20
蠕　变	室温下/$\mu\varepsilon$/h	5	15	25
应变极限	室温下/$\mu\varepsilon$	10000	8000	6000
绝缘电阻	室温下/MΩ	1000	500	500
横向效应系数	%	1	2	4
疲劳寿命	循环次数	10^6	10^6	10^5

3.3.2 电阻应变片工作特性的标定

应变片的各项工作特性需在专门的设备上抽样标定。在有关的技术标准中，规定了应变片工作特性的标定设备和标定方法等。下面仅介绍应变片灵敏系数和横向效应系数的标定方法。

1. 灵敏系数的标定

按照应变片灵敏系数的定义,在进行标定时,应采用一单向应力状态的试样,通常用纯弯曲梁,如图 3.14(a)所示。载荷 P 通过加载横梁施加在标定梁的 C_1、C_2 两点,使得 C_1 C_2 段为纯弯曲区。这时,在纯弯曲区段内沿其长度方向上的内力只有弯矩,且为常数;梁的轴线弯曲为圆弧;梁上各点均处于单向应力状态,其上下表面的应变大小相等、方向相反。

将被标定应变片安装在梁的纯弯曲区段内的上下表面,且应变片的轴线与梁的轴线方向一致。在纯弯曲区段中部安装一个三点挠度仪。当梁弯曲时,由挠度仪上的千分表可读出测得的挠度 f(即梁在三点挠度仪长度 a 范围内的挠度),如图 3.14(b)所示。再根据材料力学公式和几何关系,即可求得梁纯弯曲区段内上下表面的轴向应变,其值为

$$\varepsilon = \frac{hf}{(a/2)^2 + f^2 + hf} \tag{3.15}$$

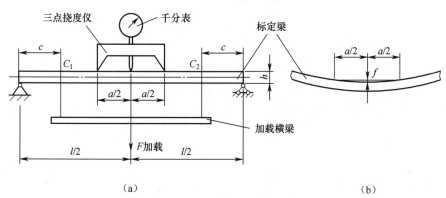

图 3.14 应变片灵敏系数的标定

式中:h 为标定梁截面的高度。

如果再由惠斯顿电桥直接测量出在该载荷作用下应变片电阻的相对变化($\Delta R/R$)值,则可由式(3.8)计算得到应变片的灵敏系数 K。

$\Delta R/R$ 值的测定一般采用电阻应变仪。若电阻应变仪的灵敏系数和读数应变分别以 K_0 和 ε_d 表示,则 $\Delta R/R$ 值可由下式(参看本章 3.6 节)求得

$$\frac{\Delta R}{R} = K_0 \varepsilon_d \tag{3.16}$$

应变片的灵敏系数 K 则由下式计算

$$K = \frac{\Delta R/R}{\varepsilon} = \frac{K_0 \varepsilon_d}{\varepsilon} \tag{3.17}$$

一般在标定应变片灵敏系数时,应变仪的灵敏系 K_0 设置为 2。

应该指出,当应变片使用环境与应变片标定环境不同时,会产生误差,对于高精度的测量,应进行相应的修正。

2. 横向效应系数的标定

对于早期的应变片制作工艺,应变片横向效应系数指标非常重要,它直接影响应变测量的精度。但随着应变片制造工艺水平的提高,应变片几何形状的改变,包括对敏感栅材料的处理,以及制造过程自动化程度的提高,这项指标对于应变测量精度的影响已微乎其微。

标定应变片横向效应系数时,一般采用图3.15所示的单向应变场标定装置。其标定区的截面形状为⊓,中间薄壁部分的厚度仅为5mm左右,而两边尺寸较大。两侧边用许多螺钉与侧板连接。通过加载手柄对标定区施加力矩,标定区产生弯曲变形时。由于标定区沿 y 方向的刚度很大,当 x 方向产生很大变形时, y 方向的应变接近于零(通常要求 x 方向的应变达到 $1\,000\pm50\mu\varepsilon$ 时, y 方向的应变小于 $2\mu\varepsilon$),可以认为是单向应变场。在单向应变场中,可以精确地标定出应变片的横向效应系数。

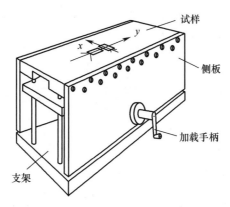

图 3.15 应变片横向效应系数的标定装置

将被标定应变片粘贴在标定区的表面,并使应变片的轴线分别平行和垂直于单向应变方向。轴线平行于 x 方向的应变片,其轴向应变为 ε_{x0} 、横向应变则为零;而轴线垂直于 x 方向、平行于 y 方向的应变片,其轴向应变为零、横向应变为 ε_{x0} 。由式(3.9)可得平行于 x 方向的应变片的电阻变化为

$$\frac{\Delta R}{R} = \left(\frac{\Delta R}{R}\right)_x = K_x \varepsilon_{x0} \rightarrow K_x = \left(\frac{\Delta R}{R}\right)_x \cdot \frac{1}{\varepsilon_{x0}}$$

平行于 y 方向的应变片的电阻变化为

$$\frac{\Delta R}{R} = \left(\frac{\Delta R}{R}\right)_y = K_y \varepsilon_{x0} \quad \rightarrow \quad K_y = \left(\frac{\Delta R}{R}\right)_y \cdot \frac{1}{\varepsilon_{x0}}$$

根据式(3.11),标定得到应变片横向效应系数为

$$H = \left[\left(\frac{\Delta R}{R}\right)_y \Big/ \left(\frac{\Delta R}{R}\right)_x\right] \times 100\% \tag{3.18}$$

另由式(3.16)可有以下关系

$$\left(\frac{\Delta R}{R}\right)_x = K_0 \varepsilon_{xd}, \left(\frac{\Delta R}{R}\right)_y = K_0 \varepsilon_{yd} \tag{3.19}$$

式中 K_0——应变仪的灵敏系数,一般设置为2;

ε_{xd} 和 ε_{yd} ——由应变仪读出的轴线为 x 方向和 y 方向应变片的应变。

将式(3.19)代入式(3.18),可标定得到应变片横向效应系数为

$$H = \frac{\varepsilon_{yd}}{\varepsilon_{xd}} \times 100\% \tag{3.20}$$

3. 热输出的标定

由于热输出的大小与标定试样材料的线膨胀系数有关,制造者只能针对几种比较典型的材料标定应变片的热输出,例如,钛合金、碳素结构钢、不锈钢、铝合金、镁合金等,它们的线膨胀系数分别为 9、11、17、23、27($\times 10^{-6}$/℃)。当被测构件的材料与上述材料不同时,需根据测量精度要求,确定是否重新标定。

标定热输出应在均匀温度场内进行,温度不均匀度不大于±2℃。标定试样尺寸通常取宽度约为 50mm,长度约为 100mm,厚度为 2~3mm。标定试样太薄,升温时易变形,标定试样太大则易造成温度不均匀。

标定热输出时,试样在温度场中应能自由膨胀,不致产生附加应力。应变片与测量仪器的连接要采用三线接线法,以消除导线对热输出的影响。升温速率为 3~5℃/min。

3.4 电阻应变片的选择、安装和防护

在应变测量时,只有正确选择和安装使用应变片,才能保证测量精度和可靠性,达到预期的测试目的。

3.4.1 电阻应变片的选择

应变片的选择,应根据试验环境、应变性质、应变梯度及测量精度等因素来决定

(1)测量环境。

测量时应根据构件的工作环境温度选择合适的应变片,使得在给定的试验温度范围内,应变片能正常工作。潮湿对应变片的性能影响极大,会出现绝缘电阻降低、黏结强度下降等现象,严重时将无法进行测量。为此,在潮湿环境中,应选用防潮性能好的胶膜应变片,如酚醛—缩醛、聚脂胶膜应变片等,并采取有效的防潮措施。

应变片在强磁场作用下,敏感栅会伸长或缩短,使应变片产生输出。因此,敏感栅材料应采用磁致伸缩效应小的镍铬合金或铂钨合金。

(2)应变性质。

对于静态应变测量,温度变化是产生误差的重要原因,如有条件,可针对具体试样材料选用温度自补偿应变片。对于动态应变测量,应选用频率响应高、疲劳寿命长的应变片,如箔式应变片。

（3）应变梯度。

应变片测出的应变值是应变片栅长范围内分布应变的平均值,应使这一平均值接近于测点的真实应变。在均匀应变场中,可以选用任意栅长的应变片,对测试结果无直接影响,但尺寸较大的应变片比较容易粘贴,测试精度相对较高；在应变梯度大的应变场中,应尽量选用栅长比较短的应变片；当大应变梯度垂直于所贴应变片的轴线时,应选用栅宽窄的应变片。

（4）测量精度。

一般认为以胶膜为基底、以铜镍合金和镍铬合金材料为敏感栅的应变片性能较好,它具有精度高、长期稳定性好以及防潮性能好等优点。

3.4.2 电阻应变片的安装

常温应变片的安装采用粘贴方法。应变片粘贴操作过程如下。

（1）检查和分选应变片。

应变片粘贴前应对应变片进行外观检查和阻值测量。检查应变片敏感栅有无锈斑、基底和盖层有无破损,引线是否牢固等。阻值测量的目的是检查应变片是否有断路、短路情况,并按阻值进行分选,以保证使用同一温度补偿片的一组应变片的阻值相差不超过 0.1Ω。

（2）粘贴表面的准备。

首先除去构件(或试样)粘贴表面的油污、漆、锈斑、电镀层等,用砂布交叉打磨出细纹以增加黏结力,接着用浸有酒精(或丙酮)的脱脂棉球擦洗,并用钢针划出贴片定位线,再用细砂布轻轻磨去划线毛刺,然后再进行擦洗,直至棉球上不见污迹为止。

（3）贴片。

黏结剂不同,应变片粘贴的过程也不同(注意:特殊环境与用途场合应使用专用黏结剂)。以氰基丙烯酸酯黏结剂 502 胶为例,在应变片基底底面涂上 502 胶(挤上一小滴 502 胶即可),立即将应变片底面向下放在被测位置上,并使应变片轴线对准定位线,然后将氟塑料薄膜盖在应变片上,用手指柔和滚压挤出多余的胶,然后用拇指静压一分钟,使应变片与被测件完全黏合后再放开,从应变片无引线的一端向有引线的一端揭掉氟塑料薄膜。

（注意:502 胶不能用得过多或过少,过多使胶层太厚影响应变片测试性能,过少则黏结不牢不能准确传递应变,也影响应变片测试性能。此外,小心不要被 502 胶粘住手指,如被粘住,可用丙酮泡洗。)

（4）固化。

贴片时最常用的是氰基丙烯酸酯黏结剂(如 502 胶水、501 胶水),用它贴片后,只要在室温下放置数小时即可充分固化,而且具有较强的黏结能力。对于需要加温加压固化的黏结剂,应严格按黏结剂的固化规范进行。

（5）测量导线的焊接与固定。

待黏结剂初步固化以后,即可焊接导线。常温静态应变测量时,导线可采用 $\phi0.1\mathrm{mm}\sim$

0.3mm 的单丝包铜线或多股铜芯塑料软线。

导线与应变片引线之间最好使用接线端子片,如图 3.16(a)所示。接线端子片是用敷铜板腐蚀而成的。接线端子片应粘贴在应变片引线端的附近,将应变片引线与导线都焊在端子片上。注意:应变片引线通常在应变片出厂时已由工厂连接好,连接到接线端子时稍松弛即可,如图 3.16(c)所示,不宜过松,如图 3.16(b)所示。常温应变片均用锡焊,为了防止虚焊,必须除尽焊接端的氧化皮、绝缘物,再用酒精等溶剂清洗,并且焊接要准确迅速,焊点要丰满光滑,不带毛刺。图 3.16(c)中的应变片已覆盖了透明的防护层。

已焊好的导线应在试样上沿途固定。固定的方法有用胶布粘、用胶粘(如用 502 胶粘)等。

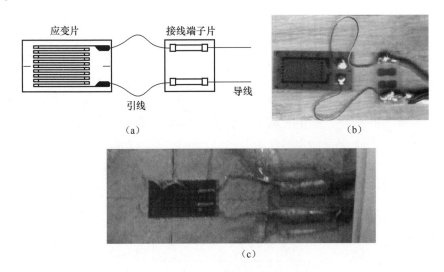

图 3.16 应变片引线和接线端子的连接

(6) 检查。

对已充分固化并已连接好导线的应变片,在正式使用前必须进行质量检查。除对应变片作外观检查外,还应检查应变片是否粘贴良好、贴片方位是否正确、有无短路和断路、绝缘电阻是否符合要求等。

3.4.3 电阻应变片的防护

对安装后的应变片,应采取有效的防潮措施。

防潮剂应具有良好的防潮性,对被测件表面和导线有良好的黏结力;弹性模量低,不影响被测件的变形;对被测件无损坏作用,对应变片无腐蚀作用;使用工艺简单。

防护方法的选择取决于应变片的工作条件、工作期限及所要求的测量精度。对于常温应变片,常采用硅橡胶密封防护方法。这种方法是用硅橡胶直接涂在经清洁处理过的应变片及其周围,在室温下经 12~24h 固化,放置时间越长,固化越好。硅橡胶使用方便、防潮性能好、附着力强、储存期长、耐高低温、对应变片无腐蚀作用,但黏结强度较低。

3.5 半导体应变片

半导体应变片是随着半导体技术的发展而产生的新型应变片。与金属丝式应变片或箔式应变片的工作原理不同,半导体应变片是利用硅半导体材料的压阻效应而工作的,因而灵敏度大大高于金属丝式应变片或箔式应变片,制造成本低、易于集成和数字化。

3.5.1 半导体应变片的结构及工作原理

半导体应变片是利用硅半导体材料的压阻效应而制成的。半导体材料在受力变形后,除机械尺寸的变化引起电阻改变外,其电阻率也同时发生了很大改变,从而引起应变片阻值的变化。这种由外力引起半导体材料电阻率变化的现象称为半导体材料的压阻效应。

制造半导体应变片的敏感栅材料,有锗、硅、锑化铟、磷化铟、磷化镓及砷化镓等,但大批量产品常用的材料还是锗或硅。按照制造敏感栅的不同方法,半导体应变片可以分为三种类型,即体型半导体应变片、扩散型半导体应变片和薄膜型半导体应变片。图3.17即为三种半导体应变片结构原理示意图。

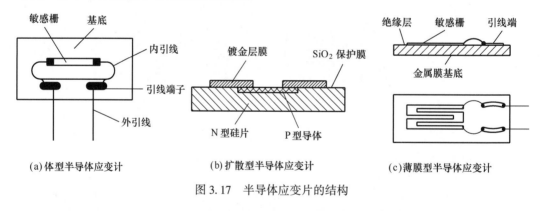

图 3.17 半导体应变片的结构

由于灵敏度高,对后续电路的要求就比较低,所以也用来制作各种传感器,如力传感器、压力传感器、加速度传感器等。

由于对温度很敏感,因而使用相同性能的应变片进行温度补偿是必需的。最好的测试方法是使用四个应变片组成全桥电路,当然也可使用半桥电路测试。由于应变片阻值的变化很大,使用恒压供桥(见3.6节)时,应变片的输出必须互补,否则将产生较大的非线性误差。所以恒流供桥是优选方案。

3.5.2 半导体应变片的特点

半导体应变片的主要特点有以下几个方面。

(1) 尺寸小而电阻值大,半导体应变片敏感栅的栅长都比较小,最小的可在0.2mm以下,最大的电阻值可达到10kΩ;

(2) 灵敏系数大,常用的半导体应变片,灵敏系数的范围为50~200,还可以根据测量的需要选用不同的敏感栅材料,使灵敏系数为正或为负值;

(3) 机械滞后和蠕变小;

(4) 横向效应系数很小;

(5) 疲劳寿命高;

(6) 应变-电阻变化曲线的线性差,应变极限也比较低;

(7) 灵敏系数随温度的变化大;

(8) 温度效应很明显,热输出值大,半导体应变片对温度很敏感,因而温度稳定性和重复性不如金属应变片,适用于应变变化小的应变测试,尤其适用于动态应变测试;

(9) 工作特性的分散性大,由于半导体材料的电阻率等性能具有较大的离散性,致使应变片的灵敏系数、热输出等工作特性的分散度大;

(10) 工作温度范围窄。

由于以上这些特点,半导体应变片在应力测量方面的应用不是很普遍。只有在要求应变片的尺寸很小而灵敏系数高的场合才选用它。工作温度一般不超过100℃,应变测试时的环境温度不宜有较大的变化。

3.5.3 半导体应变片的粘贴技术

半导体应变片大多采用黏结剂进行安装。考虑到这种应变片的特点及性能上的限制,安装时要特别注意以下问题。

1. 黏结剂的选择

首先,由于半导体敏感栅的机械滞后和蠕变近于零,安装之后的机械滞后和蠕变值主要取决于所用黏结剂的质量。必须选用滞后和蠕变都很小的黏结剂,才能充分发挥半导体敏感栅的特性。其次,要求黏结剂的膨胀系数不要太大,以保证胶层在受热膨胀时,不会使半导体敏感栅承受过大的应力。此外,还要求黏结剂的固化温度较低,固化时的体积收缩率较小。这是因为,过高的固化温度将改变半导体材料的性能(以室温固化为宜),若溶剂挥发而产生较多的体积收缩,将使敏感栅所承受的压缩应力增大,最后,由于半导体敏感栅很脆,不容许黏结剂进行加压固化,防止在安装时把敏感栅压坏。

2. 粘贴工艺

生产厂家提供的半导体应变片有两种,一种是有基底的,另一种是不带基底的。有基底的半导体应变片,粘贴时的步骤和要求与安装常温箔式电阻应变片基本相同(见3.4节)。若应变片在出厂时没有覆盖层,当它们被粘贴到试样表面(经初步固化或半固化)以后,可在其上表面涂敷1~2层黏结剂,或者加盖一层保护膜,再进行最后的固化处理或稳定化处理。

不带基底的半导体应变片,安装时应在经过打磨处理与严格清洗的试样表面上,先涂敷 1~2 次黏结剂并进行固化,形成具有足够绝缘电阻的底层(厚度 0.01mm~0.02mm),然后再按规定的步骤粘贴敏感栅,并加盖保护层。

3. 引线的连接

有基底的半导体应变片,引线的焊接比较简单。它们的内引线已经焊在应变片内的引线端子上,这时只需焊上外引线,或者把外引线与试样上的接线端子连接即可。

对于无基底的半导体应变片,需要在粘贴敏感栅的时候安装一个内引线段子,这种端子的接点表面有焊接性能良好的金属(如纯金)镀层,用纯金引线使敏感栅与此端子连接。内引线的直径很小($\phi 0.05\text{mm}$),焊接时不能用普通的铅锡焊料,应采用不含铅的银锡焊料(银含量约5%),配以功率很小的微型恒温烙铁,在尽可能短的时间内完成焊接。外引线以及测量导线的连接同上。

3.6 电阻应变片的测量电路

通过应变片可以将被测件的应变转换为应变片的电阻变化。但通常这种电阻变化是很小的。为了便于测量,需将应变片的电阻变化转换成电压(或电流)信号,再通过放大器将信号放大,然后由指示仪或记录仪器指示或记录应变数值。这一任务是由电阻应变仪来完成的。而电阻应变仪中将应变片的电阻变化转换成电压(或电流)变化是由应变电桥(即惠斯顿电桥)来完成的。

应变电测早期,由于受电子技术的限制,电阻应变仪在比较长的一段时间内都使用恒幅交流供桥源给应变片电桥供电。从 20 世纪 80 年代以后,由于电子技术的迅猛发展,直流放大器性能越来越好,高精度直流放大器的各项性能指标均已远远优于交流放大器,而且使用方便、价格便宜。因此,现在已很难见到交流电桥的电阻应变仪了。本书中只讲述直流电桥在应变电测中的应用。

3.6.1 直流电桥

电桥即惠斯顿电桥,如图 3.18 所示。设电桥各桥臂电阻分别为 R_1、R_2、R_3、R_4,其中的任一个桥臂电阻都可以是应变片电阻。电桥的 A、C 为输入端,接直流电源,输入电压为 U_{AC};而 B、D 为输出端,输出电压为 U_{BD}。下面分析当 R_1、R_2、R_3、R_4 变化时,输出电压 U_{BD} 的大小。从 ABC 半个电桥来看,AC 间的电压为 U_{AC},流经 R_1 的电流为

$$I = \frac{U_{AC}}{R_1 + R_2}$$

由此得出 R_1 两端的电压降为

$$U_{AB} = I_1 R_1 = \frac{R_1}{R_1 + R_2} U_{AC}$$

同理,R_3 两端的电压降为

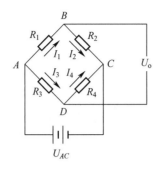

图 3.18 惠斯顿电桥

$$U_{AD} = \frac{R_3}{R_3 + R_4} U_{AC}$$

故可得到电桥输出电压为

$$U_o = U_{AB} - U_{AD} = \frac{R_1}{R_1 + R_2} U_{AC} - \frac{R_3}{R_3 + R_4} U_{AC}$$

$$U_o = \frac{R_1 R_4 - R_2 R_3}{(R_1 + R_2)(R_3 + R_4)} U_{AC} \tag{3.21}$$

由式(3.21)可知,要使电桥平衡,即要使电桥输出电压 U_o 为零,则桥臂电阻必须满足

$$R_1 R_4 = R_2 R_3 \tag{3.22}$$

若电桥初始处于平衡状态,即满足式(3.22)。当各桥臂电阻发生变化时,电桥就有输出电压。设各桥臂电阻相应发生了 ΔR_1、ΔR_2、ΔR_3、ΔR_4 的变化,则由式(3.21)可计算得到电桥的输出电压为

$$U_o = \frac{(R_1 + \Delta R_1)(R_4 + \Delta R_4) - (R_2 + \Delta R_2)(R_3 + \Delta R_3)}{(R_1 + \Delta R_1 + R_2 + \Delta R_2)(R_3 + \Delta R_3 + R_4 + \Delta R_4)} U_{AC} \tag{3.23}$$

将式(3.22)代入式(3.23),且由于 $\Delta R_i \ll R_i$,可略去高阶微量,故得到

$$U_o = \frac{R_1 R_2}{(R_1 + R_2)^2} \left(\frac{\Delta R_1}{R_1} - \frac{\Delta R_2}{R_2} - \frac{\Delta R_3}{R_3} + \frac{\Delta R_4}{R_4} \right) U_{AC} \tag{3.24}$$

式(3.23)和式(3.24)分别为电桥输出电压的精确计算公式和近似计算公式。用直流电桥进行应变测量时,电桥有等臂电桥、卧式电桥或立式电桥三种应用状态。这三种电桥状态下,其桥臂电阻与电桥输出电压之间的关系分析如下。

1. 等臂电桥

四个桥臂电阻值均相等的电桥称为等臂电桥。即 $R_1 = R_2 = R_3 = R_4 = R$,此时式(3.24)可写为

$$U_o = \frac{U_{AC}}{4} \left(\frac{\Delta R_1}{R_1} - \frac{\Delta R_2}{R_2} - \frac{\Delta R_3}{R_3} + \frac{\Delta R_4}{R_4} \right) \tag{3.25}$$

如果四个桥臂电阻都是应变片,它们的灵敏系数 K 均相同,则将关系式 $\Delta R/R = K\varepsilon$ 代入式(3.25),便可得到等臂电桥的输出电压为

$$U_\text{o} = \frac{U_{AC}K}{4}(\varepsilon_1 - \varepsilon_2 - \varepsilon_3 + \varepsilon_4) \quad (3.26)$$

式中:ε_1、ε_2、ε_3、ε_4 分别为电阻应变片 R_1、R_2、R_3、R_4 所感受的应变。

如果只有桥臂 AB 接应变片,即仅 R_1 有一增量 ΔR,即感受应变 ε,则由式(3.25)和式(3.26)得到输出电压为

$$U_\text{o} = \frac{U_{AC}}{4}\frac{\Delta R}{R} = \frac{U_{AC}}{4}K\varepsilon \quad (3.27)$$

式(3.27)表明:应用电桥电压输出近似计算公式,得到的电桥输出电压与应变成线性关系。若应用精确公式(3.23),则得到电桥输出电压为

$$U_\text{o} = \frac{U_{AC}}{4}\frac{\Delta R}{R}\left(\frac{1}{1+\frac{1}{2}\frac{\Delta R}{R}}\right) \quad (3.28)$$

将式(3.28)与式(3.27)比较可知,在式(3.28)中增加了一个系数(括号部分),该系数称为非线性系数。它愈接近于 1,说明电桥的非线性愈小,即按近似公式计算与精确公式计算得到的输出电压数值愈接近。

通常应变片的灵敏系数 $K=2$,若应变 ε 为 $1000\mu\varepsilon$,则由 $\Delta R/R = K\varepsilon$ 可得到式(3.28)中的非线性系数等于 0.999,非常接近于 1。因此一般应变测量按近似公式计算输出电压,所产生的误差是很小的,通常可以忽略不计。

2. 卧式电桥

若电桥中 $R_1 = R_2 = R$,$R_3 = R_4 = R'$,则称为卧式电桥,如图 3.19 所示。设仅桥臂 AB 接应变片,即 R_1 有一增量 ΔR,此时由近似计算式(3.24)及精确计算式(3.23)得到的输出电压表达式分别与式(3.27)及式(3.28)完全相同,说明当卧式电桥与等臂电桥的 $\Delta R/R$ 值相等时,它们的非线性系数也相等。

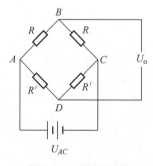

图 3.19 卧式电桥

3. 立式电桥

当电桥中 $R_1 = R_3 = R$，$R_2 = R_4 = R'$ 时称为立式电桥，如图 3.20 所示。同样，仅设桥臂 AB 接应变片，即仅 R_1 有一增量 ΔR，由近似式(3.24)得到输出电压为

$$U_o = U_{AC} \frac{\frac{\Delta R}{R}}{m + 2 + \frac{1}{m}} \qquad (3.29)$$

式中：$m = R/R'$。

若由精确式(3.23)计算得到输出电压为

$$U_o = U_{AC} \frac{\frac{\Delta R}{R}}{m + 2 + \frac{1}{m}} \left(\frac{1}{1 + \frac{m}{1+m} \frac{\Delta R}{R}} \right) \qquad (3.30)$$

将式(3.30)与式(3.29)比较可知，式(3.30)中括号部分即为非线性系数。当 $m>1$ 时，括号中分母 $\Delta R/R$ 前面的系数 $m/(1+m) > l/2$，而式(3.28)中 $\Delta R/R$ 前的系数却等于 1/2。因此，在立式电桥 $m>1$ 的情况下，当立式电桥与等臂电桥的 $\Delta R/R$ 值相等时，立式电桥的非线性系数比等臂电桥小；而当 $m<1$ 时，则其结果相反。

根据以上分析，立式电桥的非线性系数是不确定的，因此，在本书应变测量中，只应用等臂电桥和卧式电桥。

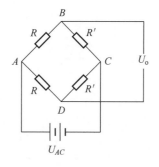

图 3.20 立式电桥

3.6.2 电桥的平衡

对于一个测量电桥，希望它在测量前处于平衡状态，使电桥输出 U_o 为零，即满足 $R_1 R_4 = R_2 R_3$。但是，由于应变片阻值的偏差，以及接触电阻和导线电阻等的影响，往往 $R_1 R_4 \neq R_2 R_3$，因此需要在测量电桥中增加平衡调整电路。传统的平衡调整电路如图 3.21 所示，即在电桥中增加电阻 R_5 和电位器 R_6。

增加的电阻 R_5 和电位器 R_6，其等效变换电路如图 3.22 所示。分析平衡电路，如图

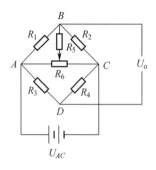

图 3.21 基本平衡调整电路

3.22(a)所示,将 R_6 分为两部分,R_6' 和 R_6'',如图 3.22 (b) 所示,使

$$R_6' = n_1 R_6, \quad R_6'' = n_2 R_6$$

并且 $n_1 + n_2 = 1$。将图 3.22 (b) 的星形连接等效转换成图 3.22 (c) 的三角形连接,则

$$R_1' = n_1 R_6 + \frac{1}{n_2} R_5, \quad R_2' = n_2 R_6 + \frac{1}{n_1} R_5$$

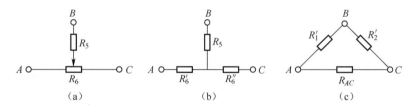

图 3.22 基本平衡调整电路的等效电路

而 R_1' 和 R_2' 分别是并联在 R_1 和 R_2 上的,通过调节 R_6' 和 R_6'',可使电桥平衡,即满足 $R_1 R_4 = R_2 R_3$。考虑到电桥测量精度,平衡调节范围不宜过大,因此要求四个桥臂的电阻差值不大于 0.3~0.5Ω,而 R_5 和 R_6 一般取 100kΩ 和 10kΩ。

需要说明的是,图 3.21 所示的平衡调整电路,由于 R_5 和 R_6 的加入,电桥的输出灵敏度将有所下降,只是下降幅度不大。以 $R_5 = R_6 = 10kΩ$、应变片阻值为 120Ω 的测量电桥为例,电桥的输出灵敏度将下降 0.5%左右(与初始平衡状态有关),而当 $R_5 = R_6 = 100kΩ$ 时,电桥的输出灵敏度将下降 0.05%左右。图 3.21 所示的平衡调整电路通常是仪器电路的一部分,如果使用同一仪器对应变片重新标定,则这种灵敏度误差可以消除或减小。

新型的直流供桥数字式静态电阻应变仪已逐渐取代传统的静态电阻应变仪。这种应变仪使用初读数调零,从而不再使用图 3.21 所示的调零电路。初始不平衡的测量电桥,测量过程中会引入一定的非线性,但非线性通常不大(大多小于 0.1%),且与初始不平衡程度有关。因此,使用初读数调零的应变仪,测量精度通常优于使用图 3.21 所示的平衡调整电路的传统应变仪。

3.6.3 测量电桥的基本特性

测量电桥,即为直流电桥(惠斯顿电桥)的应用。直流电桥的桥臂电阻与电桥输出电压之间的关系见式(3.25)。若四个桥臂电阻均为电阻应变片,则根据 $\Delta R/R = K\varepsilon$ 得到式(3.26):

$$U_o = \frac{U_{AC}K}{4}(\varepsilon_1 - \varepsilon_2 - \varepsilon_3 + \varepsilon_4)$$

令 $\varepsilon_d = \varepsilon_1 - \varepsilon_2 - \varepsilon_3 + \varepsilon_4$,则

$$U_o = \frac{U_{AC}K}{4}\varepsilon_d \tag{3.31}$$

式中:ε_d 称为读数应变。

应变仪上的读数通常对应于读数应变 ε_d,而不是电桥电压输出 U_o,因此式(3.3)可变为

$$\varepsilon_d = \frac{4U_o}{U_{AC}K} = \varepsilon_1 - \varepsilon_2 - \varepsilon_3 + \varepsilon_4 \tag{3.32}$$

由式(3.32)可总结测量电桥具有以下基本特性:
(1) 两相邻桥臂电阻应变片所感受的应变,代数值相减;
(2) 两相对桥臂电阻应变片所感受的应变,代数值相加。

在应变电测中,合理地利用电桥特性,可实现如下测量:
(1) 消除测量时环境温度变化引起的误差;
(2) 增加读数应变,提高测量灵敏度;
(3) 在复杂应力作用下,测出某一内力分量引起的应变。

要实现电桥特性的合理利用,关键在于测量电桥的连接。

3.6.4 测量电桥的连接与测量灵敏度

根据电桥桥臂接入应变片的情况,测量电桥的连接方式可分为半桥接线法、全桥接线法和串并联接线法几种连接方式。

1. 半桥接线法

测量电桥中 R_1、R_2 两桥臂电阻为电阻应变片,R_3、R_4 两桥臂电阻为固定电阻,如图3.23所示,该连接方式称为半桥接线法。

在半桥接线法中,根据两应变片工作情况的不同,又分为单臂半桥接线法和双臂半桥接线法。

(1) 单臂半桥接线法。

在两电阻应变片中,一片应变片粘贴在被测件上(被测件包括试样、零件或构件),另一片应变片粘贴在与被测件材料相同、但不受任何外力的补偿块上。粘贴在被测件上的应变片称为工作应变片,粘贴在补偿块上的应变片称为补偿应变片。

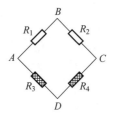

R_1、R_2 为电阻应变片
R_3、R_4 为固定电阻

图 3.23 半桥接线法

粘贴在被测件上的电阻应变片,其敏感栅的电阻值一方面随被测件的应变而变化,另一方面,当环境温度变化时,敏感栅的电阻值还将随温度改变而变化,同时,由于敏感栅材料和被测件材料的线膨胀系数不同,敏感栅有被迫拉长或缩短的趋势,也会使其电阻值发生变化。这样,通过应变片测量出的应变值中包含了环境温度变化而引起的应变,造成测量误差。应用单臂半桥接线法可消除测量时环境温度变化引起的误差。

如图 3.24(a)所示构件,要测定构件上某一点(A 点)的应变,只需在该点粘贴一片应变片,并在与构件相同材料的补偿块上粘贴一片应变片,组成图 3.24(b)所示的测量电桥。

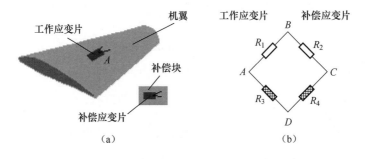

图 3.24 用单臂半桥接线法测量一点的应变

构件上应变片为工作应变片(R_1),接入 AB 桥臂,它将直接感受构件受力后产生的应变 ε 和环境温度变化产生的应变 ε_t;补偿块不受外力,并放置在构件附近与构件同温度场中,补偿块上的应变片称为补偿应变片(R_2),接入 BC 桥臂,它将只感受环境温度变化产生的应变 ε_t。

由式(3.32)可得读数应变 ε_d,即

$$\varepsilon_d = \varepsilon_1 - \varepsilon_2 = \varepsilon + \varepsilon_t - \varepsilon_t = \varepsilon$$

读数应变 ε_d 就等于构件上被测点的应变 ε。单臂半桥接线法实现了消除测量时环境

温度变化引起的应变。

(2)双臂半桥接线法。

两电阻应变片均为工作应变片,均粘贴在被测试样上,当被测件受外力作用产生应变 ε 时,应变片敏感栅电阻随之变化,当然,当环境温度发生变化时,应变片电阻也会发生变化,应用双臂半桥接线法,一方面可消除环境温度变化引起的误差,另一方面还可以增加读数应变,提高测量灵敏度。

如图3.25(a)所示一悬臂梁,要测定悬臂梁在 F 力作用下,I-I 截面处的应变 ε。

在 F 力作用下,I-I 截面上、下表面的应变 ε 大小相等,符号相反。在 I-I 截面的上、下表面各粘贴一片应变片,并用双臂半桥接线法组成图3.25(b)所示测量电桥。两桥臂应变片感受梁在 F 力作用下的应变 ε 和环境温度变化产生的应变 ε_t,分别为

$$\varepsilon_1 = \varepsilon + \varepsilon_t, \quad \varepsilon_2 = -\varepsilon + \varepsilon_t$$

由式(3.32)得读数应变 ε_d,即

$$\varepsilon_d = \varepsilon_1 - \varepsilon_2 = \varepsilon + \varepsilon_t - (-\varepsilon + \varepsilon_t) = 2\varepsilon$$

所以,读数应变 ε_d 是悬臂梁 I-I 截面处应变的两倍,即

$$\varepsilon = \frac{\varepsilon_d}{2}$$

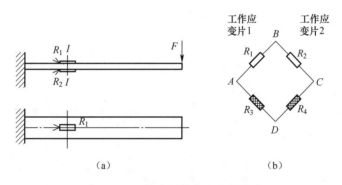

图3.25 双臂半桥接线法应变测量

可见,双臂半桥接线法,消除了环境温度变化引起的误差,也增加了读数应变,提高了测量灵敏度(测量灵敏度,指测量电桥桥臂中应变片感受被测件真实应变的敏感程度,亦指测量电桥读数应变值的大小)。

2. 全桥接线法

全桥接线法测量时,测量电桥中 R_1、R_2、R_3、R_4 四桥臂电阻均为电阻应变片。根据四个应变片工作情况的不同,又分为对臂全桥接线法和四臂全桥接线法。

(1)对臂全桥接线法。

测量电桥中 R_1、R_2、R_3、R_4 四桥臂应变片中 R_1、R_4 为工作应变片,R_2、R_3 为补偿应变片,即 R_1、R_4 应变片粘贴在被测构件上,R_2、R_3 应变片粘贴在补偿块上(反之 R_2、R_3 作为工

作应变片，R_1、R_4 应变片作为补偿应变片也可以)。

如图 3.26(a) 所示一板试样，要测定在一对轴力 F 作用下板试样上产生的轴向应变 ε_F。

在板试样同一截面的正、反两面各粘贴一片应变片，同时在与板试样相同材料的补偿块上也粘贴两片应变片，如图 3.26(b)，并用对臂全桥接线法组成图 3.26(c) 所示测量电桥。

四桥臂应变片感受的应变分别为

$$\varepsilon_1 = \varepsilon_4 = \varepsilon_F + \varepsilon_t, \varepsilon_2 = \varepsilon_3 = \varepsilon_t$$

由式(3.32)可得读数应变 ε_d 为

$$\varepsilon_d = \varepsilon_1 - \varepsilon_2 - \varepsilon_3 + \varepsilon_4 = \varepsilon_F + \varepsilon_t - \varepsilon_t - \varepsilon_t + \varepsilon_F + \varepsilon_t = 2\varepsilon_F$$

板试样的轴向应变 ε_F 为

$$\varepsilon_F = \frac{1}{2}\varepsilon_d$$

用对臂全桥接线法组成的测量电桥，同样消除了环境温度变化引起的误差，也增加了读数应变，提高了测量灵敏度。

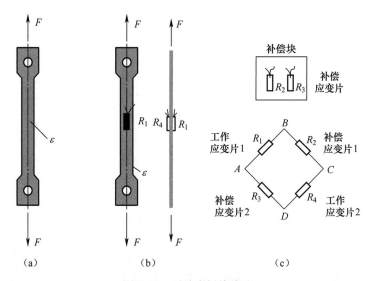

图 3.26　对臂全桥接线法

(2) 四臂全桥接线法。

测量电桥中 R_1、R_2、R_3、R_4 四桥臂应变片均为工作应变片。

仍以测量图 3.26(a) 所示板试样在 F 作用下的轴向应变 ε_F 为例。设材料的泊松比 μ 已知。

在板试样的同一截面正、反两面，沿轴线方向和垂直轴线方向各粘贴一片应变片，如图 3.27(a)，并用四臂全桥接线法组成图 3.27(b) 测量电路。四桥臂应变片感受的应变

分别为
$$\varepsilon_1 = \varepsilon_4 = \varepsilon_F + \varepsilon_t$$
$$\varepsilon_2 = \varepsilon_3 = -\mu\varepsilon_F + \varepsilon_t$$

由式(3.32)可得读数应变 ε_d 为
$$\begin{aligned}\varepsilon_d &= \varepsilon_1 - \varepsilon_2 - \varepsilon_3 + \varepsilon_4 \\ &= (\varepsilon_F + \varepsilon_t) - (-\mu\varepsilon_F + \varepsilon_t) - (-\mu\varepsilon_F + \varepsilon_t) + (\varepsilon_F + \varepsilon_t) \\ &= 2(1+\mu)\varepsilon_F\end{aligned}$$
板试样的轴向应变 ε_F 为
$$\varepsilon_F = \frac{1}{2(1+\mu)}\varepsilon_d$$

用四臂全桥接线法组成的测量电桥,不但消除了环境温度变化引起的误差,而且增加了读数应变,提高了测量灵敏度。但本例中如果不能精确测得材料的泊松比 μ,则测试精度将受到影响。

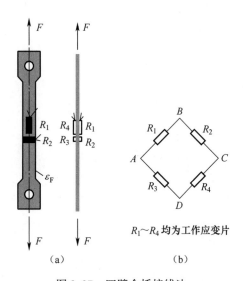

$R_1 \sim R_4$ 均为工作应变片

(a)　　　(b)

图 3.27　四臂全桥接线法

3. 串并联接线法

在应变测量中,也可以将应变片串联或并联起来接入测量桥臂,图 3.28 即为串并联时的半桥接线法。串并联也可用于全桥接线法。

串、并联时的读数应变仍可以用式(3.32)计算,各桥臂中的应变仍为 ε_1、ε_2、ε_3、ε_4。

(1) 串联时桥臂应变的计算。

图 3.28 为串联半桥接线法。设 AB 桥臂中串联了 n 个阻值为 R 的电阻应变片,则该桥臂的总阻值为 nR。当每个应变片的电阻变化分别为 $\Delta R_1'$、$\Delta R_2'$、$\cdots$、$\Delta R_n'$ 时,则

$$\varepsilon_1 = \frac{1}{K}\left(\frac{\Delta R}{R}\right) = \frac{1}{K}\left(\frac{\Delta R'_1 + \Delta R'_2 + \cdots + \Delta R'_n}{nR}\right)$$
$$= \frac{1}{n}(\varepsilon'_1 + \varepsilon'_2 + \cdots + \varepsilon'_n) \tag{3.33}$$

串联接线后桥臂感受的应变为各个应变片感受应变的算术平均值,BC 桥臂的结果类似。

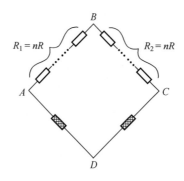

图 3.28 串联接线法

当每个桥臂中串联的各个应变片感受的应变相同时,即 $\varepsilon'_1 = \varepsilon'_2 = \cdots = \varepsilon'_n = \varepsilon'$ 时,则
$$\varepsilon_1 = \varepsilon'$$

它表明,串联接线法不会增加读数应变,即不能提高测量灵敏度。当桥臂中串联的各应变片感受的应变相同时,桥臂应变就等于串联的单个应变片感受的应变值。但是串联后的桥臂电阻增大,在限定电流的情况下,可通过提高供桥电压来提高电桥输出电压。

（2）并联时桥臂应变的计算。

图 3.29(b)为并联半桥接线法。

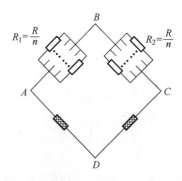

图 3.29 并联接线法

先推导并联电阻的变化与等效电阻变化的关系,以及单个电阻应变片的应变变化与等效电阻的等效应变变化的关系。

设 n 个电阻 R_1、R_2、$\cdots$、R_n 并联,其等效电阻为 R,记 R 的倒数为 $f(R)$,则

$$f(R) = \frac{1}{R} = \frac{1}{R_1} + \frac{1}{R_2} + \cdots + \frac{1}{R_n}$$

取全微分,有

$$df(R) = -\frac{1}{R^2}dR = -\frac{1}{R_1^2}dR_1 - \frac{1}{R_2^2}dR_2 - \cdots - \frac{1}{R_n^2}dR_n$$

如果 R_1、R_2、$\cdots$、R_n 都等于 R_0,则等效电阻 $R = R_0/n$,有

$$df(R) = -\frac{1}{(R_0/n)^2}dR = -\frac{1}{R_0^2}dR_1 - \frac{1}{R_0^2}dR_2 - \cdots - \frac{1}{R_0^2}dR_n$$

即

$$n^2 dR = dR_1 + dR_2 + \cdots + dR_n$$

也可写为

$$dR = \frac{1}{n^2}(dR_1 + dR_2 + \cdots + dR_n)$$

由此得

$$\frac{dR}{R_0} = \frac{1}{n}\left(\frac{dR_1}{R_0} + \frac{dR_2}{R_0} + \cdots + \frac{dR_n}{R_0}\right)$$

所以

$$\varepsilon_1 = \frac{1}{K}\frac{\Delta R}{R} = \frac{1}{n}(\varepsilon_1' + \varepsilon_2' + \cdots + \varepsilon_n') \tag{3.34}$$

可见,阻值相同的应变片并联时,总等效电阻的等效应变为各单个应变片应变变化的平均值。

所以,并联接线也不能提高读数应变,不能提高测量灵敏度。但是在通过应变片的电流不超过最大工作电流的条件下,电桥的输出电流可以提高 n 倍,有利于电流检测。不过,由于桥臂电阻的减小,恒压供桥时,电桥的驱动电流必须增大,从而对测量电桥的供桥电路提出了更高的要求。

使用并联接线法,通常为了得到多个桥臂应变的平均应变。典型的应用即是汽车衡。汽车衡通常使用四个相同的传感器分别支撑到称重平台的四角,而四个传感器使用并联方式组桥,以取得四个传感器的平均力值。

图 3.30 为小型汽车衡的实物图,其中每个角均支撑有一个如图 3.31(a)所示的载荷传感器(即测力传感器)。对于大型的汽车衡,常使用更多个如图 3.31(b)所示的测力传感器并联。如图 3.32 所示的汽车衡即使用八个测力传感器并联,以减小台体称重时的最大弯矩。传感器接线原理图如图 3.33 所示(图中仅画出四个传感器电桥),不难发现,实际等效电路为四个桥臂均为多个应变片并联的情况(类似于图 3.29 中 AB 桥臂或 BC 桥臂)。

图 3.30 小型汽车衡

图 3.31 汽车衡用的测力传感器

图 3.32 重型汽车衡及称重实例

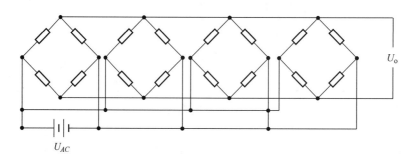

图 3.33 汽车衡各传感器的并联连接

通过对以上各种接桥方式的分析可见,采用不同的接桥方式,所得的读数应变是不同的,即电桥的测量灵敏度是不同的。因此,测量电桥实际应用时,应根据具体情况灵活应用。

注意:由于灵敏度补偿导致传感器的桥臂电阻等效值并不相同,汽车衡的多个传感器必须使用相同型号且灵敏度接近的称重传感器,否则将影响测量精度。

3.7 电阻应变仪与应变测试系统

电阻应变仪是根据应变检测要求而设计的一种专用仪器,它的作用是将电阻应变片组成测量电桥,并对电桥输出电压进行放大、转换,最终以应变量值显示或根据后续处理需要传输信号。

根据被测构件的应变变化特点,电阻应变仪分为静态电阻应变仪和动态电阻应变仪。静态电阻应变仪测量静态或缓慢变化的应变信号,动态电阻应变仪测量连续快速变化的应变信号。

3.7.1 静态电阻应变仪

随着微电子技术和计算机技术的迅猛发展,应变测量仪器也向着数字化和计算机化方向发展。目前,静态电阻应变仪已全部发展为静态数字电阻应变仪,在静态数字电阻应变仪中又分为有输出接口和无输出接口两类电阻应变仪。无输出接口的静态数字电阻应变仪,只能将测量的静态应变用数字显示出来,有输出接口静态数字电阻应变仪,不但可以将测量的静态应变用数字显示出来,还可以与计算机通信,记录保存或打印测量结果。

通常,静态数字电阻应变仪具有多个测量通道(20个通道以内)。对于更多测量通道,一般都采用应变测试系统,由计算机管理、操作、控制并进行实时数据采集,传送、存储或事后处理、打印结果等。

(1) 无输出接口静态数字电阻应变仪。

无输出接口静态数字电阻应变仪的工作原理框图如图3.34所示,它由测量电桥、测量通道手动切换开关、放大器、A/D转换器、数字显示等组成。应变片根据测量要求组成测量电桥,通过手动切换旋钮或按钮,将测量电桥信号传输给放大器,信号放大后经A/D转换器,用数字显示测量结果。

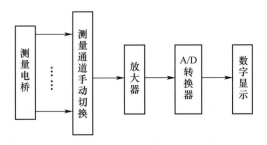

图3.34 无输出接口静态数字电阻应变仪

(2) 有输出接口静态数字电阻应变仪。

有输出接口的静态数字电阻应变仪的工作原理框图如图3.35所示,它由测量电桥、测量通道切换网络、模拟放大电路、A/D转换电路、光电隔离电路、单片计算机、键盘输入、数字显示、测量数据保有电路和直流电源等组成。通过单片计算机完成了应变数据采集、处理、显示、通信等各种功能。

由于应变变化量非常小,因此,静态电阻应变仪中测量电桥的供桥电源和高精度模拟放大器和高分辨率A/D转换器的电源均采用高精度、低噪声的直流电源。静态电阻应变仪的工作频率不高,需自动扫描时,通常每秒扫描5~10个通道即可,但如果系统采样速

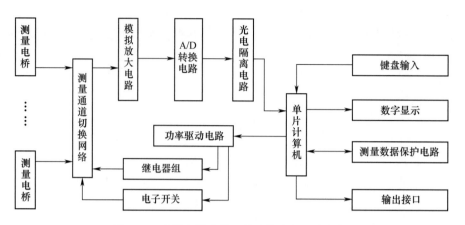

图 3.35 有数字输出接口静态数字电阻应变仪

度足够高,则采用多次采样可以减小随机误差。通常 Σ-Δ 型 A/D 转换器不适合高速切换。

传统的静态数字电阻应变仪使用 LED 七段显示器显示测试数据。随着技术的发展,对于具有通道扫描功能的静态数字电阻应变仪已经普遍采用液晶显示器作为显示器件,有些还带有触摸屏,以方便操作。

图 3.36 为当前比较先进的静态数字电阻应变仪结构框图。

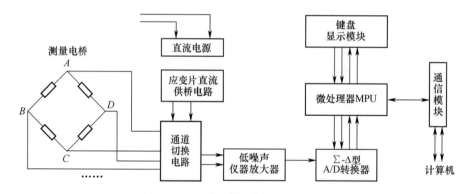

图 3.36 先进的静态数字电阻应变仪

3.7.2 测量通道的切换

通常,静态电阻应变仪提供多个测量通道(10 通道以上),即在一台应变仪上同时组多个测量电桥,因此,应变仪必须具备测量通道的切换功能。实现测量通道切换有桥臂切换法和中点切换法两种。

1. 桥臂切换法

桥臂切换法原理如图 3.37 所示,它是利用切换测量电桥的 A、C、D 三个接点来实现的。

当采用单臂半桥接线时,在 A_1B、A_2B、$\cdots$、A_nB 上接工作应变片,而在 C_1B、C_2B、$\cdots$、C_nB 上接相应的补偿应变片,AD、CD 使用仪器内部电阻,如图 3.37(a)所示。测量时,同时切换 A、C、D 三接点,可使任一测量通道与 A、B、C、D 相通(C 点各通道在仪器接线柱上相接),从而测出相应通道的应变值。这种切换方法的优点是:几个工作片可共用一个补偿片。

采用双臂半桥接线时,在 A_1B、A_2B、$\cdots$、A_nB 上接工作应变片,在 C_1B、C_2B、$\cdots$、C_nB 上也接工作应变片,如图 3.37(b)所示,切换方法与单臂半桥接线时相同。采用全桥接线时,各桥臂均接应变片,如图 3.37(c)所示,全桥接线时不能共用补偿片。

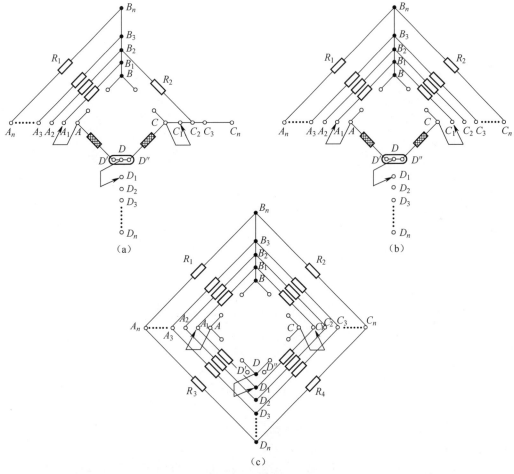

图 3.37 桥臂切换法

桥臂切换法,在半桥接线时,其切换点接触电阻变化是串在桥臂中的,如果同一点每次切换接触电阻不相同,就会造成测量误差。为此,要求切换时接触电阻变化小于

$0.5\mathrm{m}\Omega$。全桥接线时,切换点接触电阻变化在电桥至放大器的输入电路中,接触电阻变化的影响可忽略不计,不会造成测量误差。

注意:传统的静态电阻应变仪使用桥臂切换法,其内部电路在 B 点相连。这种切换方式要求切换点的中间电阻足够小(小于 $0.5\mathrm{m}\Omega$,理想情况下应小于 $0.2\mathrm{m}\Omega$),所以通常使用有镀银触点的微型继电器或机械开关,不适用于电子开关。

2. 中点切换法

中点切换法的原理图如图 3.38 所示,它只切换测量电桥的 B、D 两点,而 A、C 是分别连接起来的。当采用半桥接线法时,在 A_1B、A_2B、$\cdots$、A_nB 上接工作应变片,在 C_1B、C_2B、$\cdots$、C_nB 上接工作应变片或补偿片,AD、CD 使用仪器内部电阻,如图 3.38(a)。测量时,同时切换 B、D 两点,可测出相应通道的应变值。采用全桥接线时,各桥臂均接应变片,如图 3.38(b)。

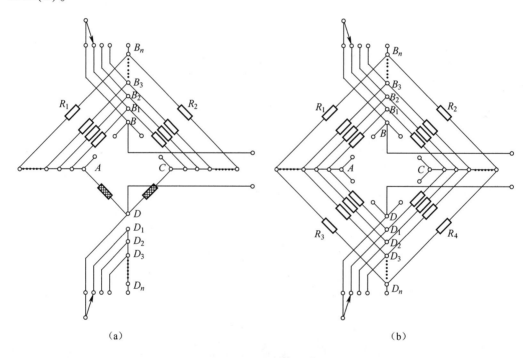

图 3.38 中点切换法

中点切换法测试时,接触电阻不串入桥臂,因此,测量精度高于桥臂切换法。传统的静态电阻应变仪进行半桥或全桥测量时,其实也属于中点切换法。

中点切换法一般不用于公共补偿。采用特殊电路,也可使用共用补偿片。中点切换法使用共用补偿片时,通常采用立式电桥(参见 3.7.3 节)。

注意:全电子开关的静态电阻应变仪常使用中点切换法。B 点和 D 点连接到模拟电子开关的输入端,后接高输入阻抗的仪器变压器,以降低对开关中间电阻的阻值和稳定性要求。由于 A、C 两接点同时连接多个测量电桥,测量通道数不同时,测量电桥的供桥电压会有差异,即在各测量通道上应变片阻值不变的情况下,接 n 个测量电桥时的输出值与接 $(n-1)$ 个测量电桥时的输出值是不同的。这就意味着在若干个测量电桥平衡情况下开始试验,在试验过程中,其中某个测量电桥上应变片的损坏会使得其他测量电桥的测得的应变数据都有误差。由于所有测量通道同时供桥,且长时间供电,这种应变仪不适合电池供电。

如果将供桥端使用低阻值(阻值小于 $10m\Omega$,但阻值变化不应大于 $0.5m\Omega$)的电子开关切换(即 A 端在仪器内部不相连),就成为适合电池供电的全电子开关静态电阻应变仪,这时仍可使用桥臂切换法。供桥端仅在测量过程中供电,某测量电桥的损坏将不会影响其他测量通道,但通道扫描时的测量速度有所下降。

3.7.3 公共补偿接线法

如果几个工作应变片位置相互靠近,处于相同的温度环境中,那么这几个工作应变片就可以共用一个温度补偿应变片,称为公共补偿接线法。公共补偿接线法只用于单臂半桥测量,可大大减少应变片贴片和连线的工作量,降低测试成本。

根据应变仪的不同,公共补偿接线法的接线方式略有差异。

1. 传统的静态电阻应变仪

使用传统的静态电阻应变仪,采用桥臂切换法,公共接线时如图 3.39 所示,共用的补偿片称为公共补偿片。接线时将 n 个工作应变片的一端引线预先连接在一起引出,该引出线称为公共线。将公共线接至应变仪的任一个测量通道的 B 接线柱上(所有 B 接线柱 B_1、B_2、$\cdots$、B_n 在仪器内部是联通的);工作应变片的另一端引出线分别接至应变仪的 A_1、

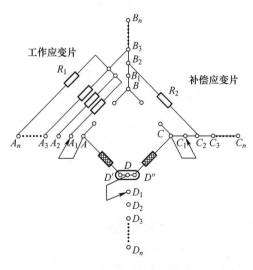

图 3.39 公共补偿接线法

A_2、…、A_n 接线柱上,而公共补偿片的引出线则分别接至应变仪的任一测量通道的 B 接线柱和 C 接线柱上,或者根据应变仪的提示,接至公共补偿片的专用接线柱上;C_1、C_2、…、C_n 接线柱短接,或根据应变仪使用说明操作。

2. 持续供电型全电子开关静态电阻应变仪

持续供电型全电子开关静态电阻应变仪均采用中点切换法进行桥路切换。为实现共用补偿片测量,须采用图 3.40 所示的接线方式。注意:公共补偿片的一端常常与测量片的一端在应变片布线附近直接相连(即公共线)。使用持续供电型全电子开关静态电阻应变仪时,该公共线应使用较粗的导线,并且必须连接到供桥端 A。为方便接线,避免在仪器外部将 D_1、D_2、…、D_n 连接起来,补偿片常接在某特定位置 D,在仪器通道扫描测试时并不切换。

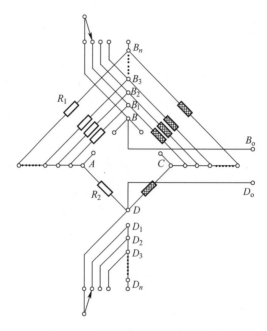

图 3.40 持续供桥公共补偿接线法

某些应变仪因电路设计的原因对图 3.40 所示的接线方式略做修改,但原理同上。以 TS3862 全电子静态电阻应变仪为例,其实际电路如图 3.41(a)所示,图 3.41(b)为公共补偿时的接线图。该应变仪无论为半桥单片工作方式(通常为公共补偿)、半桥工作方式,还是全桥工作方式,均采用中点切换法。但半桥工作方式时为卧式电桥,使用 AB 和 BC 桥臂(连接 A、B_2 和 C 接线柱),而公共补偿时使用立式电桥(工作片连接 A、B_1 接线柱,B_1 接线柱与 C 接线柱之间由标准电阻在仪器内部相连;补偿片连接第 16 通道的 A、B_2 接线柱)。由于标准电阻阻值通常为 120Ω,所示如果使用阻值为 120Ω 的应变片,立式电桥与卧式电桥并无区别。实际测试时,一路应变片断线将引起其他测量通道 $7\mu\varepsilon$ 以上的读数变化。

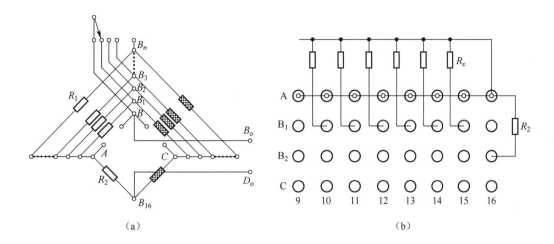

图 3.41 TS3862 应变仪公共补偿原理与接线

3. 供桥切换型全电子开关静态电阻应变仪

只要模拟电子开关的导通电阻足够小,就可做成供桥切换型全电子开关静态电阻应变仪。除绿色节能外,还有诸多优点:

(1) 应变片断线不影响其他通道的测量;

(2) 可以按传统静态应变仪的模式连接公共补偿片;

(3) 兼具传统应变仪的优点,也有全电子应变仪的高速扫描功能(扫描速度低于连续供电型)。

这种应变仪的制造成本较高。

供桥切换型全电子开关静态电阻应变仪适用于电池供电的工程测量,因为工程测量时不会因为某通道的损坏而放弃测量,而工程测量时对损坏的通道修复往往需要更多的时间,因而常常放弃对某一通道的修复。

4. 共用应变片补偿实例

图 3.42 是用应变片测量梁弯曲时沿横截面高度应变分布规律的布片和公共线接线图,使用的应变仪为传统的静态电阻应变仪。公共线已在等强度梁上连接在一起,并用特殊色线引出。

在测量过程中,工作片是逐个交替通过电流的,而公共补偿片是连续通过电流的,时间长了,公共补偿片的温度要升高,会大于工作片的温度,也会引起虚假应变,造成测量误差。为此,应当根据测量速度决定公共补偿片所能补偿的工作应变片的数目。通常一个公共补偿片可以补偿 6~10 个工作应变片,若采用自动切换测量通道的应变仪时,可根据切换速度增加公共补偿片所补偿的工作应变片的数目。

使用全电子开关静态电阻应变仪时,所有应变片均同时通电(连续供电型),或者仅扫描时短时通电(供桥切换型),所以不受补偿通道数限制。

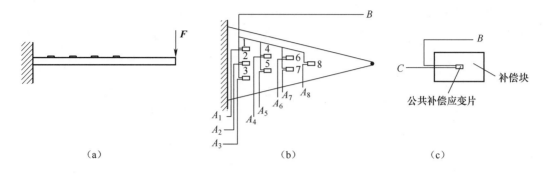

图 3.42 公共接线法应用实例

如果使用持续供电型全电子开关静态电阻应变仪(如 TS3862 型),则图 3.42 中的 B 线应接应变仪上的 A 接线柱,而 A_x 线则接各通道的 B_1 接线柱,补偿片接第 16 通道的 A 和 B_2 接线柱。参看图 3.41(b)。

图 3.43 所示纯弯曲梁公共接线图是另一个使用公共补偿片的例子,图中各引线的含意和连线方式与图 3.42 相同。使用持续供电型全电子开关静态电阻应变仪时应注意调整连线方式。

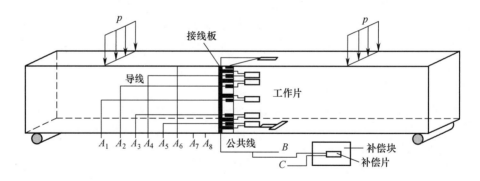

图 3.43 纯弯曲梁公共接线图

用全桥接线法测量时,有可能的话,可以先组成测量电桥,然后在 A、B、C、D 四接点处引出连接线接至应变仪的相应接线柱上。各种应变式传感器均采用这种方法引出电桥连线。

使用传统的静态电阻应变仪时,如果有数个全桥测量电桥,则可事先将全桥的 B 点连接在一起,引出一根连线,接至应变仪的任一个测量通道的 B 接线柱上,这样可减少引线的数目(实际流过该公共线的电流极小,所以该公共线只需使用普通导线。为了便于识别,通常使用特殊颜色的线)。如果使用持续供电型全电子开关静态电阻应变仪,则应将 A 点和 C 点相连后引出。由于公共线通过的电流较大,必须使用较粗的

100

线来连接,否则容易引入相邻通道的串扰。因此,对于高精度测量,不建议使用这种方法简化接线。

3.7.4 动态电阻应变仪

对于连续快速变化的应变信号,必须使用动态电阻应变仪进行测量。

使用直流供桥的动态电阻应变仪,通常由以下关键部件组成:电源模块、供桥模块、直流放大电路、调零电路、校准电路(或称标定电路)、滤波电路、输出驱动电路等。

动态电阻应变仪对放大器的要求是:频率响应特性好,噪声电压小、零漂、温度漂移小、长期稳定性好。一般的动态应变仪不适宜高频信号测试。

动态电阻应变仪的信号输出有电压输出、电流输出和数据采集系统等多种形式。近年来,由于计算机技术的发展,动态电阻应变仪一般都具有数据采集功能,因为不具备数据采集功能,在使用动态电阻应变仪时,还需配置示波器或记录仪等监视、记录仪器。

随着计算机测试技术的发展,将数据采集功能集成在动态应变仪中,已成为动态电阻应变仪发展的必然趋势。相应地,仪器需增加以下功能模块:信号调理电路(增益调整、低通滤波)、多路开关(使用多通道并行 A/D 转换的高速动态电阻应变仪不含该模块)、一个或多个高速 A/D 转换器、高速微处理器(MPU)或数字信号处理器(DSP)、高速数据传输模块、海量存储器(可选)等。图 3.44 为带多路开关的具有数据采集功能的动态电阻应变仪框图。

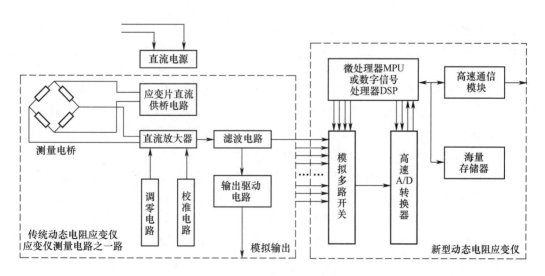

图 3.44 动态电阻应变仪组成

供桥电路是每个应变仪都必须具有的。不同的应变仪,可能使用不同的供桥电压。通常在 2~3V 之间,但也可以大于 3V。传统的动态电阻应变仪的供桥电压通常不可方便地选择,但好的应变仪应具有方便地选择供桥电压的功能,这类应变仪常带有程控桥压功能的恒压供桥电路。图 3.45 为带程控电压供桥功能的恒压供桥电路框图。

直流放大器通常是低漂移、低噪声仪器放大器。调零电路以电位器调零为多见,少数使用电子调零(使用 D/A 转换器或数字电位器技术)。滤波电路应该允许旁路,以适应高频测试。少数高性能的动态电阻应变仪采用开关电容滤波器,因而滤波器的截止频率可以直接通过软件设定(即可程控)。输出驱动电路应具有短路保护功能。

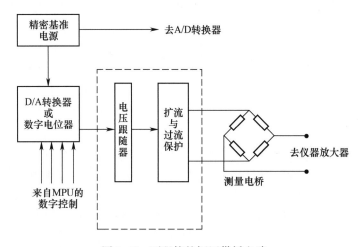

图 3.45　可程控的恒压供桥电路

由于计算机技术的高速发展,现在的数据采集系统,基本上有两大类:基于工业控制计算机的数据采集系统或基于 ARM 处理器的数据采集系统。不管何种系统组成,都会具有高速联网能力。使用高速以太网的系统,其软件的扩展性和通用性会更好些,但支持 USB3.0 以上的系统更适合大数据量的采集与存储。大多数应用场合要求采样速率高于 50kSPS,甚至高达 200kSPS 以上。对于各通道同步要求较高的应用场合,可能会采用各通道独立的 A/D 转换器进行同步转换的方案,但这种数据采集系统通常价格昂贵。目前的数据采集系统普遍采用 16 位或 18 位分辨率的 A/D 转换器。也有一些系统采用高速的 24 位 Σ-Δ 型 A/D 转换器,以兼顾动态测试和静态测试,因为 Σ-Δ 型 A/D 转换器现已能达到 50kSPS 以上的采样速率(这时的有效分辨率大约相当于 14~16 位),而低速率采样时又可达到 22 位以上的有效分辨率,但这种系统通常仅用于单通道,且以静态测试为主。

动态电阻应变仪一般具有 4~8 个测量通道,更多测量通道一般采用动态应变测试系统。

3.7.5　电阻应变测试系统

具有许多测试通道、带 A/D 转换功能、带通道扫描功能、带数据传输或存储功能、具有一定的数据处理能力及软件支持的应变仪,可称为电阻应变测试系统。

按测试对象分,电阻应变测试系统也可分为静态和动态两大类。通常使用直流供桥方式给应变片供桥。

对于静态电阻应变测试系统,与静态应变仪相似,必须具有高稳定的供桥电源、高精度低噪声的放大器、高分辨率的 A/D 转换器(不低于 16 位有效分辨率)、可程序控制的通道自动切换电路、独立的通道调零电路(或数码调零)、公共片补偿功能等。有些电阻应变测试系统不带显示功能,使用时必须连接计算机。静态电阻测试系统的通道数通常不少于 30 点/台,而且大多能扩充到 100 点/台以上。图 3.46 为某静态电阻应变测试系统的外形图。

选择静态电阻应变测试系统时必须注意以下几个方面。

(1) 通道数。

通道数应能满足测试目标要求,并具有一定的扩展或组合能力。系统价格通常与通道数直接相关。

(2) 通道切换方式。

通道切换方式以继电器切换为多见,但继电器切换的系统,巡检速度通常不高。由于接触电阻的变化,使用继电器切换的系统,测量重复性也不容易做得很高,所以电子切换的系统也逐渐被开发出来,以适应高速应变巡检的需要。

图 3.46 具有数据处理能力的静态电阻应变测试系统

(3) 重复性。

对于一般精度要求的应变测试,要求重复性不低于 $2\mu\varepsilon$。对于高精度应变测试,重复性应不低于 $0.5\mu\varepsilon$。

(4) 巡检能力。

大多数静态电阻应变测试系统具有巡检能力。系统在程序控制下可以快速切换并检测每一通道,并将结束传送到控制单元。巡检时,测试的重复性通常低于静态测试。巡检速度为 10~100 点/s 不等。大多数静态电阻应变测试系统巡检时不能使用公共应变片补偿。

(5)数据通信和数据存储能力。

大多数应变测试系统具有数据通信能力,但当连接控制计算机不方便时,往往希望将数据存储在仪器本地,以便后续读取后再处理。

(6)数据处理软件。

对于大多数测试应用,希望能使用通用的处理软件做一些基本的数据处理。数据处理软件的功能和使用方便性可大大影响软件的应用能力,建议在选用前实际体验一下软件的功能。

由于应变测试系统常常应用于大型测试场合,测试线缆往往很长,因而使用方便的分布式无线静态应变测试系统在许多场合更受用户青睐。它们不仅使用时连接简单方便,也往往更节能更轻便。缩短的连线通常可以减小测试噪声,隔离的电源也排除了测试时不同信号间的相互干扰。图3.47为无线静态测试系统实物。

图 3.47 无线静态测试系统实物

动态电阻应变测试系统则与动态应变仪相似。必须具有高稳定的供桥电源(通常各通道独立供桥)、各通道独立的低噪声放大器、有些系统配有可手工切换或程控切换截止频率的低通滤波器、独立的通道调零硬件、通道模拟信号输出电路、高速A/D转换器(大多使用分时切换方式进行通道扫描,少数高速系统也可能使用各通道独立的A/D转换器,采样速率不低于每通道5kSPS)等。多数动态电阻应变测试系统使用高速数据通道将数据传送给计算机处理,有以太网、USB或1394通信端口等多种通信方式,通道数一般在每台8路以上。通常不配备监视显示部件,因此,必须连接计算机才可工作。图3.48为某动态电阻应变测试系统的外形图。

随着Wi-Fi 6技术的普及及5G网络的大面积布局,无线应变测试系统不仅适用于静态电阻应变测量,也逐渐应用到动态应变测量系统,从而大大简化网络系统。

对于关注数据数理和数据共享的工业应用场合,宜选用1000M高速以太网接口的动态电阻应变测试系统。对于关注便携式应用的场合,宜选用USB3.0以上接口的测试系统。1394接口的测试系统通常具有较高的数据吞吐率,但由于其接口设备少,已较少采用。

图 3.48 动态应变测试系统

与电阻应变仪相比,电阻应变测试系统除测量硬件功能更强外,通常还应包含功能强大、使用方便的测试软件。软件功能不仅应包括对仪器数据采集的控制功能,还应包含基本的数据处理功能。对于静态电阻应变测试系统,应包含量值转换、分类、存储、误差分析、统计、图表输出等功能;对于动态电阻应变测试系统,则还应包含数值滤波、平移、时域统计分析、频谱分析等功能。

3.8 应变-应力换算关系

用电阻应变片测出的是构件上某一点处沿某一方向的线应变,必须经过应变-应力换算才能得到主应力。由于使用电阻应变片测量应变时,总是测量构件表面(自由表面)的应变,被测点处于二向应力状态或单向应力状态,因此,此处仅讨论二向应力状态或单向应力状态下的应变-应力换算关系。

3.8.1 单向应力状态

构件在外力作用下,若被测点为单向应力状态,则主应力方向已知,只有主应力 σ 是未知量,可沿主应力 σ 的方向粘贴一个应变片,测得主应变 ε 后,由胡克定律

$$\sigma = E\varepsilon \tag{3.35}$$

即可求得主应力 σ,其中 E 为被测构件材料的弹性模量。

3.8.2 广义胡克定律

对于复杂应力状态,广义胡克定律是应变-应力换算的基本理论依据。对于空间应力状态(即三向应力状态)如图 3.49 所示,广义胡克定律为

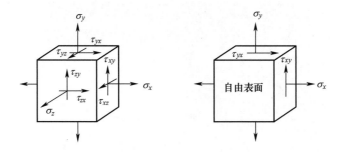

图 3.49 三向应力状态与自由表面的二向应力状态

$$\begin{cases} \varepsilon_x = \dfrac{\sigma_x - \mu(\sigma_y + \sigma_z)}{E} \\ \varepsilon_y = \dfrac{\sigma_y - \mu(\sigma_z + \sigma_x)}{E} \\ \varepsilon_z = \dfrac{\sigma_z - \mu(\sigma_x + \sigma_y)}{E} \\ \gamma_{xy} = \dfrac{\tau_{xy}}{G}, \gamma_{yz} = \dfrac{\tau_{yz}}{G}, \gamma_{xz} = \dfrac{\tau_{xz}}{G} \end{cases} \quad (3.36)$$

式中 E——材料的弹性模量；

G——切变模量；

μ——泊松比。

当 $\sigma_z = 0, \tau_{yz} = 0$ 且 $\tau_{xz} = 0$ 时,就成为二向应力状态(即平面应力状态)。应变电测时的应变片粘贴位置都处于该种应力状态。当 x、y 为主应力方向时,式(3.36)可简化为

$$\begin{cases} \varepsilon_1 = \dfrac{\sigma_1 - \mu\sigma_2}{E} \\ \varepsilon_2 = \dfrac{\sigma_2 - \mu\sigma_1}{E} \end{cases} \quad (3.37)$$

式(3.37)中假定 $\sigma_3 = 0$,如图 3.50 所示,其中图 3.50(a)为 3D 图,习惯上画成 2D 图,如图 3.50(b)所示。读者不难推导出当其他主应力为 0 时的主应变计算公式。

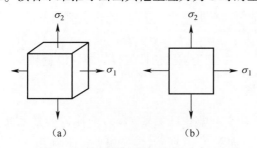

图 3.50 已知主方向的二向应力状态

在各向同性材料的前提下(下同),主应力方向与主应变方向相同,称为主方向。应变电测时,只能测出线应变,不能直接测出应力。若能确定主应变,即可用下式求出主应力

$$\begin{cases} \sigma_1 = \dfrac{E}{1-\mu^2}(\varepsilon_1 + \mu\varepsilon_2) \\ \sigma_2 = \dfrac{E}{1-\mu^2}(\varepsilon_2 + \mu\varepsilon_1) \end{cases} \tag{3.38}$$

3.8.3 已知主应力方向的二向应力状态

如图 3.51 所示,受内压力作用的薄壁容器,其表面各点为已知主应力方向的二向应力状态,有主应力 σ_1、σ_2 两个未知量,可沿主应力方向,粘贴互相垂直的两个应变片,组成二轴 90°应变花,测得主应变 ε_1 和 ε_2,由式(3.38)即可求得主应力 σ_1、σ_2。

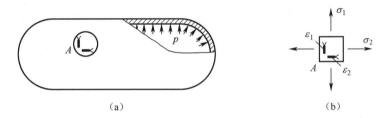

图 3.51 承受内压的容器

3.8.4 未知主应力方向的二向应力状态

对于形状和受力情况比较复杂的构件,除了被测点两个主应力值未知外,主应力方向也是未知的,即存在 σ_1、σ_2 和 α_0 三个未知量。此时,可以在该点沿着三个不同方向粘贴三个应变片,根据测得的应变值换算成主应力值,换算原理如下。

在构件上,有一未知主应力大小和方向的测点,在该测点处任意选定直角坐标 xOy,并在与 x 轴成 α_1、α_2 和 α_3 夹角方向上各粘贴一片应变片,如图 3.52 所示,由三个应变片分别测得这三个方向上的应变 $\varepsilon_{\alpha1}$、$\varepsilon_{\alpha2}$ 和 $\varepsilon_{\alpha3}$。由二向应力状态的应变分析可知,若已知该测定点 O 处沿坐标轴方向的线应变 ε_x、ε_y 和剪应变 γ_{xy},则该点处任意方向的线应变 ε_α 的计算公式为

$$\varepsilon_\alpha = \frac{\varepsilon_x + \varepsilon_y}{2} + \frac{\varepsilon_x - \varepsilon_y}{2}\cos2\alpha - \frac{\gamma_{xy}}{2}\sin2\alpha \tag{3.39}$$

式中:ε_x、ε_y 和 ε_α 以伸长为正,γ_{xy} 以直角增大为正。

因此,该测点处三个方向上的应变片测得的应变 $\varepsilon_{\alpha1}$、$\varepsilon_{\alpha2}$ 和 $\varepsilon_{\alpha3}$ 与 ε_x、ε_y 和 γ_{xy} 有如下关系

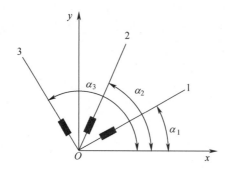

图 3.52　未知主应力方向的二向应力状态

$$\begin{cases} \varepsilon_{\alpha 1} = \dfrac{\varepsilon_x + \varepsilon_y}{2} + \dfrac{\varepsilon_x - \varepsilon_y}{2}\cos2\alpha_1 - \dfrac{\gamma_{xy}}{2}\sin2\alpha_1 \\ \varepsilon_{\alpha 2} = \dfrac{\varepsilon_x + \varepsilon_y}{2} + \dfrac{\varepsilon_x - \varepsilon_y}{2}\cos2\alpha_2 - \dfrac{\gamma_{xy}}{2}\sin2\alpha_2 \\ \varepsilon_{\alpha 3} = \dfrac{\varepsilon_x + \varepsilon_y}{2} + \dfrac{\varepsilon_x - \varepsilon_y}{2}\cos2\alpha_3 - \dfrac{\gamma_{xy}}{2}\sin2\alpha_3 \end{cases} \quad (3.40)$$

由此可解出 ε_x、ε_y 和 γ_{xy}。

由材料力学知,已知 ε_x、ε_y 和 γ_{xy},则该测点处的主应变 ε_1、ε_2 和主应变方向与 x 轴的夹角 α_0 就可由下式计算得到。

$$\begin{cases} \begin{Bmatrix} \varepsilon_1 \\ \varepsilon_2 \end{Bmatrix} = \dfrac{\varepsilon_x + \varepsilon_y}{2} \pm \dfrac{1}{2}\sqrt{(\varepsilon_x - \varepsilon_y)^2 + \gamma_{xy}^{\,2}} \\ \mathrm{tg}2\alpha_0 = \dfrac{\gamma_{xy}}{\varepsilon_x - \varepsilon_y} \end{cases} \quad (3.41)$$

由广义胡克定律(式(3.38)),即可求得主应力 σ_1、σ_2。主应变方向 α_0(或 $\alpha_0+90°$)即为主应力方向。

三个应变片之间的夹角可以任意设定,但是为了计算方便,一般会选取某些特定角度,如 0°、45°、60°、90°。电阻应变片中的应变花就是根据此测试要求设计生产的。

对于不同形式的应变花均可由测量结果 $\varepsilon_{\alpha i}$($i=1,2,3$),根据式(3.40)、式(3.41)和式(3.38)导出被测点的主应力和主应力方向的计算公式。

3.8.5　不同形式应变花的主应变和主应力计算

常用应变花具体实用的计算公式已列于表 3.2 中。下面仅推导应用最广的三轴 45°应变花的应变-应力换算关系,其他形式应变花的推导结果读者可以自行验证。

三轴 45°应变花如图 3.9(b)所示。其中 $\alpha_1=0°$,$\alpha_2=45°$,$\alpha_3=90°$,若测出的应变相应为 ε_0、ε_{45}、ε_{90},将它们代入式(3.40),可解得

$$\begin{cases} \varepsilon_x = \varepsilon_0 \\ \varepsilon_y = \varepsilon_{90} \\ \gamma_{xy} = \varepsilon_0 + \varepsilon_{90} - 2\varepsilon_{45} \end{cases} \qquad (3.42)$$

根据式(3.41),得到主应变片算公式

$$\left.\begin{matrix}\varepsilon_1\\\varepsilon_2\end{matrix}\right\} = \frac{\varepsilon_0 + \varepsilon_{90}}{2} \pm \frac{1}{2}\sqrt{(\varepsilon_0 - \varepsilon_{90})^2 + (\varepsilon_0 + \varepsilon_{90} - 2\varepsilon_{45})^2} \qquad (3.43)$$

再将式(3.43)代入式(3.38),即可得到主应力计算公式

$$\left.\begin{matrix}\sigma_1\\\sigma_2\end{matrix}\right\} = \frac{E}{2}\left[\frac{\varepsilon_0 + \varepsilon_{90}}{1-\mu} \pm \frac{1}{1+\mu}\sqrt{(\varepsilon_0 - \varepsilon_{90})^2 + (\varepsilon_0 + \varepsilon_{90} - 2\varepsilon_{45})^2}\right] \qquad (3.44)$$

因主应力方向与主应变方向一致,故可由式(3.41)得到主应力方向计算公式

$$\mathrm{tg}2\alpha_0 = \frac{2\varepsilon_{45} - \varepsilon_0 - \varepsilon_{90}}{\varepsilon_0 - \varepsilon_{90}} \qquad (3.45)$$

以上的 γ_{xy}、ε_1 与 ε_2、σ_1 与 σ_2、$\mathrm{tg}2\alpha_0$ 也可表示为表3.2中的形式。

表3.2 不同形式应变花的应变-应力换算关系

应变花	应变计算式	应力计算式
三轴45°	$\varepsilon_x = \varepsilon_0$,$\varepsilon_y = \varepsilon_{90}$ $\gamma_{xy} = (\varepsilon_0 - \varepsilon_{45}) - (\varepsilon_{45} - \varepsilon_{90})$ 主应变: $\left.\begin{matrix}\varepsilon_1\\\varepsilon_2\end{matrix}\right\} = \frac{\varepsilon_0 + \varepsilon_{90}}{2}$ $\pm \sqrt{\frac{(\varepsilon_0 - \varepsilon_{45})^2 + (\varepsilon_{45} - \varepsilon_{90})^2}{2}}$ 主应变方向: $\mathrm{tg}2\alpha_0 = \frac{(\varepsilon_{45} - \varepsilon_{90}) - (\varepsilon_0 - \varepsilon_{45})}{(\varepsilon_{45} - \varepsilon_{90}) + (\varepsilon_0 - \varepsilon_{45})}$	主应力: $\left.\begin{matrix}\sigma_1\\\sigma_2\end{matrix}\right\} = \frac{E}{1-\mu^2}\left[\frac{1+\mu}{2}(\varepsilon_0 + \varepsilon_{90})\right.$ $\left.\pm \frac{1-\mu}{\sqrt{2}}\sqrt{(\varepsilon_0 - \varepsilon_{45})^2 + (\varepsilon_{45} - \varepsilon_{90})^2}\right]$
三轴60°	$\varepsilon_x = \varepsilon_0$,$\varepsilon_y = \frac{1}{3}[2(\varepsilon_{60} + \varepsilon_{120}) - \varepsilon_0]$ $\gamma_{xy} = \frac{2}{\sqrt{3}}(\varepsilon_{120} - \varepsilon_{60})$ 主应变: $\left.\begin{matrix}\varepsilon_1\\\varepsilon_2\end{matrix}\right\} = \frac{\varepsilon_0 + \varepsilon_{60} + \varepsilon_{120}}{3}$ $\pm \frac{1}{3}\sqrt{2[(\varepsilon_0 - \varepsilon_{60})^2 + (\varepsilon_{60} - \varepsilon_{120})^2 + (\varepsilon_{120} - \varepsilon_0)^2]}$ 主应变方向: $\mathrm{tg}2\alpha_0 = \sqrt{3}\frac{(\varepsilon_0 - \varepsilon_{120}) - (\varepsilon_0 - \varepsilon_{60})}{(\varepsilon_0 - \varepsilon_{120}) + (\varepsilon_0 - \varepsilon_{60})}$	主应力: $\left.\begin{matrix}\sigma_1\\\sigma_2\end{matrix}\right\} = \frac{E}{1-\mu^2}\left\{\frac{1+\mu}{3}(\varepsilon_0 + \varepsilon_{60} + \varepsilon_{120})\right.$ $\pm$ $\left.\frac{1-\mu}{3}\sqrt{2[(\varepsilon_0 - \varepsilon_{60})^2 + (\varepsilon_{60} - \varepsilon_{120})^2 + (\varepsilon_{120} - \varepsilon_0)^2]}\right\}$

续表

应变花	应变计算式	应力计算式
四轴45°	$\varepsilon_x = \varepsilon_0$, $\varepsilon_y = \varepsilon_{90}$, $\gamma_{xy} = \varepsilon_{135} - \varepsilon_{45}$ 主应变： $\left.\begin{array}{l}\varepsilon_1\\\varepsilon_2\end{array}\right\} = \dfrac{\varepsilon_0 + \varepsilon_{90}}{2} \pm \dfrac{1}{2}\sqrt{(\varepsilon_0 - \varepsilon_{90})^2 + (\varepsilon_{45} - \varepsilon_{135})^2}$ 主应变方向：$\mathrm{tg}2\alpha_0 = \dfrac{\varepsilon_{45} - \varepsilon_{135}}{\varepsilon_0 - \varepsilon_{90}}$ 校核：$\varepsilon_0 + \varepsilon_{90} = \varepsilon_{45} + \varepsilon_{135}$	主应力： $\left.\begin{array}{l}\sigma_1\\\sigma_2\end{array}\right\} = \dfrac{E}{1-\mu^2}\left[\dfrac{1+\mu}{2}(\varepsilon_0 + \varepsilon_{90}) \pm \dfrac{1-\mu}{2}\sqrt{(\varepsilon_0 - \varepsilon_{90})^2 + (\varepsilon_{45} - \varepsilon_{135})^2}\right]$
四轴60°~90°	$\varepsilon_x = \varepsilon_0$, $\varepsilon_y = \varepsilon_{90}$, $\gamma_{xy} = \dfrac{2}{\sqrt{3}}(\varepsilon_{120} - \varepsilon_{60})$ 主应变： $\left.\begin{array}{l}\varepsilon_1\\\varepsilon_2\end{array}\right\} = \dfrac{\varepsilon_0 + \varepsilon_{90}}{2} \pm \dfrac{1}{2}\sqrt{(\varepsilon_0 - \varepsilon_{90})^2 + \dfrac{4}{3}(\varepsilon_{60} - \varepsilon_{120})^2}$ 主应变方向：$\mathrm{tg}2\alpha_0 = \dfrac{2(\varepsilon_{60} - \varepsilon_{120})}{\sqrt{3}(\varepsilon_0 - \varepsilon_{90})}$ 校核：$\varepsilon_0 + 3\varepsilon_{90} = 2(\varepsilon_{60} + \varepsilon_{120})$	主应力： $\left.\begin{array}{l}\sigma_1\\\sigma_2\end{array}\right\} = \dfrac{E}{1-\mu^2}\left[\dfrac{1+\mu}{2}(\varepsilon_0 + \varepsilon_{90}) \pm \dfrac{1-\mu}{2}\sqrt{(\varepsilon_0 - \varepsilon_{90})^2 + \dfrac{4}{3}(\varepsilon_{60} - \varepsilon_{120})^2}\right]$

3.8.6 常见应力状态分析

基于应变测量只能在平面内进行，所以本节涉及的应力状态有：单向应力状态，纯剪应力状态，σ-τ 应力状态。

1. 单向应力状态

像标准试件的单向拉压，理论上在标距内的任意一点沿载荷方向都是单向应力状态，应力方向就是加载载荷的方向；纯弯曲梁的纯弯曲段的任意一点的水平方向也是属于单向应力状态。

如图 3.53，由单向应力状态的应力圆可以分析得到：在主应力方向上只有正应力，此时沿着此方向粘贴应变片可以测出由此正应力引起的线应变 ε_x。而工程测试中，利用胡克定律就可以得到粘贴应变片处的应力大小 $\sigma_x = E\varepsilon_x$。如果实际测试中应变片粘贴的方向有误差，测量的应力的绝对值将会减小——如图 3.53(a) 为主应力方向的单元体，若将单元体旋转 45°，根据应力圆（图 3.53(b)），可以得到 45° 方向的单元体（图 3.53(c)），该单元体上既有正应力也有切应力，由应力圆可以得到：

$$\sigma_{\frac{\pi}{4}} = \sigma_{-\frac{\pi}{4}} = \frac{\sigma_x}{2}, \quad \tau_{\frac{\pi}{4}} = \frac{\sigma_x}{2} \tag{3.46}$$

由式(3.37)可以得到此时±45°方向的线应变大小为

$$\varepsilon_{-\frac{\pi}{4}} = \frac{1}{E}(\sigma_{-\frac{\pi}{4}} - \mu\sigma_{\frac{\pi}{4}}) = \frac{1-\mu}{2E}\sigma_x = \frac{1-\mu}{2}\varepsilon_x$$

$$\varepsilon_{\frac{\pi}{4}} = \frac{1}{E}(\sigma_{\frac{\pi}{4}} - \mu\sigma_{-\frac{\pi}{4}}) = \frac{1-\mu}{2E}\sigma_x = \frac{1-\mu}{2}\varepsilon_x$$

(3.47)

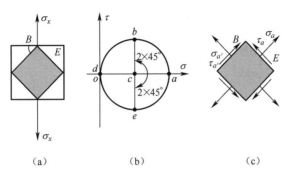

图 3.53 单向应力状态

由上所述,单向应力状态的特点为

(1) $\alpha = 0$, $\varepsilon_x = \dfrac{\sigma_x}{E}$, $\gamma_{xy} = 0$。

有线应变,无切应变,因此单向应力状态下,只需在应力方向粘贴一片应变片,即可测得该应力大小。

(2) $\alpha = \pm\dfrac{\pi}{4}$, $\varepsilon_{\pm\frac{\pi}{4}} = \dfrac{1-\mu}{2E}\sigma_x$, $\gamma_{\pm\frac{\pi}{4}} = \dfrac{\sigma_x}{2G}$。

线应变相等且为0°方向的 $\dfrac{1-\mu}{2}$ 倍,切应变相等,而应变片只能测线应变。因此,如果在单向应力状态下,应变片粘贴方向偏离应力方向将带来较大误差。

2. 纯剪应力状态

像常见的纯扭薄壁圆管表面上的任意一点都是纯剪状态,悬臂梁的中性层上属于纯剪状态,而应变片只能测线应变,如何才能测到由剪应力引起的线应变呢?

如图 3.54 所示,沿 x、y 方向 $\sigma_x = 0$, $\sigma_y = 0$, $\tau_{xy} = \tau$,所以如果在 x、y 方向上粘贴应变测到的应变分别为

$$\varepsilon_0 = \varepsilon_x = \frac{1}{E}[0 - \mu 0] = 0, \varepsilon_{\frac{\pi}{2}} = \varepsilon_y = \frac{1}{E}[0 - \mu 0] = 0$$

所以测量剪应力引起的应变时,不能在 x、y 方向上粘贴应变片,应该沿着主应力方向粘贴应变片来测量。

如图 3.55 为纯剪单元体旋转45°后的状态,根据应力圆可以得到,45°方向既有压应

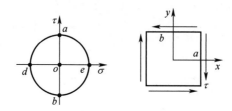

图 3.54 纯剪应力状态的应力圆及单元体

力也拉应力而且大小相等,即 $\sigma_{-\frac{\pi}{4}} = \tau$,$\sigma_{\frac{\pi}{4}} = -\tau$,如果沿着这两个正应力方向粘贴两个应变片的话,可以得到这两个方向的应变为

$$\begin{aligned}\varepsilon_{-\frac{\pi}{4}} &= \frac{1}{E}[\tau - \mu(-\tau)] = \frac{1+\mu}{E}\tau = \frac{\tau}{2G} = \frac{\gamma}{2} \\ \varepsilon_{\frac{\pi}{4}} &= \frac{1}{E}[(-\tau) - \mu\tau] = -\frac{1+\mu}{2E}\tau = -\frac{\gamma}{2}\end{aligned} \quad (3.48)$$

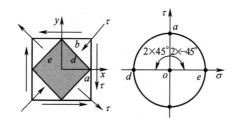

图 3.55 纯剪应力状态的应力圆及旋转 45 度单元体

可以得到 $\varepsilon_{-\frac{\pi}{4}} = -\varepsilon_{\frac{\pi}{4}}$,$\gamma_{\pm\frac{\pi}{4}} = 0$,

由上所述,纯剪切应力状态的特点为

(1) $\alpha = 0$。

无线应变,有切应变。

(2) $\alpha = \pm\frac{\pi}{4}$。

有线应变,大小相等,方向相反(拉应力方向为正,压应力方向为负),无切应变。

3. σ-τ 应力状态

在此状态下,可以由应力叠加原理,将复杂应力状态转换成上述两种应力状态,如图 3.56 所示,上侧为 x、y 方向上的单元体,下侧为旋转 45° 后的单元体。

可得 $\varepsilon_0 = \dfrac{\sigma}{E}$;

根据叠加定理可以得到:

$$\sigma_{45°} = \frac{\sigma}{2} - \tau \quad \sigma_{-45°} = \frac{\sigma}{2} + \tau$$

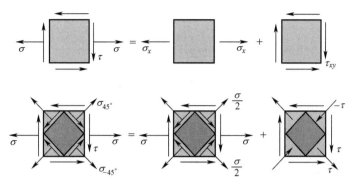

图 3.56 σ-τ 应力状态下的单元体

$$\varepsilon_{-45°} = \frac{1}{E}\left[\left(\frac{\sigma}{2}+\tau\right)-\mu\left(\frac{\sigma}{2}-\tau\right)\right] = \frac{1-\mu}{2E}\sigma + \frac{1+\mu}{E}\tau = \varepsilon_{\sigma_{-45°}} + \varepsilon_{\tau_{-45°}}$$

同理：$\varepsilon_{45°} = \varepsilon_{\sigma_{45°}} + \varepsilon_{\tau_{45°}} = \varepsilon_{\sigma_{45°}} - \varepsilon_{\tau_{-45°}}$

如上所述，应变为相应方向上单向拉伸应变和纯剪切应变的代数和——**应变叠加原理**。

利用应变叠加原理可以根据电桥的特性测多个内力作用时的内力分量问题，也可以利用这个原理设计多分力传感器，将在后面章节中详细介绍。

3.9 测量电桥的应用

应变片感受的是被测构件表面应变片粘贴处的拉(正)应变或压(负)应变，这些应变往往是由多种内力因素造成的。有时，需要测出某一内力分量引起的应变，而应变片是不能分辨这些应变成分的。在应变测量中，必须根据测量目的，选择构件上被测点，然后分析被测点的应力状态，确定需用应变片的数量和贴片方位，利用电桥特性组成测量电桥。

本节在 3.6.4 节测量电桥的连接和测量灵敏度的基础上，继续测量电桥应用的举例，从以下的举例中，可以更详细地了解到：合理地利用测量电桥可以消除测量中环境温度变化引起的误差，增加读数应变（ε_d），提高测量灵敏度，在复杂应力作用下，测出某一内力分量引起的应变。

3.9.1 拉压应变的测定

1. 拉压应变的测定

如图 3.57(a)所示，飞机操纵杆和摇臂，其上 A、B 点只受拉力作用，C 点只受压力作用。要知道 A、B、C 各点的应变，只要在三点处沿受力方向各粘贴一片应变片，并在与构件相同的材料上粘贴一片补偿应变片，采用应变片公共补偿法，组成三个单臂半桥形式的测量电桥，如图 3.57(b)所示，即可测得 A、B、C 各点的应变。

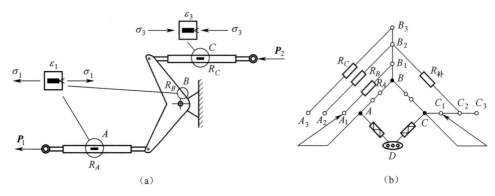

图 3.57 飞机操纵杆的应变测量

2. 材料弹性模量 E、泊松比 μ 的测定

弹性模量 E 和泊松比 μ 可以在试验机上做拉伸试验进行测定。一般采用拉伸板试样,由于板试样可能会有初曲率,另外试验机夹头也有可能存在偏心,使得试样除了产生拉伸变形外,还附加了弯曲变形,因此在测量中需消除弯曲变形的影响。

如图 3.58(a)所示,在试样两侧沿试样轴线方向粘贴工作应变片 R_1、R_4,在横向(垂直于试样轴线方向)粘贴工作应变片 R_2、R_3,另在补偿块上粘贴四片补偿应变片 R,并组成两个对臂全桥,分别为 R_1、R_4 和两补偿片 R 组成一个轴向应变测量桥,R_2、R_3 和两补偿片 R 组成一个横向应变测量桥,如图 3.58(b)所示。若以 ε_F、ε_M 代表轴向拉伸和弯曲变形所引起的轴向应变,环境温度变化引起的应变均为 ε_t,则轴向应变测量桥各桥臂应变为

$$\varepsilon_1 = \varepsilon_F - \varepsilon_M + \varepsilon_t$$
$$\varepsilon_2 = \varepsilon_3 = \varepsilon_t$$
$$\varepsilon_4 = \varepsilon_F + \varepsilon_M + \varepsilon_t$$

横向应变测量桥各桥臂应变为

$$\varepsilon_1 = -\mu(\varepsilon_F - \varepsilon_M) + \varepsilon_t$$
$$\varepsilon_2 = \varepsilon_3 = \varepsilon_t$$
$$\varepsilon_4 = -\mu(\varepsilon_F + \varepsilon_M)\varepsilon_t$$

轴向应变测量桥应变仪读数应变为

$$\varepsilon_{d1} = \varepsilon_1 - \varepsilon_2 - \varepsilon_3 + \varepsilon_4 = 2\varepsilon_F$$

因此,由轴向拉伸变形引起的应变为

$$\varepsilon_F = \frac{1}{2}\varepsilon_{d1}$$

读数应变中已消除了弯曲变形和温度变化的影响。

若试样截面积为 S_0,则得到材料弹性模量

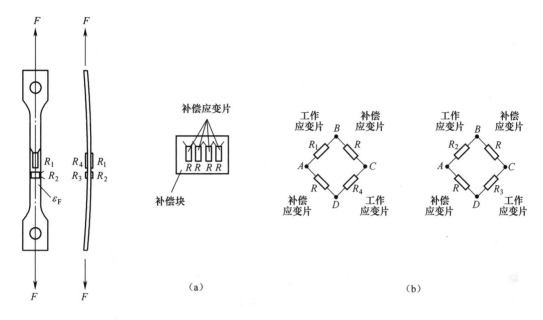

图 3.58 弹性模量 E 和泊松比 μ 的测定

$$E = \frac{\sigma}{\varepsilon_F} = \frac{2F}{\varepsilon_{d1} S_0}$$

横向应变测量桥应变仪读数应变为

$$\varepsilon_{d2} = \varepsilon_1 - \varepsilon_2 - \varepsilon_3 + \varepsilon_4 = -2\mu\varepsilon_F$$

由此求得泊松比为

$$\mu = \left|\frac{\varepsilon_{d2}}{2\varepsilon_F}\right| = \left|\frac{\varepsilon_{d2}}{\varepsilon_{d1}}\right|$$

同样,读数应变中已消除了弯曲变形和温度变化的影响。

3.9.2 弯曲应变的测定

1. 悬臂梁弯曲应变的测定

如图 3.59(a)所示悬臂梁,受 F 力作用,要测定悬臂梁在 F 力作用下,$I-I$ 截面处的弯曲应变 ε_M。

在 3.6.4 节中已采用双臂半桥接线法测得了 $I-I$ 截面处的弯曲应变 ε_M,其值为

$$\varepsilon_M = \frac{\varepsilon_d}{2}$$

本例采用全桥接线法测试。应变片粘贴如图 3.59(a)所示,按图 3.59(b)组成全桥测量电桥,四桥臂应变片均感受梁在 F 力作用下产生的弯曲应变 ε_M 和环境温度变化产生的应变 ε_t,分别为

$$\varepsilon_1 = \varepsilon_4 = \varepsilon_M + \varepsilon_t$$

$$\varepsilon_2 = \varepsilon_3 = -\varepsilon_M + \varepsilon_t$$

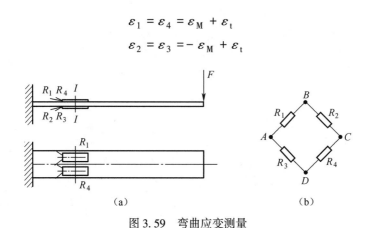

图 3.59 弯曲应变测量

由式(3.32)得读数应变 ε_d，即

$$\begin{aligned}\varepsilon_d &= \varepsilon_1 - \varepsilon_2 - \varepsilon_3 + \varepsilon_4 \\ &= \varepsilon_M + \varepsilon_t - (-\varepsilon_M + \varepsilon_t) - (-\varepsilon_M + \varepsilon_t) + \varepsilon_M + \varepsilon_t \\ &= 4\varepsilon_M\end{aligned}$$

读数应变 ε_d 是悬臂梁 $I-I$ 截面处应变的 4 倍，即

$$\varepsilon_M = \frac{\varepsilon_d}{4}$$

可见，读数应变中消除了环境温度的影响，并且增加了读数应变，提高了测量灵敏度。四臂全桥测量弯曲应变的灵敏度比双臂半桥测量弯曲应变的灵敏度高一倍，是单臂半桥测量弯曲应变灵敏度的四倍。

2. 杆件受弯曲及拉伸时弯曲应变的测定

如图 3.60(a)所示，一杆件承受弯矩及轴力作用。在弯矩和轴力作用下，该杆各点的应变由弯矩和轴力共同产生。要测定杆件上、下表面由弯矩作用产生的弯曲应变，可在杆件的上、下表面各粘贴一片应变片，并组成图 3.60(b)所示半桥测量电桥。

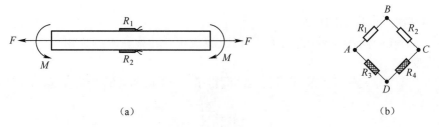

图 3.60 杆件弯曲应变测量

设 ε_M、ε_F 和 ε_t 分别代表由弯曲、拉伸和温度变化产生的应变，则

$$\varepsilon_1 = \varepsilon_M + \varepsilon_F + \varepsilon_t$$
$$\varepsilon_2 = -\varepsilon_M + \varepsilon_F + \varepsilon_t$$

由式(3.32)得读数应变 ε_d,即
$$\begin{aligned}\varepsilon_d &= \varepsilon_1 - \varepsilon_2 \\ &= \varepsilon_M + \varepsilon_F + \varepsilon_t - (-\varepsilon_M + \varepsilon_F + \varepsilon_t) \\ &= 2\varepsilon_M\end{aligned}$$

读数应变中已消除了拉伸应变和温度变化的影响。

3.9.3 弯曲切应力的测定

悬臂梁承受横向力 F 作用,如图 3.61(a)所示,在梁中性层(或轴线)上某点处是纯剪应力状态,切应力为 τ,如图 3.61(b)所示。由应力分析得知:在与轴线成±45°方向的面上只有正应力 σ_1 或 σ_3,并且
$$\sigma_1 = \tau, \sigma_3 = -\tau$$

注意:切勿按图 3.61(d)贴片,因为应变片偏离中性层贴片时,一方面并非最大切应力位置,剪力测试会引起误差;另一方面偏离中性层时弯曲正应力值会比较大,如果贴片不能严格对称,则正应力引起的应变将无法通过组桥来消除。

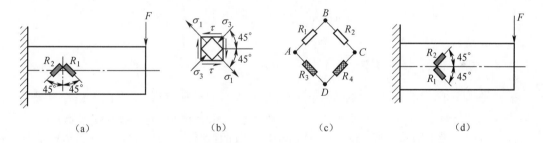

图 3.61 切应力半桥测量

如果沿着与轴线成±45°方向粘贴应变片,则各桥臂感受的应变为
$$\varepsilon_1 = \varepsilon + \varepsilon_t, \quad \varepsilon_2 = -\varepsilon + \varepsilon_t$$

按图 3.61(c)组成双臂半桥测量电桥,由式(3.32)得读数应变 ε_d,即
$$\varepsilon_d = \varepsilon_1 - \varepsilon_2 = 2\varepsilon$$

45°方向由剪力引起的线应变为
$$\varepsilon = \frac{1}{2}\varepsilon_d \tag{3.49a}$$

根据广义胡克定律
$$\varepsilon = \frac{1}{E}[\sigma_1 - \mu\sigma_3] = \frac{1+\mu}{E}\tau \tag{3.49b}$$

将式(3.49b)中的 E、μ 改用切变模量 G 表示,根据

$$G = \frac{E}{2(1+\mu)} \tag{3.49c}$$

得切应力为

$$\tau = 2G\varepsilon \tag{3.49d}$$

将式(3.49a)代入式(3.49d)即可求得悬臂梁承受横向力 F 作用时中性层的切应力,即

$$\tau = G\varepsilon_d \tag{3.50}$$

对于悬臂梁承受横向力 F 作用时中性层切应力的测定,也可以在 R_1、R_2 位置的背面相同方位再粘贴 R_3、R_4,如图3.62(a)所示,按图3.62(b)组成四臂全桥测量电桥,其测量灵敏度比双臂半桥高一倍,得到中性层的切应力为

$$\tau = \frac{1}{2}G\varepsilon_d \tag{3.51}$$

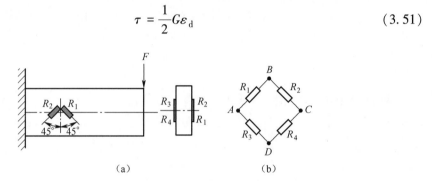

图 3.62　切应力全桥测量

3.9.4　扭转切应力的测定

圆轴受扭矩作用,如图3.63(a)所示,在扭矩作用下圆轴变形,其表面上任意点处的应力状态与悬臂梁受横力弯曲时轴线上某点处的应力状态相同(即纯剪应力状态)。

在表面任意点沿着轴线±45°方向粘贴互相垂直的两片应变片,并组成图3.63(b)所示半桥测量电桥,由式(3.32)得读数应变 ε_d

$$\varepsilon_d = \varepsilon_1 - \varepsilon_2 = 2\varepsilon$$

圆轴表面与轴线45°方向的线应变为

$$\varepsilon = \frac{1}{2}\varepsilon_d$$

将上式代入式(3.44),即可得到圆轴的扭转切应力

$$\tau = G\varepsilon_d$$

同样,圆轴扭转切应力也可以用全桥来测量。在 R_1、R_2 位置的背面相同方位再粘贴 R_3、R_4,如图3.63(c)所示的展开图,按图3.63(d)组成四臂全桥测量电桥,其测量灵敏度提高一倍,并可消除由于杆件弯曲变形引起的测量误差。由此可得圆轴的扭转切应力为

$$\tau = \frac{1}{2}G\varepsilon_d$$

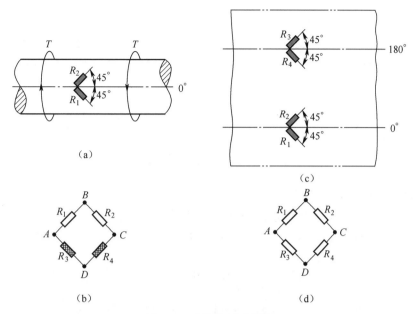

图 3.63 扭转切应力测量

3.9.5 内力分量的测定

结构(尤其是杆件)往往同时作用多种形式的外力。在进行结构设计时,需要考虑各种外力对结构的影响量,以选择结构形状,确定相关尺寸。同时还可以通过实验的方法来测定各外力对构件强度的影响量。

如图 3.64(a)所示一悬臂圆截面杆件,其上同时作用了轴力 F(拉伸和压缩均有可能,此处假设为拉力), xy 平面内的弯矩 M_{xy}, xz 平面内的弯矩 M_{xz} 和扭矩 T,下面分析如何应用电阻应变片,并合理地利用电桥特性,测定构件上某截面由各外力分别引起的应变(或内力分量)。

选定 I-I 截面作为测定截面,如图 3.64(b)所示,在 I-I 截面选定 A、B、C、D 四点,A、C 点由弯矩 M_{xy} 引起的应变为零(弯矩 M_{xy} 单独作用时,xz 平面为中性层),B、D 点由弯矩 M_{xz} 引起的应变为零(弯矩 M_{xz} 单独作用时,xy 平面为中性层),A、B、C、D 四点由轴力 F 引起的应变相同。扭矩 T 在轴线方向上只产生切应变,而应变片只能测量线应变,因此,如果应变片沿轴线方向粘贴,可以不考虑扭矩对轴线方向上线应变的影响。

假设 ε_F、$\varepsilon_{M_{xy}}$、$\varepsilon_{M_{xz}}$、ε_T、ε_t 分别为由轴力 F、弯矩 M_{xy}、弯矩 M_{xz}、扭矩 T 和环境温度变化 t 引起的应变分量。为了测量轴力 F 和弯矩 M_{xy}、弯矩 M_{xz} 分别引起的应变分量,在 A、B、C、D 四点沿轴线方向分别粘贴四个应变片 R_1、R_2、R_3 和 R_4,如图 3.65(d)所示,同时还需在与圆杆材料相同且不受力的补偿块上粘贴两片补偿片,如图 3.65(a)所示。

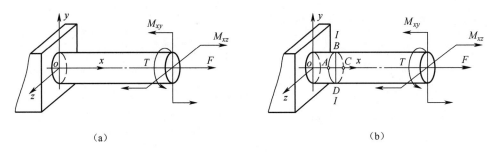

（a） （b）

图 3.64 承受多种外力的结构

1. 轴力 F 引起的应变的测定

选择在 B、D 两点沿圆杆轴线方向粘贴的应变片 R_2 和 R_4，以及在补偿块上粘贴的两片补偿应变片 R，组成图 3.65(b) 所示的全桥测量电桥。各桥臂应变片感受的应变为

$$\varepsilon_2 = \varepsilon_F - \varepsilon_{M_{xy}} + \varepsilon_t$$

$$\varepsilon_c = \varepsilon_c = \varepsilon_t$$

$$\varepsilon_4 = \varepsilon_F + \varepsilon_{M_{xy}} + \varepsilon_t$$

式中　ε_2——B 点应变片为 R_2 所感受的应变；

　　　ε_4——D 点应变片为 R_4 所感受的应变；

　　　ε_c——补偿片所感受的应变；

　　　ε_t——温度应变。

由式(3.32)得读数应变 ε_d，即

$$\varepsilon_d = \varepsilon_2 + \varepsilon_4 = 2\varepsilon_F$$

轴力 F 引起的应变为

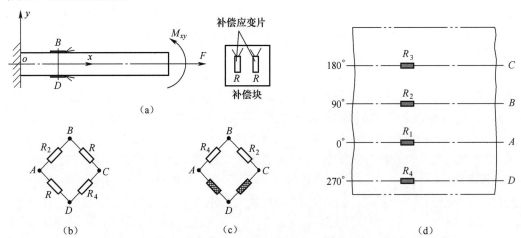

图 3.65 轴力、弯矩引起的应变的测量

$$\varepsilon_F = \frac{1}{2}\varepsilon_d$$

根据胡克定律及轴力与轴向正应力的关系，不难确定轴力分量 F 的大小。

2. 弯矩 M_{xy} 引起应变的测定

利用 B、D 两点已粘贴的应变片，并组成图 3.65(c)所示的半桥测量电桥。R_2 和 R_4 应变片所感受的应变仍为

$$\varepsilon_2 = \varepsilon_F - \varepsilon_{M_{xy}} + \varepsilon_t$$
$$\varepsilon_4 = \varepsilon_F + \varepsilon_{M_{xy}} + \varepsilon_t$$

AD 和 CD 桥臂使用标准电阻，无电阻变化。由式(3.32)得读数应变 ε_d 为

$$\varepsilon_d = \varepsilon_4 - \varepsilon_2 = 2\varepsilon_{M_{xy}}$$

弯矩 M_{xy} 引起的应变为

$$\varepsilon_{M_{xy}} = \frac{1}{2}\varepsilon_d$$

根据胡克定律及弯矩与杆件表面轴向正应力的关系，即可确定弯矩分量 M_{xy} 的大小。

3. 弯矩 M_{xz} 引起应变的测定

选择在 A、C 两点沿圆杆轴线粘贴的应变片 R_1 和 R_3，如图 3.66(a)所示，并组成图 3.66(b)所示的半桥测量电桥。R_1 和 R_3 应变片所感受的应变为

$$\varepsilon_1 = \varepsilon_F - \varepsilon_{M_{xz}} + \varepsilon_t$$
$$\varepsilon_3 = \varepsilon_F + \varepsilon_{M_{xz}} + \varepsilon_t$$

由式(3.32)得读数应变 ε_d，即

$$\varepsilon_d = \varepsilon_3 - \varepsilon_1 = 2\varepsilon_{M_{xz}}$$

弯矩 M_{xz} 引起的应变为

$$\varepsilon_{M_{xz}} = \frac{1}{2}\varepsilon_d$$

根据胡克定律及弯矩与杆件表面轴向正应力的关系，即可确定弯矩分量 M_{xz} 的大小。

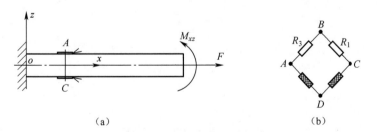

(a)   (b)

图 3.66 弯曲应变的测量

4. 扭矩 T 引起应变的测定

选择在 A、C 两点沿着与轴线成 $\pm 45°$ 方向上粘贴互相垂直的两片应变片，如图 3.67

(a)、(c)所示,组成如图3.67(b)所示的全桥测量电桥。各桥臂应变片感受的应变为

$$\varepsilon_1 = \varepsilon_T + \varepsilon_F + \varepsilon_{M_{xy}} - \varepsilon_{M_{xz}} + \varepsilon_t$$

$$\varepsilon_2 = -\varepsilon_T + \varepsilon_F - \varepsilon_{M_{xy}} - \varepsilon_{M_{xz}} + \varepsilon_t$$

$$\varepsilon_3 = -\varepsilon_T + \varepsilon_F + \varepsilon_{M_{xy}} + \varepsilon_{M_{xz}} + \varepsilon_t$$

$$\varepsilon_4 = \varepsilon_T + \varepsilon_F - \varepsilon_{M_{xy}} + \varepsilon_{M_{xz}} + \varepsilon_t$$

由式(3.32)得读数应变ε_d,即

$$\varepsilon_d = \varepsilon_1 - \varepsilon_2 - \varepsilon_3 + \varepsilon_4 = 4\varepsilon_T$$

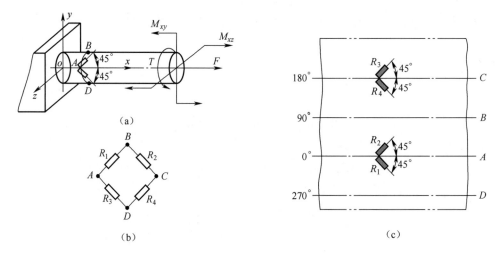

图 3.67　扭矩引起的应变分量的测量

扭矩 T 在与轴线成±45°方向上的线应变为

$$\varepsilon_T = \frac{1}{4}\varepsilon_d$$

将上式代入式(3.44),即可得到扭转切应力为

$$\tau = \frac{1}{2}G\varepsilon_d$$

根据扭矩与杆件表面扭转切应力的关系,即可确定扭矩分量 T 的大小。

注意:测定某一截面的内力分量时,应变片应粘贴在对应的截面上,不同截面的内力分量可能不同。

3.10　应 变 测 量

在电阻应变测量中,需根据对被测构件的测量目的、要求,来确定测量方案。在电阻应变测量中,所能直接测量到的只是应变,由应变再计算出结果(例如应力、力、力矩或位

移等）。被测构件上应变变化的快慢确定了应变测量的状态，从而选择静态应变测量或是动态应变测量。本节主要介绍在应变测量时应考虑和注意的问题及细节。

3.10.1 应变的直接测量

应用电阻应变片测量，其直接结果即是测得某点沿某一方向的线应变。由于电阻应变片的尺寸不能无限小，因而实际上只能测得某一区域的平均应变。

无论是在实验室还是在工程现场，只要应用应变片测量，得到的就是被测处沿应变片粘贴方向的线应变值。

例如，直升机旋翼，在自重情况下各截面的弯曲应变不同，要想知道这些截面的弯曲应变，只要粘贴应变片，然后组成测量电桥，如图 3.68 所示，就可得到所需的弯曲应变值。

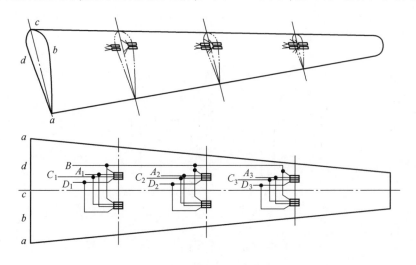

图 3.68 旋翼弯曲应变的测量

再如脆性材料受压构件的强度测试，根据第二强度理论，脆性材料承受以压应力为主的复杂应力状态时，其破坏由最大伸长线应变决定。最大伸长线应变即主应变 ε_1。如果主应变 ε_1 方向已知，则可以在该方向上粘贴应变片，其测得结果直接反映主应变 ε_1。如果主应变 ε_1 方向未知，则可以用应变花测得多个方向的线应变，按 3.8 节的方法确定主应变 ε_1。

然而，工程问题往往并非如此简单。由于应变测量时需确定初始值（如预调平衡或记录初读数），而许多工程问题却难以确定初始值（譬如在已架设好的桥梁上粘贴应变片，无法让桥梁构件回到不受力状态），因而事实上只能测到应变增量，而非应变的绝对大小。

3.10.2 应力的间接测量

使用应变电测不能直接测量应力，但可以通过应变-应力的换算得到应力值，即为应力的间接测量。

根据应力和应变分析理论,一点的应力状态总可以使用三个主应力描述。而三个主应力的大小,则决定了材料的破坏条件。因而,根据应变测试值确定某些部位的主应力,是应变测试的主要目的。3.8 节详细讨论了如何由应变测试值确定测点主应力的方法。

由于工程结构的复杂性,实际结构关键点的应力水平偏离设计值是常常遇到的。最可靠的方法即是对结构进行应力实测。多数结构的危险截面、危险部位和主应力方向容易确定,因而测点可直接安排在危险部位,并按已知的主应力方向贴片。

例如,某型汽车桥壳的加强筋,原来的设计思想是尽量增大筋的断面,由于结构上的限制,桥壳右下侧加强筋转变得过于急剧,在试车中发现该处经常出现裂纹,于是在该处粘贴应变片,如图 3.69 所示。测量结果表明,右侧应力比左侧大三倍以上,说明右侧应力集中很严重。后来将右侧筋削减为图中所示的虚线形状,重新粘贴应变片测量,测量结果使其应力水平比原来降低了 51%。

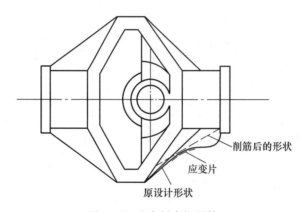

图 3.69 汽车桥壳加强筋

有时被测结构非常大,如飞机结构的设计等,对于这类结构的应力测试,不仅需测试危险部位的应力水平,也需测试低应力水平部位的应力,对于高应力水平部位的测试,测试目的是保证结构强度;对于低应力水平部位的测试,测试目的是为了减轻重量。图 3.70 为某结构应力测试的现场。

对于大型的结构测试,常常有数十至数百个测试点,使用普通静态电阻应变仪,工作量很大。此时,应使用具有通道扫描功能的静态应变测试系统进行应变测量,可大大提高测试效率。对于复杂的大型结构,为了提高测试的效率,还需要结合结构的有限元分析,优化测点的选择,尽量减少测点。

3.10.3 静态应变测量

完成一个静态应变测量的试验任务,工作步骤大致如下:
(1) 根据测量目的设计布片方案;

图 3.70　大型结构测试现场

（2）应变片选择、粘贴、防护；
（3）测量导线固定并与应变片焊接；
（4）测量导线与测量仪器连接；
（5）调试与测量；
（6）测量结果分析计算。

静态应变测量过程，一般持续时间比较长，要确保测量过程稳定可靠，各环节的工作一定要做好。合理的布置应变片位置，选择高质量的应变片，严格按应变片粘贴工艺要求打磨、清洗粘贴部位，粘贴应变片，做好绝缘等防护工作。多点测量时，尽量把相邻的、环境情况相似的应变片连接在一起，用公共线连接方法测量，补偿片靠近放置（注意：通常一个补偿片可补偿 8~10 片工作片）。

应变测量过程中应注意以下几点。
（1）测量电桥平衡检查以及应变片粘贴质量的检查。

应变片组成测量电桥后，每个测量电桥都应能置零（或调零），若在应变仪上某测量电桥不能置零（或调零），或出现零漂，说明该电桥有问题，检查应变片、焊点、导线以及连接等。

检查应变片粘贴质量，用带有小橡皮的工具轻轻触动应变片，电桥读数不便的，或能回到零位的，表明应变片质量是合格的。

（2）预载荷处理。

由于应变片粘贴后，应变片、胶水、被测件之间存在固化滞后等因素，从现象看，会出现缓慢漂移，加载、卸载后不回零等现象。因此，试验前，必须进行预载处理，即首先对被测件加载(尽量加载至允许的最大载荷),重复循环3~5次,前面这些现象会明显的消失。对于不能进行预加载的情况(如桥梁的静应变测量),可采用静置、远红外加温等方法,待数值相对稳定后再测量。

(3)试验数据读取。

由于试验过程中往往回出现一些偶然现象,影响试验结果,因此,只要试验允许,重复3~5遍试验(最少3遍),试验结果处理的数据,应该是重复试验的平均数据。

(4)测量数据修正。

随着应变电测技术的发展,以往存在的应变阻值问题、横向效应系数问题等,已基本不会影响应变测量的精度。但是如果应变仪灵敏系数与应变片灵敏系数不一致,则对测量结果影响很大。

假设应变片灵敏系数为K,应变仪灵敏系数为$K_{仪}$,读数应变为ε_d,则灵敏系数修正后的应变,即为实际测得的应变为

$$\varepsilon = \frac{K_{仪}}{K}\varepsilon_d \tag{3.52}$$

式(3.52)即是应变片灵敏系数修正公式。

应变测量其目的可归纳为,验证理论计算公式、设计或工艺方案的选择,产品破坏原因分析和产品强度鉴定等。图3.43四点弯曲梁试验属于验证理论计算公式,图3.69应力测量属于产品破坏原因分析,在分析的基础上改进产品。图3.70飞机静力试验是强度设计校核试验。图3.67的应变测量则属于设计或工艺方案选择、强度校核。图3.71为某起落架试验现场,是静态应力测量的实例。

图3.71 机起落架试验现场

3.10.4 动态应力/应变测量

动态应力/应变测量是动载荷、结构振动、交变载荷等工程问题中常见的测试内容。受力结构在载荷变化速率较大时,引起的结构应力往往远大于准静态加载。根据牛顿第二定律,结构应力、结构载荷、加速度之间有一定关系,因而,动应力测试也是结构加速度测试的常用手段。由于实际测试的是线应变,因而常称为动态应变测试。

尽管动态应变测试还不能达到很高的测试频率,但对于大多数工程问题来说,数千赫兹的响应频率已足够高了。动态测试的响应频率与应变片特性、黏结剂的特性、黏结工艺、动态应变仪的响应频率等诸多因数有关。通常,应变片的尺寸小、基底薄、膜片厚度薄,则响应频率高;黏结剂粘贴后,胶层的厚度越薄,响应频率越高;直流供桥的动态应变仪的响应频率通常远高于交流供桥的动态应变仪,但如果应变仪使用了低通滤波器,则低通滤波器的截止频率将直接影响到动态应变仪的响应频率。

与静态应变测试不同,动态应变测试无法使用静态应变仪测试,更不能使用公共片补偿。事实上,动态应变测试普遍使用动态应变仪。传统的动态应变仪能提供的测试通道非常有限,通常只有 4~8 个测试通道。如果要增加测试通道,费用的增加往往与通道数成正比。因此,除复杂结构的振动测试,通常仅安排数个测试点。

传统的动态应变仪需配备专用的监视设备或记录设备。随着计算机测试技术的发展,采用计算机的数据采集系统已逐渐替代了其他的监视设备和记录设备。事实上,许多新型的动态应变仪已具备了数据采集系统的功能。它们采用以太网、USB 或 1394 通信端口与数据记录设备(通常是计算机)交换数据,数据传输速率可达几兆字节/秒以上(理论上,百兆以太网的数据传输速度可达 6M 字节/秒以上,千兆以太网的数据传输速度可达 60M 字节/秒以上;USB3.1 接口的数据传输速度可达 30M 字节/秒以上。由于数据打包及校验信息的影响,实际速率通常只有理论值的 60% 左右)。有些动态应变仪还带有 USB 移动海量存储器(U 盘)或 SD 卡,用于存储动态应变测试中的大量数据。由于 SD 卡及外置移动硬盘的存储容量已可达数 TB 字节(10^{12} 字节)量级,所以大量测试数据的存储已没有困难。具备多个通道,具有数据采集功能,且具有基本的数据处理能力的动态应变仪即为动态应变测试系统。

为了完整还原测试信号的变化趋势,对某一通道的采样频率,必须高于信号最高频率的 10 倍以上。所以,即便信号的最高频率仅 100Hz,采样频率仍应高于 1kHz,这就意味着每秒将产生 2k 字节的数据(按每个数据点 2 字节计算)。每 500 秒即会产生 1M 字节的数据。动态应变测试系统通常有四个通道以上,因而,数据产生的速率将相当大。在 256M 字节容量的 U 盘出现之前,通常不考虑在本机存储数据。而使用 1G 字节容量的 U 盘,即使在每通道 10kHz 的采样频率下,已可存储长达 13 小时 53 分钟的数据(单通道工作时),即便 4 个通道同时工作,仍可存储长达三个半小时。因此,这是一种很受青睐的数据记录方式。事实上,128G 字节的高速 U 盘和 SD 卡已大量使用,只要仪器能够支持这些设备,海量存储器已不再是动态应变测试的瓶颈。当然,连接计算机时,本地的数据容量限制已不再重要。

不同的测试目的,对数据处理的方式也不一样。并非所有的动态应变测试都必须连续存储采样的数据。一种理想的记录方式是记录关键信息,如峰谷点数据等。

注意:大多数教材都会讨论到采样定理(采样定理,又称香农采样定理或奈奎斯特采样定理:只要采样频率大于或等于有效信号最高频率的两倍,采样值就可以包含原始信号的所有信息,被采样的信号就可以不失真地还原成原始信号)。

事实上,采样定理应用于实际信号采样必须满足两个条件:信号是周期性重复的;采样周期足够长。

所以,实际采样速率不应低于最高信号频率的 10 倍。有条件的话,采样速率应达到最高信号频率的 50 倍以上,以便更精确地还原原始信号。不难估算,当信号接近正弦时,10 倍频率的峰值误差不大于 5%,50 倍频率的峰值误差不大于 0.2%。

3.11 电阻应变式传感器

3.11.1 概述

电阻应变片不仅用于应变测量,还可以用来制成各种传感器。任一物理量(如力、压强、位移及加速度等)只要能转变为机械应变变化,即可利用电阻应变片进行间接测量。这种以应变片为敏感元件,将被测量转换为电信号的器件称为电阻应变式传感器。

例如在测量力时,可将应变片粘贴在承受被测力的杆件上,由于杆件的应变与力的大小成正比,只要将应变片接入测量电路中,即可间接测出力的大小。上述杆件即称为弹性元件,它的作用是感受被测物理量的变化,从而产生一定的应变变化,以便使用应变片进行测量。电阻应变片用于制作传感器已有相当长的历史,在 20 世纪 40 年代初就制成了第一批电阻应变式传感器。

早期,由于受材料、加工工艺、电阻应变片质量等方面的影响,用电阻应变片制作的电阻应变式传感器的准确性、稳定性都不能满足测量技术的要求,只适合于作单纯的鉴别控制元件。随后电阻应变测量技术几乎每隔十年就有一次质的飞跃,同时传感器弹性体的加工工艺、稳定化处理工艺、应变片粘贴工艺等技术都不断得到提高,电阻应变式传感器的准确性、可靠性等性能得到了极大的提高。电阻应变式传感器具有高灵敏度、高精度、电信号输出、体积小、价格适中等优点,便于实现测量过程的自动化,在测量技术领域里得到广泛应用,并已发展成为测力与称重传感器的主流。

20 世纪 80 年代,电阻应变式传感器开始在精密天平中得到应用,并逐渐成为各国力值传递的基准,从而步入了计量学精度的测量领域。

用电阻应变片制成的传感器种类繁多,按使用目的的不同,可归纳为以下几种:

(1) 测力传感器;
(2) 称重传感器;

(3) 扭矩传感器；
(4) 压力传感器；
(5) 位移传感器及引伸计；
(6) 振动(加速度)传感器；
(7) 其他力学量传感器。

电阻应变式传感器的优劣，除电阻应变片的质量外，弹性元件也是其关键的部件，对弹性元件的材料、结构、热处理工艺及加工精度都有一定的要求。一般应根据被测参数的性质和大小来设计各种形式的弹性元件。弹性元件的最大工作应力应处于材料的线弹性阶段，但在粘贴应变片处的应变又不应太低（一般应为 $500 \sim 1000 \mu\varepsilon$），以使传感器得到较大的输出信号，具有较高的灵敏度。弹性元件应设计得紧凑并便于粘贴应变片和接线。

下面介绍几种电阻应变式传感器。

3.11.2 测力(称重)传感器

测力与称重传感器在结构形式上往往是相同的，只是在对传感器的精度和安装要求上有所区别。称重传感器属于计量学精度的测量，对传感器的精度要求高，并且对安装有严格的要求，称重传感器的受力轴线要始终保持与重力加速度方向一致；测力传感器则可以根据测量对象的结构情况考虑安装，并且在精度上也可由测量要求决定（值得提醒的是，在满足测量要求的情况下，不要盲目地提高对传感器精度的要求，这样会大大提高传感器的制造成本，造成不必要的浪费）。测力与称重传感器统称为力传感器（或载荷传感器）。

测力传感器，其弹性元件有多种形式，根据弹性元件感受应变状态的不同可分为拉压式弹性元件、弯曲式弹性元件、剪切式弹性元件等。

1. 拉压式弹性元件

拉压式弹性元件指弹性元件上应变片感受拉压应变来反映作用力的大小。这种弹性元件有圆柱(空心圆柱)形、板孔形等形式。圆柱形弹性元件可承受较大的力，用于制作大、中量程($1kN \sim 5000kN$)的力传感器，板孔形弹性元件承受的力比较小，用于制作较小量程的传感器($0.2kN \sim 2kN$)。

1) 柱式弹性元件

柱式弹性元件通常只承受压力，不用于承受拉力。一般采用空心圆柱，以便于粘贴应变片，但壁厚不宜太薄，以防承压时失稳。

柱式弹性元件如图 3.72(a) 所示。应变片粘贴在圆筒中部的四等分圆周上，共四个轴向应变片和四个横向应变片，将它们接成图 3.72(b) 所示的串联全桥电路。当圆筒受压后，其轴向应变为 ε_F，各个桥臂的应变分别为

$$\varepsilon_1 = \varepsilon_4 = \varepsilon_F + \varepsilon_t$$
$$\varepsilon_2 = \varepsilon_3 = -\mu\varepsilon_F + \varepsilon_t$$

由式(3.32)得到读数应变 ε_d 为

$$\varepsilon_d = 2(1+\mu)\varepsilon_F$$

上式表明,将圆周上相差 180°的两个应变片串接在一个桥臂可减少作用力偏心造成的影响,组成全桥测量电路,可提高测量灵敏度。

由上式求得圆筒的轴向压应变为

$$\varepsilon_F = \frac{\varepsilon_d}{2(1+\mu)}$$

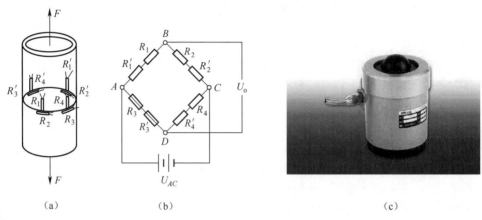

图 3.72 柱式弹性元件

如果圆筒横截面积为 S_0,则压力 F 与读数应变 ε_d 之间的关系式为

$$F = \sigma \cdot S_0 = E \cdot \varepsilon_F \cdot S_0 = \frac{ES_0}{2(1+\mu)}\varepsilon_d \tag{3.53}$$

由式(3.32)得到压力 F 与电桥输出电压之间的关系式为

$$F = \frac{2ES_0}{U_{AC}K(1+\mu)}U_0 \tag{3.54}$$

由式(3.54)可知,压力和应变,压力和电桥输出电压都呈线性关系,但这仅仅是理论计算结果。实际使用时,每个传感器的读数应变与力的关系都要由严格的标定试验来确定。为改变读数应变的极性(正负号),只需改变 AC 端供桥电压的极性即可。

上述弹性元件,当受到压力作用时,很难保证作用力严格通过圆柱的轴线。因此,弹性元件除受轴向力外,还会受到横向力和弯矩的作用,增大误差。当圆筒受压力时,为了消除偏心影响,可在圆筒受力端增加两片膜片,这种形式的弹性元件称为附加双膜片柱式弹性元件,如图 3.73 所示。这种结构虽然增大了弹性元件的承受偏载的能力,但对于小载荷时的精度是有影响的,另外结构复杂、体积较大、重量增加也是其不足之处。

2) 平板开孔式弹性元件

当测量较小的力时,可以选择带有小孔的平板作为弹性元件,将应变片粘贴在孔的内

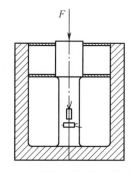

图 3.73 附加双膜片弹性元件

边缘处,如图 3.74 所示。由于孔边有应力集中,应变数值比无孔时截面上的平均应变大得多。若平板拉伸时,不开孔处的平均应变为 ε_F,则孔边应变片 R_1 和 R_4 感受的应变为

$$\varepsilon_1 = \varepsilon_4 = 3\varepsilon_F + \varepsilon_t$$

R_2 和 R_3 感受的应变为

$$\varepsilon_2 = \varepsilon_3 = -\varepsilon_F + \varepsilon_t$$

由于平板局部开孔,不影响弹性元件的整体刚度,因此,这种类型传感器的灵敏度和频率响应都比较高。需要说明的是,孔边应力集中系数与平板尺寸和小孔尺寸有关,实际应变与截面平均应变之间的比例系数会有所不同。

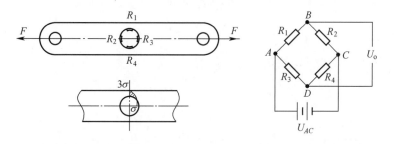

图 3.74 平板开孔式弹性元件

实际弹性元件的结构可根据需要作相应改变。图 3.75 即是根据相同原理制作的实用传感器,称为板环式拉力传感器。与 S 型载荷传感器相比,由于弹性元件结构紧凑、承载能力大、加工方便,成本的优势是明显的。相同额定载荷的传感器,其体积更小,更轻便。其缺点是抗弯和抗横向力的能力差,因此只能用于拉力测量。

2. 弯曲式弹性元件

测量中、小力值时(1N~5kN),可以采用弯曲式弹性元件。弯曲式弹性元件的主要形式有:悬臂梁式、双孔平行梁式、圆环式、轮辐式和测量小力值的弓形式等。双孔平行梁式弹性元件是目前最常用的形式,本节仅介绍前两种形式。

1) 悬臂梁式弹性元件

这种弹性元件可用于制作测量小力值的传感器,结构简单,容易加工,应变片容易粘

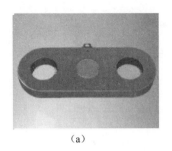 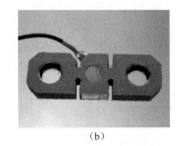 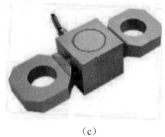

图 3.75　各种平板孔式弹性元件传感器

贴,灵敏度较高。悬臂梁式弹性元件如图 3.76 所示。

在梁固定端附近截面的上下表面各粘贴两个应变片,如图 3.76(a)所示,并按图 3.76(b)接成全桥测量电路。由式(3.32)得到读数应变为梁表面弯曲应变的四倍,即

$$\varepsilon_M = \frac{\varepsilon_d}{4}$$

由材料力学可知

$$\varepsilon_M = \frac{\sigma}{E} = \frac{M}{EW} = \frac{6Fl}{Ebh^2}$$

由上式可得到力 F 与读数应变 ε_d 之间的关系式为

$$F = \frac{bh^2 E}{24l}\varepsilon_d \tag{3.55}$$

由式(3.32)可得到力 F 与电桥输出电压的关系式为

$$F = \frac{bh^2 E}{6U_{AC}Kl}U_0 \tag{3.56}$$

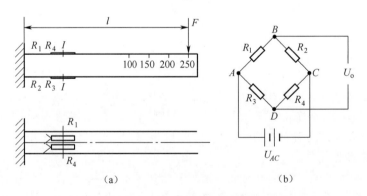

图 3.76　悬臂梁式弹性元件

在图 3.76(a)中悬臂部分刻有外力作用位置线,以适应测量大小不同的力。很明显,

悬臂梁式弹性元件存在的问题是力 F 作用点移动时会产生误差。但由于该传感器结构简单,加工方便,对于载荷作用点固定不变的应用场合,仍有较多应用。图 3.77 为传感器的实际结构图,在应变片粘贴的 $I-I$ 截面开通孔是为了提高传感器的输出灵敏度。

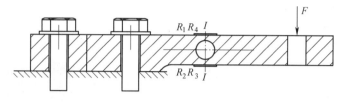

图 3.77 悬臂梁式载荷传感器

为了克服由力 F 作用点移动产生的误差,悬臂梁式弹性元件改进为图 3.78(a)所示的结构,应变片按图 3.78(a)粘贴在两个不同截面的上下表面处,且按图 3.78(b)接成全桥测量电路。此时若作用力 F 有所偏移,如图 3.78(a)虚线所示,则 R_1、R_2 处的应变绝对值增加,R_3、R_4 处的应变绝对值减小,它们增加与减小的量相等,因此,不会影响读数应变值。由于该结构的改变使传感器的体积增大,制造成本增加,在实际传感器中并不多见。

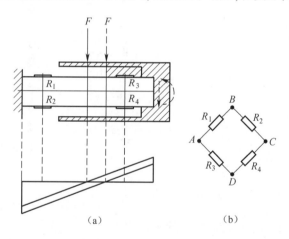

图 3.78 悬臂梁弹性元件改进结构

2) 双孔平行梁式弹性元件

在称重传感器中,常采用双孔平行梁式弹性元件,该弹性元件结构和应变片粘贴位置如图 3.79(a)所示。如果被称重物为 F,则 F 放在任意位置,都可将 F 简化为作用在弹性元件端部的一个力 F 和一个力偶 M,如图 3.79(b)所示,将应变片组成图 3.79(c)全桥测量电路。若弹性元件材料的弹性模量为 E,抗弯截面系数为 W,则各桥臂应变片感受的应变为

$$\varepsilon_1 = \frac{FL_2 + M}{EW}$$

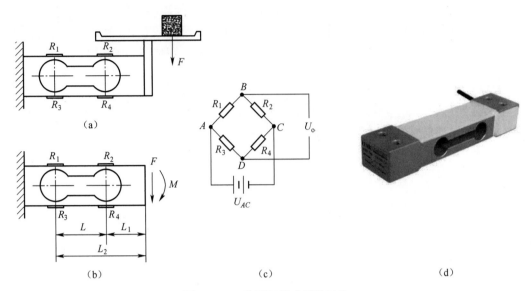

图 3.79　双孔平行梁式弹性元件

$$\varepsilon_2 = \frac{FL_1 + M}{EW}$$

$$\varepsilon_3 = -\frac{FL_2 + M}{EW}$$

$$\varepsilon_4 = -\frac{FL_1 + M}{EW}$$

由式(3.32)得到读数应变 ε_d 为

$$\varepsilon_d = 2\frac{F(L_2 - L_1)}{EW} = 2\frac{FL}{EW}$$

由上式得到重物 F 与读数应变 ε_d 的关系式为

$$F = \frac{EW}{2L}\varepsilon_d \tag{3.57}$$

同样由式(3.32)也可以得到重物 F 与电桥输出电压的关系式为

$$F = \frac{2EW}{U_{AC}KL}U_0 \tag{3.58}$$

由此分析,这种传感器的特点是,重物 F 放在任何位置都不会影响读数应变值。因此,此种弹性元件的力传感器稳定性好,测量精度高,在中、小力值量程测量范围内,计量学精度的测量是首选的一种形式。图 3.79(d)即是该传感器的实例之一。

双孔平行梁式弹性元件的弹性变形部分在双孔边缘,其余部分的刚度很大,几乎无弹性变形,这种局部的弹性变形称为弹性铰。所以,双孔平行梁式弹性元件是由四个弹性铰组成的平行四杆机构,弹性铰以外的部分可以变形成任意刚度较大的结构形式。图 3.80(a)即为其中的变形形式之一。

双孔平行梁式弹性元件适合制作小载荷传感器。图 3.80(b)为中航电测仪器股份有限公司的 L6J1 型小载荷传感器,最小量程仅 0.3kg(3N),适合制作精密电子天平。图 3.80(c)则是双孔平行梁式弹性元件的变形产品,传感器刚度有了较大提高。该传感器是中航电测的 BM6A 型称重传感器,量程 6~60kg。

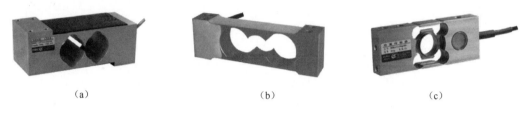

图 3.80 双孔平行梁式小载荷传感器

如果将双孔平行梁式弹性元件用于同轴拉压载荷的测量,则可以改变成图 3.81 所示的结构形式,由此弹性元件制成的传感器称为 S 型弯曲式测力传感器。

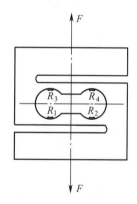

图 3.81 同轴 S 型弯曲式测力传感器

3. 剪切式弹性元件

剪切式弹性元件,在制作中、大量程的力传感器中应用很广,由于其稳定性好,测量精度高,在计量学精度的测量中,是最佳选择形式也是应用最为广泛的一种形式。剪切式弹性元件主要有悬臂梁剪切式、轮辐剪切式等结构形式。通过测量截面中性层上的切应变,可以得到截面上剪力的大小。

不管外形结构如何,剪切式弹性元件的应变片粘贴截面均处于横力弯曲或纯剪切状态。截面各处的应力状态如图 3.82 所示。$I-I$ 截面上除上下表面(A 点、E 点)外,其余各点均存在剪力引起的切应力。理论上,将应变片以±45°方向粘贴在中性层(C 点)位置可以测得最大切应力,并且该点的弯曲正应力为0。事实上,应变片具有一定尺寸,而且为了使制成的传感器具有较高的测试精度和较好的稳定性,选择的应变片尺寸往往较大,从而覆盖 B 点和 D 点。这些位置的轴向弯曲正应力会影响±45°方向的线应变。所以在设计该弹性元件时,必须考虑 B 点和 D 点的弯曲正应力对测试精度的影响。

如果设计的结构形式能够使 $I-I$ 截面上的弯矩为 0,则截面上 B、C、D 各点就处于纯剪切状态,测量结果将与弯矩无关,这正是 S 型传感器的特点,因此,S 型传感器大多为剪切式传感器,而较少采用图 3.81 所示的结构形式。

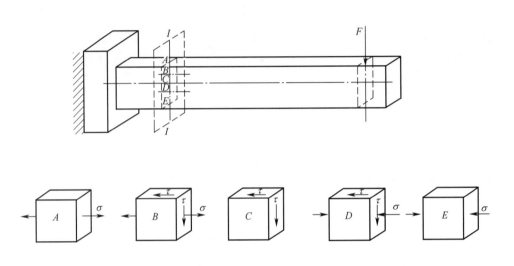

图 3.82 横力弯曲时截面上各点的应力状态

剪切式传感器已成为测力传感器大家庭中的主要一员。尽管可以使用如图 3.9(a)或图 3.9(b)所示的应变花制作传感器,但通常使用专用的±45°应变花制作传感器,如图 3.83 所示。

图 3.83 剪切式传感器专用±45°应变花

1) 悬臂梁剪切式弹性元件

悬臂梁剪切式弹性元件如图 3.84(a)所示,在梁的中性轴上,各点均为纯剪应力状态。可沿着与轴线成 45°方向粘贴四个应变片(通常为两个±45°应变花),并组成图 3.84(b)所示的全桥测量电路,则可得到力 F 与读数应变 ε_d 的关系式为

$$F = \frac{bhG}{3}\varepsilon_d \tag{3.59}$$

由式(3.32)得到力 F 与电桥输出电压的关系式为

$$F = \frac{4bhG}{3U_{AC}K}U_0 \tag{3.60}$$

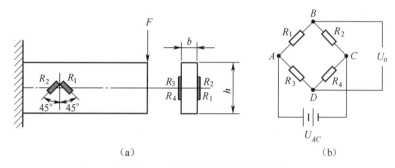

图 3.84 悬臂梁剪切式弹性元件

由材料力学的知识可知,对于绝大多数横力弯曲问题,矩形截面梁上由剪力引起的切应力通常远小于弯曲正应力。如果使用工字形截面,则弯曲切应力能大大提高。所以,悬臂梁剪切式弹性元件在应变片粘贴处通常采用工字型截面,如图 3.85(a)所示。为了保证传感器整体的强度和刚度,工字形截面仅加工成局部,其余部分仍采用矩形截面。实际的传感器实物如图 3.85(b)所示。

在工字形截面应变片粘贴处,切应力分布比较均匀,加工面也适合粘贴应变片。同样沿着与轴线成45°方向粘贴四个应变片,并组成全桥测量电路,其力 F 与读数应变 ε_d 的关系式为

$$F = \frac{bhG}{2}\varepsilon_d \tag{3.61}$$

同样,由式(3.32)可得到力 F 与电桥输出电压的关系式为

$$F = \frac{2bhG}{U_{AC}K}U_0 \tag{3.62}$$

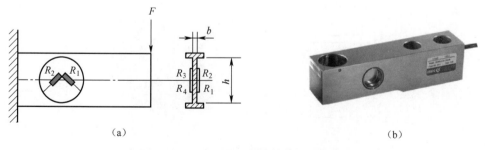

图 3.85 工字形截面悬臂梁剪切式传感器

悬臂梁剪切式弹性元件的特点是,当力 F 的作用位置有偏移时,中性轴上的切应力和45°方向上的线应变不会变化,因此,力 F 作用点偏移不会引起误差。另外该传感器结构紧凑,安装空间小;刚度大、承载能力大。

图 3.85 所示的传感器有两点不足：

（1）因为截面上存在较大的弯曲正应力,由于加工误差无法绝对保证力 F 的作用点偏移不会引起测量误差；

（2）保证固定端安装方式的固定螺栓需具有足够强度,并需增加必要的防松措施,否则可能发生螺栓断裂或松动的事故。

所以对于安装空间较富裕的场合,常使用双剪结构的传感器。双剪结构的传感器克服了以上两点不足,因而是更理想的称重传感器。不过由于结构的复杂性,制造成本有所提高。图 3.86(a)为适用于中小型汽车衡的双剪式称重传感器(传感器额定载荷 2 吨)。图 3.86(b)为适用于大型汽车衡、地中衡的双剪式称重传感器(传感器最大额定载荷可达 50 吨)。

图 3.86 双剪结构的剪切式传感器

若需测量同轴力,可以将剪切式弹性元件改成图 3.87 所示的结构形式,此种结构又称为 S 型剪切式弹性元件,由其制成的传感器称为 S 型剪切式力传感器。S 型剪切式弹性元件的应变片粘贴截面无弯矩,因此传感器的测量精度较高。

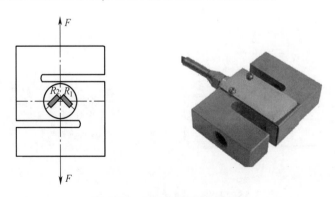

图 3.87 S 型剪切式弹性元件

2) 轮辐剪切式弹性元件

轮辐剪切式弹性元件具有多辐条(多梁),常用的有4辐条、6辐条和8辐条三种形式,并具有对称结构。辐条可以是等宽矩形截面,也可以是变截面。图3.88所示为4辐条等截面轮辐剪切式弹性元件,按图3.88(a)在4根轮辐中间截面沿与轴线成45°方向粘贴8片应变片,并组成图3.88(b)所示串联全桥电路。

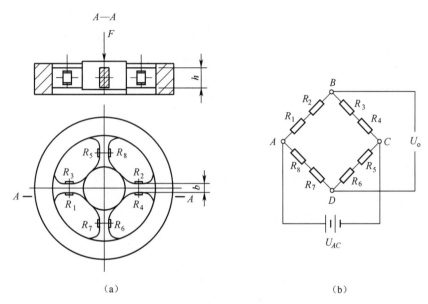

图3.88 轮辐剪切式弹性元件

当弹性体中心受力F作用时,在辐条中间截面中性轴处,为纯剪切应力状态,其切应力为

$$\tau = \frac{3F_S}{2bh}$$

式中:F_S为辐条横截面上的剪力,其值为$F/4$,即

$$\tau = \frac{3F}{8bh}$$

由上式和式(3.46)可得到力F和读数应变ε_d的关系为

$$F = \frac{4bhG}{3}\varepsilon_d \tag{3.63}$$

同样由式(3.32)可得到力F与电桥输出电压的关系为

$$F = \frac{16bhG}{3U_{AC}K}U_0 \tag{3.64}$$

轮辐剪切式弹性元件特点是,能承受较大的偏心力和水平侧力,不会因力F作用点偏移产生误差;弹性元件刚度大,频率响应高;不会因作用力大而改变弹性元件尺寸产生

误差;弹性元件高度尺寸比较小,适用性强。轮辐式传感器结构复杂,制造工艺要求较高,制造成本较高,主要应用在具有较大偏载且载荷吨位较大的受压场合。

轮辐式传感器既可测量受压载荷,也可测量拉伸载荷,所以,各种力学试验设备常安装这类传感器。图3.89为轮辐式传感器实例及其在疲劳试验机上的应用。

　　　　(a)　　　　　　　　　　　　　　(b)

图 3.89　轮辐式称重传感器及其在疲劳试验机上的应用

3.11.3　扭矩传感器

电阻应变式扭矩传感器也是目前常用的一种传感器,扭矩传感器的弹性元件有圆轴式、多杆式等形式。

1. 圆轴式弹性元件

圆轴式弹性元件有实心圆轴和空心圆轴,如图3.90(a)所示。在扭矩 T 作用下,圆轴表面为纯剪应力状态,其表面切应力为

$$\tau = \frac{T}{W_t}$$

式中:W_t 为抗扭截面系数。

对于实心截面为

$$W_t = \frac{\pi D^3}{16}$$

对于空心截面为

$$W_t = \frac{\pi D^3}{16}\left[1 - \left(\frac{d}{D}\right)^4\right]$$

与轴线成45°方向上的主应力则为

$$\sigma_1 = -\sigma_3 = \tau = \frac{T}{W_t}$$

在圆轴的中间截面如图3.90(b)所示,沿圆周方向每隔90°粘贴一片与轴线成45°方向的电阻应变片,共计四片,并按图3.90(c)所示组成全桥测量电路。则四桥臂应变片感受的应变为

$$\varepsilon_1 = \varepsilon_4 = \frac{1}{E}(\sigma_1 - \mu\sigma_3) = \frac{1+\mu}{EW_t}T$$

$$\varepsilon_2 = \varepsilon_3 = -\frac{1+\mu}{EW_t}T$$

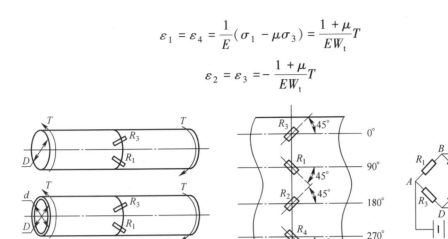

图 3.90 圆轴式弹性元件

由式(3.32)得到读数应变 ε_d 为

$$\varepsilon_d = 4\frac{1+\mu}{EW_t}T = \frac{2}{GW_t}T$$

由上式得到扭矩 T 与读数应变 ε_d 的关系为

$$T = \frac{GW_t}{2}\varepsilon_d \tag{3.65}$$

由式(3.32)得到电桥输出电压 U_0 与扭矩 T 的关系式为

$$T = \frac{2GW_t}{U_{AC}K}U_0 \tag{3.66}$$

对于实际受扭矩的轴,在应变片粘贴截面上还可能存在弯矩或轴力等内力,但图示的布片和组桥方案,可以消除这些内力分量对扭矩 T 的影响。

2. 多杆式弹性元件

如图 3.91(a)所示,为多杆式弹性元件,此类弹性元件主要用于制作小量程扭矩传感器。它由圆筒加工成四杆形式,当其承受扭矩时,四根杆件弯曲,变形情况见展开图 3.91(b)所示,杆件两端截面处的弯矩最大,将应变片粘贴在距杆端 a 处,并将四个应变片组成图 3.91(c)全桥测量电路。

图 3.91(d)是一根杆件的计算简图。在扭矩 T 作用下,每根杆端存在力 F 和弯矩 M,力 F 值为

$$F = \frac{T}{4R}$$

弯矩 M 可以通过材料力学中解超静定结构的方法,并利用杆件左端转角为零的条件求

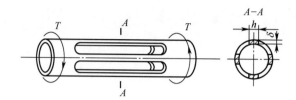

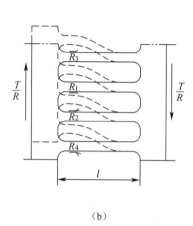

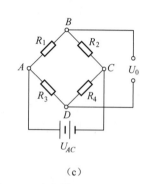

(a)

(b)　　　　　　　　(c)　　　　　　　　(d)

图 3.91　多杆式弹性元件

解,解得结果为

$$M = \frac{T}{4R}\left(\frac{l}{2}\right)$$

粘贴应变片截面处的弯矩为

$$M = \frac{T}{4R}\left(\frac{l}{2} - a\right)$$

粘贴应变片处的应变为

$$\varepsilon_1 = \varepsilon_4 = \frac{\dfrac{T}{4R}\left(\dfrac{l}{2} - a\right)}{EW} = \frac{3T\left(\dfrac{l}{2} - a\right)}{2ER\delta h^2}$$

$$\varepsilon_2 = \varepsilon_3 = -\frac{3T\left(\dfrac{l}{2} - a\right)}{2ER\delta h^2}$$

由式(3.32)得到读数应变 ε_d 为

$$\varepsilon_d = \frac{6\left(\dfrac{l}{2} - a\right)}{ER\delta h^2}T$$

由上式得到扭矩 T 与读数应变 ε_d 的关系为

$$T = \frac{ER\delta h^2}{6\left(\dfrac{l}{2} - a\right)} \varepsilon_d \tag{3.67}$$

由式(3.32)得到电桥输出电压 U_0 与扭矩 T 的关系式为

$$T = \frac{2ER\delta h^2}{3U_{AC}K\left(\dfrac{l}{2} - a\right)} U_0 \tag{3.68}$$

3.11.4 压力传感器

压力传感器指测量气体压力或液体压力的传感器。膜片式弹性元件是压力传感器应用最为广泛的一种弹性元件,可以测量容器和管道中的内压力,这种传感器所测压力范围为 0.1kPa~20MPa。

膜片式弹性元件的弹性体部分为一个周边固定、半径为 a 的圆形金属膜片,如图 3.92 所示,当承受压力为 p 时,膜片可看成是周边固定的圆形薄板而产生弯曲变形。设径向应变为 ε_r,环向应变为 ε_θ,则任意半径 r 处某点的应变为

$$\varepsilon_r = \frac{3p}{8h^2 E}(1 - \mu^2)(a^2 - 3r^2)$$

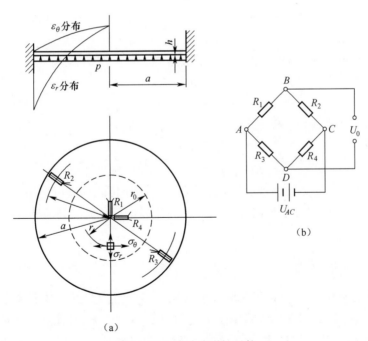

图 3.92 膜片式弹性元件

$$\varepsilon_\theta = \frac{3p}{8h^2E}(1-\mu^2)(a^2-r^2)$$

式中 p ——压力(Pa);

h、r ——膜片的厚度和任意半径;

E、μ ——膜片材料的弹性模量和泊松比。

应变 ε_r 和 ε_θ 沿 r 的变化规律如图3.92(a)所示,由于轴对称,只画出左边部分。在膜片中心($r=0$)处,ε_r 和 ε_θ 均达极大值,即

$$\varepsilon_{r\max} = \varepsilon_{\theta\max} = \frac{3pa^2}{8h^2E}(1-\mu^2)$$

当 $r=r_0=\dfrac{a}{\sqrt{3}}=0.58a$ 时,$\varepsilon_r=0$;当 $r>0.58a$ 时,则 ε_r 产生负值;当 $r=a$ 时,ε_r 达到绝对值最大

$$\varepsilon_r = -\frac{3pa^2}{4h^2E}(1-\mu^2)$$

若用小栅长应变片,两片贴于正值应变区的中心点处,如图3.92(a)中的 R_1 和 R_4,另两片贴于负应变区($r_2>r_0$),如图3.92(a)中的 R_2 和 R_3,组成图3.92(b)所示的全桥测量电路,则

$$\varepsilon_1 = \varepsilon_4 = \varepsilon_{r\max}, \quad \varepsilon_2 = \varepsilon_3 = -\varepsilon_r$$

所以由式(3.32)得到读数应变 ε_d 为

$$\varepsilon_d = 2(\varepsilon_{r\max} + |\varepsilon_r|)$$

综合以上各式,得到压力 p 和读数应变 ε_d 的关系为

$$p = \frac{4h^2E}{3(1-\mu^2)[a^2+|a^2-3r_2^2|]}\varepsilon_d \tag{3.69}$$

由式(3.32)得到压力 p 和电桥输出电压 U_0 的关系式为

$$p = \frac{16h^2E}{3U_{AC}K(1-\mu^2)[a^2+|a^2-3r_2^2|]}U_0 \tag{3.70}$$

根据膜片受力后的应变变化情况,可以制成专用的测压箔式应变片,如图3.93所示,此时,中间部分敏感栅感受的是环向应变 ε_θ(正值),周边部分的线栅所感受的是径向应变 ε_r(负值)。

3.11.5 多分力传感器

测量机械及风洞中的力时,很多场合需要采用多分力传感器。对于多分力传感器的要求是,对应于测量某分力的电路输出值应取决于该分力的大小,其余分力对它不影响或影响很小。多分力传感器的弹性元件形式有扁环式、组合式、杆式等。简单介绍三分力弹性元件结构以及应变片粘贴位置和测量电桥的连接。

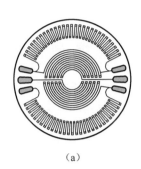 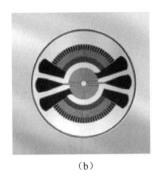

(a) （b）

图 3.93　压力传感器专用应变片

三分力弹性元件结构如图 3.94(a)所示。可测量 y 方向力 F_y,弯矩 M_z 和扭矩 T。

(1) 力 F_y 的测量。

1-1 截面和 2-2 截面处各粘贴两片应变片,组成图 3.94(b)所示测量电路,用于测量剪力分量 F_y。在该测量电路中正好消除了弯矩 M_z 引起应变的干扰。

(2) 弯矩 M_z 的测量。

A-A 截面为左侧平行的三杆的中点截面。在 A-A 截面处粘贴四片应变片,组成图 3.94(c)所示测量电路。该电路中,力 F_y 在 A-A 截面的弯矩为零,因此对 M_z 测量电路无干扰。

(3) 扭矩 T 的测量。

在截面 B-B 处的两块板①处粘贴图示的四片应变片,组成图 3.94(d)所示测量电路,在扭矩 T 作用下,左右两块板产生弯曲变形。图中板②是为了增加 xy 平面内抗弯刚度,从而减少 F_y 和 M_y 对 T 测量电桥的干扰。

3.11.6　位移传感器

将电阻应变片粘贴在相应的弹性元件上,可以制成位移传感器。一般对位移传感器的要求是:

(1) 在量程范围内分辨率要高;
(2) 刚度要小,不影响被测系统;
(3) 线性、重复性要好;
(4) 滞后要小;
(5) 频率响应要高;
(6) 安装使用方便。

上述要求(2)和(5)之间是相互矛盾的,传感器刚度小,频率响应就低。因此,电阻应变式传感器,不能用来测量高频率的动位移。在力学测量中,常用它制作测量材料机械性能的引伸计。工作频率不大于 100Hz。

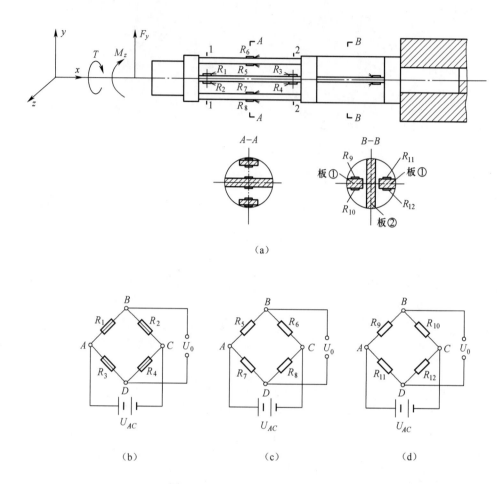

图 3.94 分段式三分力弹性元件

位移传感器的弹性元件有梁式、弓形式和其他形式。

梁式弹性元件如图 3.95 所示。在靠近悬臂梁的固定端,上下各贴两个应变片,组成全桥测量电路。

假设梁的宽度为 b,厚度为 h,根据材料力学知识,载荷作用点的位移为

$$w = \frac{Fl^3}{3EI} = \frac{4Fl^3}{Ebh^3}$$

若应变片粘贴位置与载荷作用点的距离为 a,粘贴应变片处的应变为 ε,测量电桥的读数应变为 ε_d,则载荷作用点的位移与读数应变为 ε_d 的关系式为

$$w = \frac{2l^3}{3ha}\varepsilon = \frac{l^3}{6ha}\varepsilon_d \tag{3.71}$$

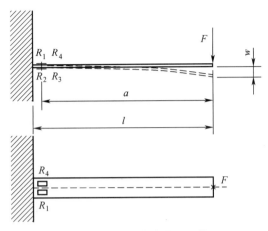

图 3.95　梁式位移弹性元件

尽管单悬臂梁也可制作位移传感器,但更多的是使用双悬臂梁式。图 3.96(a)为双悬臂梁式应变引伸计及其安装测试方法。测试时,使用小弹簧或橡皮筋将刀口压紧在试样上。标准标距通常设计为 20mm,测量时的满量程位移为 ±1mm 左右,所以测量时的满量程应变量高达 50000$\mu\varepsilon$。事实上,由于该传感器容易过载损坏,所以设计的满量程过载能力通常大于±2.5mm。如此大的应变量对测试电路的要求相当高,因为应变分辨率通常为 1$\mu\varepsilon$。为了提高测量精度,降低对测试电路的要求,常使用标距扩展附件将引伸计标矩延长,如图 3.96(b)所示。延长后的标距通常为 50mm。1mm 位移对应的应变量降为 20000$\mu\varepsilon$。如果不需要用于大应变测量,也可直接将传感器的标距制作成 50mm,以方便使用。

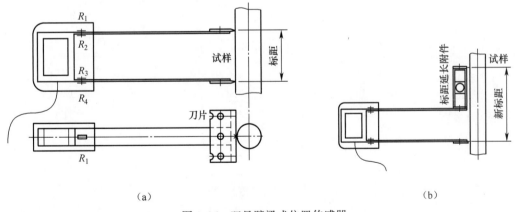

(a)　　　　　　　　　　　　　　(b)

图 3.96　双悬臂梁式位置传感器

图 3.97(a)为双悬臂梁式裂纹扩张位移(即 COD)引伸计,它与应变引伸计的工作原理相同。图 3.97(b)为实际测试时的安装使用图。裂纹扩张位移测试是断裂力学最重要

的实验,静态试验时用于测量材料的应力强度因子,动态试验时用于测试裂纹扩展速率。

应变引伸计通常不用来测量大位移,大多数情况下,测量位移值不大于 5mm。但位移分辨率可以很容易达到 $0.01\mu m$,而且有很好的测量稳定性和重复性,常用于精密位移测量。工作频率不大于 100Hz。

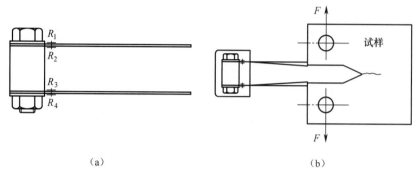

图 3.97 双悬臂梁式 COD 引伸计及安装使用示意图

3.11.7 加速度传感器

使用应变片制作的加速度传感器,其工作原理与位移传感器类似。如图 3.98 所示,质量块固定于柔性梁的端部,靠近柔性梁的固定端粘贴有应变片 $R_1 \sim R_4$。当传感器箱体以加速度 a 向右(或向左)移动时,根据达朗伯原理,柔性梁相当于在其端部受到一与加速度 a 方向相反的作用力(惯性力)ma,从而引起梁变形。将应变片组成惠斯顿电桥,即组成了一个单自由度的加速度传感器。显然,如果柔性梁不处于垂直位置时,重力加速度也将引起梁变形,所以,利用该原理制作的加速度传感器,使用时必须注意其使用环境。

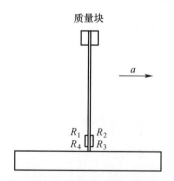

图 3.98 加速度传感器工作原理

利用该原理,也可制作成三自由度的加速度传感器。只需使用三片相互垂直布置的柔性梁固定于传感器箱体上,引出三个惠斯顿电桥即可(图 3.99)。

随着电子技术的发展,这种结构的三维加速度传感器已逐渐被全电子三维加速度传

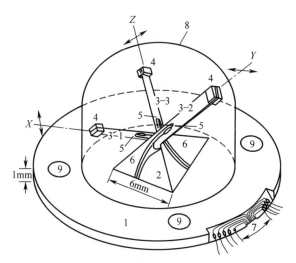

图 3.99 三维加速度传感器结构
1—平台；2—三角形重物 3-1、3-2、3-3—振动板 4—质量块
5—应变片 6、7—引线 8—玻璃罩 9—安装孔

感器替代。全电子三维加速度传感器体积小、精度高、价格低廉、使用方便。此处介绍应变式三维加速度传感器，仅用于说明应变式传感器的应用是非常广泛的。

3.12 电阻应变式传感器的精度、校准与使用

3.12.1 电阻应变式传感器的精度

传感器的精度（精确度）是指对传感器误差的综合评定。与仪器的精度等级评定类似（参见 2.1.3 节），传感器的精度常使用满量程误差（FS 或 F.S.，即引用误差限）表示，精度定级则为该误差的定级百分数。如综合精度为 0.1% 的传感器称为 0.1 级；综合精度为 0.01% 的传感器称为 0.01 级等。精度等级序列通常为 0.01、0.02、0.03、0.05、0.1、0.2、0.3、0.5、1.0、1.5、2.5 等。

计量用传感器的精度分级较为复杂，不同的国别可能使用不同的分级方法和标准。以称重传感器为例，我国国家标准 GB/T 7551—2008 推荐将称重传感器分为四个精（准）确度等级：A 级、B 级、C 级和 D 级。每一等级又细分为若干细分级，如 C1、C1.5、C2、C3 等。以最大检定分度数区分称重传感器的分级，如表 3.3 所示。

表 3.3 称重传感器的最大检定分度数

精确度等级	A 级	B 级	C 级	D 级
下限	50000	5000	500	100
上限	不限	100000	10000	1000

以 C 级称重传感器为例,确定精确度等级的传感器最大分度数以 1000 为单位表示。如:C3 级称重传感器表示传感器的精确度等级为 C3 级,检定分度值为 3000,对应的测力传感器精度为 0.02 级。C2 级称重传感器表示传感器的精确度等级为 C2 级,检定分度值为 2000,对应的测力传感器精度为 0.03 级。

传感器的精度高并不代表测试系统具有很高的精度。系统精度由传感器精度、传感器量程、仪表精确度、使用环境、测试对象的测量范围等诸多因素决定。对电阻应变式传感器而言,除传感器精度外,最重要的就是传感器量程和测试仪表精度。使用大量程的传感器测试小量程的物理量必然得不到很高的测量精度。测试仪表的零漂、温漂、长期稳定性也极大地影响着系统测量精度。因此,选择精度合适的传感器及其匹配的仪表,才能以最小的成本得到最理想的结果。

3.12.2 电阻应变式传感器的校准

传感器使用时必须经过校准(Calibration,也称标定),否则无法知道传感器的输出与被测物理量间的确切关系。标定过程可分为对传感器标定和对测试系统标定两种不同情况。大多数情况需对测试系统标定,即对传感器输入给定值的物理量(标准量),直接将测试系统的测量结果调整到标准量示值。

以汽车衡的标定为例,通常在汽车衡上加载一定数量的砝码(如 10t),然后将汽车衡仪表输出调整到该值。除这种简单校准外,标定过程通常还检查系统的零漂、线性度、重复性、滞后等指标。

对不同的传感器需采用不同的标定方法。即使是同一种传感器或同一种测试设备也可使用不同的方法进行标定。仍以汽车衡标定为例,施加 10 吨砝码是一件非常麻烦的工作。这些砝码的搬运、储存、校准、校准时的放置都是非常困难的,有时甚至是非常危险的,所以已逐渐由电子测力计校准代替砝码校准。只需在汽车衡基座上加装一个加力装置,使用经过更高精确度校准的称重传感器和一个液压千斤顶即可完成校准过程。

不一定需要对传感器直接标定,但对于大量使用的通用传感器,应该对单个传感器标定。如称重传感器、压力传感器等。高精度的称重传感器、测力传感器、压力传感器在出厂前一定已经经过校准,并经过灵敏系数修正。

电阻应变式传感器通常标定其满量程输出灵敏度,简称灵敏度。满量程输出灵敏度指传感器满量程加载时,给传感器供桥电压 1V,传感器的输出电压值。譬如,量程为 2000kg 的称重传感器在称重 2000kg,供桥电压为 1V 时,传感器输出 2mV,则称该传感器的输出灵敏度为 2mV/V。除部分小载荷测力传感器(1kg 以下)和位移传感器外,大多数电阻应变式传感器的设计输出灵敏度不小于 2mV/V。部分小载荷测力传感器和应变式位移传感器使用较小的设计输出灵敏度是为了防止传感器的意外过载而损坏。

3.12.3 电阻应变式传感器的灵敏系数修正

传感器输出灵敏度不一致将给传感器更换带来极大麻烦。尽管大多数使用传感器的场合配备有现场标定功能,但往往不是很方便。有时标定一个设备需动用大量人力物力,并花费大量时间,严重影响设备的使用。如果更换的传感器灵敏度一致,则更换后即可直接使用,误差在可控范围内。因此,如果不是定制的单件产品,不应选用灵敏度不一致的传感器产品。

用于制作汽车衡的传感器必须使用灵敏度一致的产品,因为一台汽车衡至少使用4个传感器。这些传感器分别支撑于平台的四个角上,并联连接后接到仪表的放大器输入端,仪表的指示值取四个传感器的平均值(参见3.6.4节)。如果这些传感器的灵敏度不一致,则当载荷压在平台的不同位置时,仪表的示值将有所不同,这是不允许的。

优质的传感器在出厂前均进行了灵敏系数修正,使用户在更换传感器时不必重新校准,或者用于制作汽车衡时使传感器匹配。多数厂家将称重传感器和测力传感器的输出灵敏度校准为2mV/V。质量上乘的称重传感器和测力传感器出厂时的输出灵敏度一致性优于0.1%,如中航电测的HM9A型称重传感器。为降低成本,有些称重传感器灵敏度校准时的精度不高,如中航电测的L6E(C4/C5级)传感器,输出灵敏度校准为(2±0.2)mV/V,用户在使用前需进行重新校准。低端廉价的传感器的输出灵敏度不修正,灵敏度不一致性可能大于30%。

灵敏系数修正的原理很简单:在供桥端串联电阻,如图3.100(a)的电阻R_S所示,使电桥的实际供桥电压降低,从而使传感器的灵敏度下降到需要值。该电阻通常称为灵敏度补偿电阻。图中E+、E-为供桥端,Y+、Y-为信号输出端。

对于高精度传感器,仅有灵敏系数修正还不够。由于应变片灵敏度及弹性元件的非线性问题,通常还需进行温度系数修正。使用带温度系数的电阻R_t串接在供桥电路中,如图3.100(a),以修正由于温度变化引起的传感器灵敏度变化。电阻R_t称为温度补偿电阻。如果温度补偿电阻的阻值较大,则也常改为与R_S并联,如图3.100(b)所示。有些传感器为使桥臂电阻对称,使用正负端对称补偿的方式进行灵敏度修正,如图3.100(c)所示。这种补偿方式更利于多个传感器并联使用,相应的传感器制作成本将有所提高。

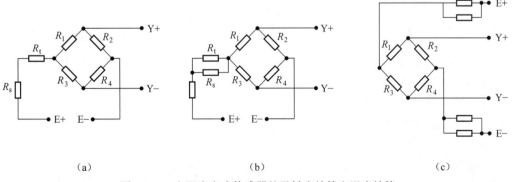

图3.100 电阻应变式传感器的灵敏度补偿和温度补偿

3.12.4 电阻应变式传感器的仪表

理论上,电阻应变式传感器的仪表是可以通用的,尤其是单通道仪表。电阻应变仪就是通用型电阻应变式传感器仪表的代表产品。但在工程中应用时,通常还应考虑使用成本、使用的方便性、长期稳定性、校准后禁止随意变更基准数据、专用的数据通信等,所以多数电阻应变式传感器配备专用仪表。图 3.101(a)、(b)所示为上海耀华生产的称重传感器专用仪表实例。

(a)

(b)

图 3.101 应变式传感器的专用仪表(称重传感器仪表)

尽管外形可能不同,但传感器仪表的基本功能是相似的:电源电路、供桥电路(通常为 5~10V 恒压供桥)、A/D 转换电路、数据处理电路、显示输出电路。有些仪表配备网络接口或打印机。电源电路能够提供稳定的低波纹的直流电源,同时可使用蓄电池供电以方便使用;A/D 转换电路普遍采用 24 位 Σ-Δ 的 A/D 转换器,从而能在百万分之一分辨率时,还能保证足够的数值稳定性(在传感器性能稳定的前提下),而且通常不再使用信号放大电路。

显然,图 3.101 所示的仪表不仅可用于测力仪表,也可用于压力传感器和应变引伸计(仅用于准静态测量)。不过大多数应变引伸计只用于材料试验机(见第 4 章),因而二次仪表通常会集成在系统中。

3.12.5 电阻应变式传感器的接线方式

大多数应变式传感器使用四线连接,如图 3.102(a)所示。其中二线为供桥电压输入端(E+、E-),另二线为输出端(Y+、Y-)。当缺少资料难以区分供桥输入端和输出端时,可以使用万用表 2kΩ 电阻挡测量桥臂电阻:供桥端(E+、E-)两线间的阻值大于输出端(Y+、Y-)。输入/输出电阻值相同的传感器未经过灵敏系数修正,属于廉价低端的传感器产品。

尽管将输出端连接供桥端,将供桥端作为输出端使用也可使电路正常工作(尤其对于现场标定的系统可能感觉不到区别),但建议应该严格区分,因为输入/输出接反时,传感器的性能将受到影响,且更换传感器时必须重新进行现场标定,否则可能带来很大误差。

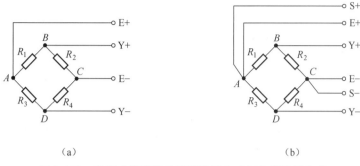

图 3.102 应变式传感器的四线连接方式与六线连接方式

导线对传感器输出灵敏度的影响是不可忽视的。以桥臂电阻 350Ω 的称重传感器为例,如果使用的导线截面积较细且长度较长,则导线电阻可能超过 0.5Ω(截面积较细时,10m 长度的导线电阻值即可能超过 0.5Ω),这时即可导致 0.14% 灵敏度的下降。如果传感器桥臂电阻值较低,或者使用多传感器并联测试,则灵敏度下降问题将更严重。

为了防止因导线延长而导致测量精度下降,高精度传感器常常使用 6 线连接方式,如图 3.102(b) 所示。六线连接方式只有当配用的传感器供桥电路(仪表的供桥电路)支持反馈检测时才有意义。除常规的供桥输入端(E+、E−) 和信号输出端(Y+、Y−)外,还增加反馈输出端(S+、S−)。反馈输出端也称感知端(Sense),用以感受传感器供桥端的电压。当该电压低于额定值时,通过提高供桥电压来补偿灵敏度的损失。

不使用长导线时,六线连接方式与四线连接方式并无多大区别。显然,当使用长导线时,只有四线连接的传感器也可按六线连线方式接线,只需在传感器端将 E 端和 S 端相连即可。

注意:六线连接方式仅在仪表支持反馈输入时才能使用,否则只能使用四线连接方式。仪表以 4 线方式连接传感器且经校准后,传感器的导线长度不可改变。如果需要更换传感器,则不仅更换的传感器与原传感器的灵敏度必须相同,其导线长度也应相同,否则仪表应重新校准。

3.13 电阻应变式传感器的设计与应用案例

3.13.1 悬臂梁剪切式传感器的设计

尽管各种类型的传感器都可以直接购得,但研究传感器的设计对学习应变测试技术很有必要。此处以 5 吨级(50kN)悬臂梁剪切式测力传感器(以下简称为剪切梁式传感器)的设计为例说明设计要点。

1. 传感器外形及安装固定形式

传感器外形通常需要根据实际需要确定。剪切梁式传感器通常设计成如图 3.103 所示的式样。F_1 和 F_2 为固定传感器的紧固螺栓所加的力,F_R 为安装底板对传感器的约束反力。F_L 为外加载荷。截面形式设计成最简单的矩形截面,以方便加工。为了在测试段产生剪力,左侧底面高于固定面是必要的,通常高差 2mm 左右即可。

平衡 F_L 的力主要为 F_2 与 F_R。由于各力作用位置的相对关系,F_2 通常为 F_L 的 1.4~2 倍左右,对于承载 5 吨的传感器而言,F_2 必须大于 10 吨(注:对于这一类问题,重力加速度通常近似按 10N 计算;此处先按 2 倍力计算)。

事实上,考虑到 F_L 达到满量程时,F_2 必须远大于 10 吨,才能保证传感器底面与安装底板的可靠接触,所以 F_2 按 15 吨的要求设计是合理的。

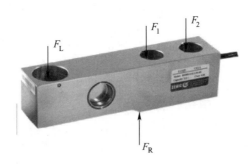

图 3.103 工字形截面悬臂梁剪切式传感器

2. 各部分尺寸的初步确定

选择高强度螺栓(10.9 级①以上),则固定螺栓的屈服强度可按 900MPa 估算,安全因数取 1.5。

$$A = \frac{\pi d^2}{4} \geqslant \frac{F}{[\sigma]} = \frac{1.5 \times 150000}{900 \times 10^6} = 0.000250 \text{m}^2$$

$$d \geqslant 17.8 \text{mm}$$

所以,需选择 M20 以上的螺栓(M20 螺栓的螺纹小径②为 17.23mm)。查看多家的传感器厂家,会发现大多数 5 吨级的剪切梁式传感器采用 M20 的连接螺栓,有些甚至采用 M18 的螺栓连接。所以,如果需使用较小公称直径的螺栓,必须减小尺寸 L_1 与 L_2 的比值(图 3.104),或者选择更高强度的螺栓,如强度等级为 12.9 的螺栓。最终决定将 L_1 与 L_2 的比值减小到 1.4 左右,采用 M18 的螺栓连接,可以满足强度要求。如果选择 M20 的螺

---

① 螺栓强度等级:连接用以螺栓强度等级分为 3.6、4.6、4.8、5.6、6.8、8.8、9.8、10.9、12.9 等 10 余个等级,通常用 x.y 形式标注。表示材料的屈服强度为 $x \times 100 \times (0.1y)$,单位为 MPa。以 8.8 级为例,屈服强度为 $8 \times 100 \times (0.1 \times 8) = 640$MPa。同理 12.9 级螺栓材料的屈服强度为 $12 \times 100 \times (0.1 \times 9) = 1080$MPa。8.8 级以上的螺栓统称为高强度螺栓,通常采用合金钢制造。

② 螺纹的大径与小径:螺纹的牙顶直径称为大径,牙底直径(也称牙根直径)称为小径。大径可按公称直径计算,小径则根据牙距的不同需查表确定。以 M20 公制螺纹为例,分别为 20mm 和 17.23mm。螺栓的强度应按小径计算,开孔则应按螺纹的大径计算,并考虑适当的装配间隙。

栓,则可使用强度等级为 8.8 的螺栓。考虑到可能使用 M20 的螺栓,所以螺栓安装孔直径 d_1 取 21mm。

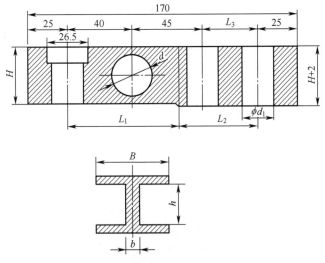

图 3.104 传感器外形尺寸的计算

两个螺栓孔间的距离由螺栓直径决定,通常不应小于螺栓直径的两倍,否则两颗螺栓安装时可能产生尺寸干涉。此处 L_3 定为 35mm。L_2 必须大于 L_3 加螺栓半径以上,所以可取 50mm。L_1 取较小值有利于减小传感器整体尺寸,所以此处取 70mm。此时的最大弯矩为 3.5kN·m,如果应变片粘贴截面离载荷作用点距离取 40mm,则该截面弯矩为 2.0kN·m。

应变片粘贴截面通常做成工字形截面。为方便应变片的粘贴,开孔尺寸 d 不宜过小,此处初步定为直径 25mm,可以粘贴敏感栅尺寸大约为 $10 \times 10 mm^2$ 的 ±45° 应变花(取决于应变片的形式,最大可以达到 $15 \times 15 mm^2$)。这样,在上下边沿预留 5mm 时,截面尺寸如图 3.105 所示。

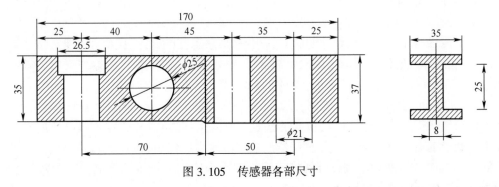

图 3.105 传感器各部尺寸

悬臂梁部分的强度主要由弯曲强度决定。选用屈服强度为 900MPa 的优质合金钢制作传感器,在安全系数为 1.5 时的许用应力为 600MPa。应变片粘贴截面的抗弯截面系

数为

$$W = \frac{BH^2 - (B-b)h^2}{6}$$

此处 b 未知，可按腹板平均应力估算

$$\tau = \frac{F_L}{bh} = \frac{50000}{0.025b} \leq [\tau] = \frac{[\sigma]}{2} = 300\text{MPa}$$

b 应大于 6.7mm。注意：b 取值过大虽然对传感器的强度有利，但会影响传感器的信号输出灵敏度，所以取 7~8mm 比较合理。此处取 8mm，则由弯曲正应力强度

$$\sigma = \frac{M}{W} \leq [\sigma], \quad B(H^2 - h^2) + bh^2 \leq 6\frac{M}{[\sigma]}$$

可得 B 不应小于 25mm。考虑到加载端的安装孔尺寸，传感器厚度 B 取 35mm 比较合适。这个尺寸对应变片粘贴截面的最大切应力影响很小。

3. 传感器的输出灵敏度

传感器的输出灵敏度通常以满量程时供桥电压为 1V 时的输出电压幅度表示。大多数标准的测力传感器为 2mV/V，综合精度为 0.1% 或 0.2%。

为估计设计的传感器的输出灵敏度，计算贴片部位的应变（取 $E=210\text{GPa}, \mu=0.3$）：

$$\sigma_1 = -\sigma_3 = \tau = \frac{F_L S_z^*}{I_z b} = \frac{50000 \times 2.875 \times 10^{-6}}{0.0785 \times 10^{-6} \times 0.008} = 229\text{MPa}$$

$$\varepsilon_{45°} = -\varepsilon_{-45°} = \frac{\sigma_1 - \mu\sigma_3}{E} = \frac{(1+\mu)\tau}{E} = \frac{(1+0.3) \times 229 \times 10^6}{200 \times 10^9} = 0.00149 = 1490\mu\varepsilon$$

传感器连接成全桥测量电路，读数应变为单片测量应变的四倍。当应变片灵敏系数为 2.1 时，传感器输出灵敏度用公式(3.31)计算，为

$$U_o = \frac{U_{AC} K}{4}\varepsilon_d = \frac{1 \times 2.1 \times 4 \times 0.00149}{4} = 0.00313 = 3.13\text{mV/V}$$

4. 其他考虑因素

（1）灵敏度修正。

由于传感器加工时机械尺寸的误差、应变片粘贴工艺的误差、应变片本身灵敏系数的误差等，实际制成的传感器输出灵敏度常常很分散。为了使成品传感器的输出灵敏度一致，常常需对传感器的灵敏度修正（参见 3.12.3 节）。

灵敏度修正通常采用串联电阻，以减小输出灵敏度的方法实现，所以传感器设计时，必须使未经修正的传感器输出灵敏度足够大。拟修正到 2mV/V 的传感器设计输出灵敏度不应低于 2.4mV/V。有些成品传感器的输出灵敏度达到 3mV/V，则设计输出灵敏度不应低于 3.5mV/V。所以本例设计的传感器不宜用于输出灵敏度为 3mV/V 在成品生产，否则可能造成某些成品灵敏度达不到 3mV/V 而报废。

专业生产厂的传感器灵敏系数修正电阻也使用金属膜片制造，使用激光切割的方法保证传感器的输出灵敏度的一致性。使用电位器修正时，不仅制造成本高，电位器的使用

寿命通常低于传感器本身。小厂生产时,可以使用线绕电阻代替激光切割修正,但效率低下且精度不高。

(2) 引线。

必须在不影响安装的位置开孔以安装引线,并考虑牢固的引线接头,以保证传感器的使用寿命。

(3) 封装。

应变片粘贴部位、引线部位必须使用低模量的密封材料进行封装保护。如图3.103所示的保护盖通常使用硅胶粘贴,以免影响传感器的测试线性度。由于不能使用高模量密封材料作防护,大多数传感器不具备IP65[①]以上防水保护的能力。

(4) 传感器材料选择。

尽管大多数测力传感器采用优质合金钢制造,但铝合金和钛合金也是很好的传感器制造材料。尽管铝合金的强度远低于优质合金钢,但低得多的弹性模量(约70GPa左右)使传感器的输出灵敏度更大。铝合金的优异的散热性能也使传感器的温度稳定性较好。所以1吨以下的小载荷传感器适合使用铝合金制作。

钛合金不仅有低的弹性模量(约100GPa左右),还有很好的强度(TC4的屈服极限大于800MPa),从而有很长的线性段。其材料的线性优于铝合金。但钛合金价格较高,通常仅用于制造高精度小体积的弹性元件,如应变引伸计等。钛合金制作的传感器另一个缺陷是因为钛合金的散热性能差,制作的传感器温度稳定性难以保证。

3.13.2 弯曲梁式应变引伸计的设计

应变引伸计实际上是一个微位移传感器,测试量程通常不大于5mm,分辨率应该达到10nm量级,大多数采用应变片制作。

不同于测力传感器,应变引伸计设计时要关注以下几个方面:测试时加载力要小,以免影响试样的实际载荷;变形量要适中,但通常应该达到20000με;安装时基准标距准确,不应使用附加部件确定标距;试样安装过程中或试样拉断后传感器的弹性元件部分不应损坏;安装刀口的崩坏很难避免,所以应容易更换且更换成本低廉。

本例以弯曲梁式应变引伸计为例,说明传感器的设计要点。

1. 传感器外形及安装固定形式

弯曲梁式应变引伸计封装以后的外形如图1.11所示,基本结构如图3.106所示。弹性体为弯成半框的矩形截面刚架。最大弯矩为$F(l+l_1)$,弹性体的弯矩图如图3.106(a)所示。暂定尺寸$l=80$mm,$l_1=25$mm,工作载荷F不大于1N,原则上越小越好。引伸计设计量程取4mm。

选择高强度合金钢制作弹性元件,热处理后屈服强度按900MPa计算。可以直接选用板材经切割加工得到所需形状。为加工方便,初步选择使用等宽度薄板加工弹性元件,

---

① IP6X为电器外壳防护等级的分级。具体规定参见GB/T 4208—2017。

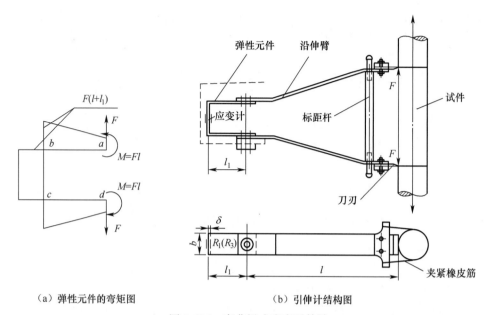

(a) 弹性元件的弯矩图　　　　(b) 引伸计结构图

图 3.106　弯曲梁式应变引伸计

宽度暂定 10mm,钢板厚度待定。考虑到安装时的过载难以控制,工作应力控制在 300MPa 以内(即安全因数 3.0),传感器满量程输出灵敏度应不小于 1.0mV/V。

2. 引伸计位移的近似计算

由于引伸计使用时必须经过校准,所以实际灵敏度有 30% 的设计误差也可以接受,所以此处采用近似计算:引伸计刀口位移按图 3.106(a)中 a、d 两截面的相对转角乘以 l 计算,忽略 a、d 两截面的相对位移及延伸臂的变形(精确的计算可待最终尺寸确定后核算)。采用材料力学的能量方法,不难求得 a、d 两截面的相对转角为(设 bc 间的尺寸为 l_2)

$$\theta_{ad} = \frac{[F(l+l_1) + Fl]l_1 + F(l+l_1)l_2}{EI} = \frac{2Fl_1l + Fl_1^2 + Fl_2l + Fl_1l_2}{EI}$$

为简化起见,先按 $l_2 = l_1$ 计算。令 $\theta_{ad}l = \Delta = 4$mm,则

$$\theta_{ad}l = \frac{3Fl_1l + 2Fl_1^2}{EI}l = \frac{(3l_1l^2 + 2l_1^2l)F}{EI} = \Delta$$

弹性体厚度取 1mm 时,

$$EI = 200 \times 10^9 \times \frac{0.01 \times 0.001^3}{12} = 0.17 \text{N} \cdot \text{m}^2$$

$$F = \frac{\Delta \cdot EI}{3l_1l^2 + 2l_1^2l} = 1.17 \text{ N}$$

略大于 1N 的设计要求。由于实际变形大于近似算法,所以实际载荷 F 应该接近设计

目标。

3. 引伸计贴片部位的应变及引伸计灵敏度估计

刚架 bc 部分弯矩为常数,只要避开拐弯处均可粘贴应变片。由最大弯矩 $M=F(l+l_1)$ 不难算出,这时的贴片部位弯曲正应力仅为 74MPa,应变量仅 $369\mu\varepsilon$(弹性模量按 200GPa 计算)。

传感器连接成四臂全桥测量电路,读数应变为单片测量应变的四倍。当应变片灵敏系数为 2.1 时,传感器输出灵敏度用式(3.31)计算,为

$$U_o = \frac{U_{AC}K}{4}\varepsilon_d = \frac{1 \times 2.1 \times 4 \times 369 \times 10^{-6}}{4} = 0.00077 = 0.77\text{mV/V}$$

这个传感器的满量程输出灵敏度仅 0.77mV/V,不满足设计要求。如果精确计算,该值还会更小。显然,延伸臂应该具有较高的刚度,否则传感器的输出灵敏度还可能大大减小。

显然,传感器的实际使用量程可以远大于 4mm,这对于传感器的过载保护是有利的。大多数应变引伸计的允许使用量程不大于 10mm。通过本设计案例的计算依据不难判断,当量程超过 4mm 时,刀口载荷 F 将超过 1N。

4. 灵敏度提高的方案考虑

尽管上面设计的传感器灵敏度未达到设计要求,但事实上仍是一个可以实用的设计。延伸臂通常使用较轻的铝合金制作,最好采用工字形截面以提高抗弯刚度。必要时,结构形式可以适当变形,如图 3.107 所示或类似结构。

进一步的优化可以从以下几个方面考虑。

(1) 减小材料的弹性模量,即改变弹性体的制造材料。钛合金是较理想的材料。由于工作应力不大,也可以使用铝合金。同样大小的工作载荷 F,弹性模量较小时可以得到更大的应变,从而使传感器输出灵敏度提高。

(2) 在允许加大工作载荷的前提下,加大弹性体的厚度,可以提高工作应力,从而使传感器的输出灵敏度提高。

(3) 弹性体不变时,减小延伸臂 l 的长度,也可提高传感器的输出灵敏度,并且使传感器尺寸减小,方便使用,但此时的工作载荷将随之增大。延伸臂长度过短则传感器的标距必定减小,不适合长试样的精确测量。

(4) 由于弹性体贴片部位的高度 l_2 不宜减小(l_2 过小则应变片粘贴困难),为减小 a、d 两截面的相对转角 θ_{ad},可以减小水平部分的长度 l_1。

总之,除方案(1)外,其他所有方案在增大引伸计输出灵敏度时,必定增大测量时的负载 F。对于大尺寸的金属材料试样,增大 F 对测试结果影响不大,但对于小尺寸试样、低弹性模量试样(如橡胶、塑料、纤维等)、小载荷试验等,影响不能忽略。

5. 引伸计的标距基准及过载保护

传感器正常使用时,数牛的载荷极容易超过,从而使传感器因意外过载而损坏,所以过载保护是应变引伸计设计时必须考虑的问题,其中量程限制是过载保护基本措施。通

过机械方法限制量程的同时,提供传感器的量程基准。

机械限位是最容易实现的量程限制方法。使用金属拉杆制作是最常见的方法,图3.106(b)中的标距杆即起该作用。该杆应该越轻越好,所以常使用铝合金制作。图3.107中,结构形式虽然不同,但工作原理及起到的作用是相同的。见引伸计中部的连接部位。

传感器安装时,通过插销等手段使上下刀口的相对位置固定,安装好后,拔除插销再调整放大器零点或记录零位。试样拉断时,常常发生固定传感器的刀口从试样上脱落的情况,甚至整个传感器从试样上掉落,从而损坏传感器,这时靠量程限位装置防止传感器变形过大而损坏。

图 3.107　应变引伸计的沿伸臂

刀口卡在试样上,通常使用橡皮筋扎紧即可。图 3.107 中的引伸计改用了弹簧,使用更为方便。使用定制刀片的情况较为普遍,但定制刀片时,百件以下的定制成本相对较高,应变引伸计试制时,可以购买图 3.108 所示的单面刀片。在红圈处用砂轮磨一缺口,防止橡皮筋滑脱。刀片上的孔便于安装定位,装刀片时,可以将铝夹去除。

图 3.108　可用于应变引伸计的单面刀片

复　习　题

3.1　试述电阻应变片的工作原理。

3.2 试述丝绕式、短接式和箔式应变片的优缺点。

3.3 试述电阻应变片的主要工作特性。

3.4 什么是应变片的灵敏系数？怎样进行标定？

3.5 用加长或增加栅线数的方法改变应变片敏感栅的电阻值，是否能改变应变片的灵敏系数？为什么？

3.6 应变片热输出与哪些因素有关？

3.7 应变片测量的应变是下述三种情况中的哪一种？

(1) 应变片栅长中心点处的应变；

(2) 应变片栅长长度内的平均应变；

(3) 应变片栅长两端点处的平均应变。

3.8 测量电桥的基本特性是什么？合理地利用电桥特性，在应变测量中有什么作用？

3.9 测量电桥有几种连接方法？不同的连接方法测量灵敏度是否相同？

3.10 公共接线法有什么优点？公共补偿片对补偿点数是否有限制？

3.11 某未知主应力方向的二向应力状态被测点：

(1)若要测量其主应力的大小和方向，需要粘贴几片应变片？

(2)应变电测法能直接测量应力吗？

(3)推导用三个应变片间的夹角分别为$-45°$、$0°$、$+45°$的应变花测量主应力时的应变-应力换算公式。

3.12 推导纯剪应力状态单元体切应力与主应变的关系式。

3.13 当使用同一台电阻应变仪，连接具有不同灵敏系数的应变片测量应变时，应变仪的灵敏系数如何设置？读数应变值应如何修正？若被测件上应变片的灵敏系数$K = 2.19$，应变仪的灵敏系数设为$K_{仪} = 2.00$，某应变片的读数应变为$\varepsilon_d = 640\mu\varepsilon$，问该点的被测应变应为多少？

3.14 一应变片粘贴在被测试件上，应变片阻值为120Ω，灵敏系数为$K = 2.13$。当被测试件产生$750\mu\varepsilon$时，应变片的阻值将变化多少？

3.15 分别用康铜和镍铬材料制成的应变片阻值均为120Ω，灵敏系数K均为2.13，将两种材料的应变片都粘贴在线膨胀系数为$11\times10^{-6}/°C$的结构钢上。康铜线膨胀系数为$15\times10^{-6}/°C$，电阻温度系数为$12\times10^{-6}/°C$；镍铬线膨胀系数为$14\times10^{-6}/°C$，电阻温度系数为$13\times10^{-6}/°C$。问温度变化$1°C$时，它们的电阻变化分别相当于多少微应变？

3.16 在一等强度悬臂梁的上下表面各贴一应变片，如题图3.16所示，其电阻值均为120Ω，灵敏系数$K = 2.00$。已知梁的长度$l = 250$mm，厚度$h = 3$mm，根部的宽度$b = 80$mm，梁的弹性模量$E = 200$GPa，载荷$F = 100$N，试计算：

(1) 应变片的电阻变化量ΔR；

(2) R_1、R_2接成半桥，供桥电压$U_{AC} = 3$V时，电桥的输出电压U_o为多少？

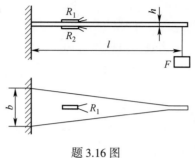

题 3.16 图

3.17 应变片标定装置如题 3.17 图所示，$R=120\Omega$，$K=2.00$。若分别并联电阻 $R_{P1}=200\times10^3\Omega$，$R_{P2}=100\times10^3\Omega$，问相当于感受多大应变？

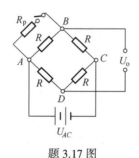

题 3.17 图

3.18 如题 3.18 图所示为起重吊车，其吊钩可在 L 长度范围内移动。现欲测定吊车的载荷 F，试问：
（1）在吊车梁的哪个横截面上布片较合理？
（2）该在截面的哪个位置，沿什么方位粘贴应变片？
（3）如何接桥？请说明理由。

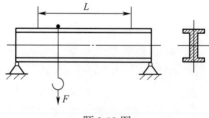

题 3.18 图

3.19 如题 3.19 图所示矩形截面的悬臂梁，F 作用在 xoy 纵向平面内，离杆件轴线有一偏心距 e。已知材料的弹性模量 E，问：该选择在何截面、如何布片、如何组桥方可测出偏心距 e 及力 F 的大小。

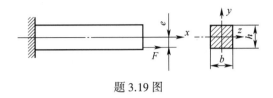

题 3.19 图

3.20 题 3.20 图所示为一个测力传感器的钢制圆筒,其上贴有八个应变片。试将该八个应变片接成全桥以消除测轴向力时的偏心影响。

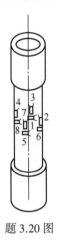

题 3.20 图

3.21 有一偏心受压短杆如题 3.21 图所示。欲得到载荷作用点位置,在杆上贴有四个应变片,确定组桥方案,并写出载荷位置与读数应变 ε_d 之间的关系式。

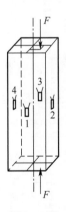

题 3.21 图

3.22 拐臂结构受载如题 3.22 图所示,设几何尺寸、材料常数均已知,用电测法如何贴片组桥能测得 F_x、F_y、F_z,并写出各方向力 F 与读数应变 ε_d 的关系式。

3.23 测点上应变花的粘贴位置如题 3.23 图所示。实验测出 $\varepsilon_{(1)} = 240\mu\varepsilon$，$\varepsilon_{(2)} = 440\mu\varepsilon$，$\varepsilon_{(3)} = -50\mu\varepsilon$，求出该点的主应力（结构材料的弹性模量 $E = 210\text{GPa}$，泊松比 $\mu = 0.28$）。

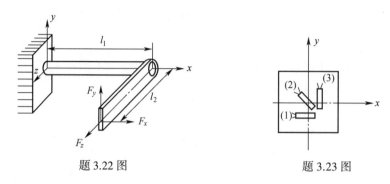

题 3.22 图　　　　　题 3.23 图

3.24* 试分析题 3.24 图所示剪切式传感器两种贴片方式的优劣。

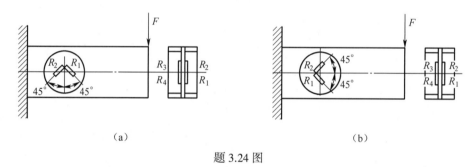

（a）　　　　　　　　（b）

题 3.24 图

3.25* 试说明题 3.25 图所示 S 型剪切式传感器的两种贴片方式对测试精度并无影响的原因。

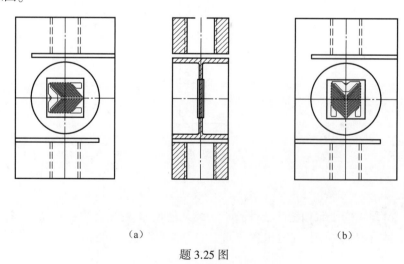

（a）　　　　　　　　（b）

题 3.25 图

第4章 金属材料力学性能及测试原理

4.1 概 述

材料的力学性能是指材料在外力作用下的力学行为,包括强度指标、塑性指标和弹性指标。这些指标都是通过试验、测试而获得的,是零件、结构件强度设计的依据。材料的力学性能在机械行业内常称为机械性能,本书作为《材料力学》的配套用书,并不严格区分这两个名词的使用。

材料的力学性能指标测试是材料力学实验的主要内容之一。金属材料的力学性能指标除了取决于材料的化学成分、金相结构、表面和内部缺陷外,还与测试方法、试样形状、尺寸、加工精度、环境温度等有关。因此,为了使测试的力学性能在国际、国内都能通用(能互相对照、引用),对试样、试验设备和试验方法建立了相应的国家标准,对各力学性能指标的定义、测试方法等,做出统一规定。随着测试技术的发展及试验要求的变化,使国家标准逐渐与国际标准接轨,近年来,国家标准作了比较大的修订。本书的试验方法主要依据国家标准 GB/T 228.1—2021《金属材料 拉伸试验 第1部分:室温拉伸试验方法》、GB/T 7314—2017《金属材料 室温压缩试验方法》等叙述,但考虑到本书与《材料力学》教材的衔接,部分符号及名称仍沿用材料力学的习惯,与国家标准的不同之处,在相关处列出或在叙述中特别指出。

本书提到的载荷可以是力或力偶矩。有时扭矩与弯矩也称为载荷,敬请读者注意。

4.1.1 工程应力和工程应变

1. 工程应变和真实应变

当对试样施加一个载荷 F 后,试样长度由 L_0 伸长到 L,它的伸长量是 $\Delta L = L - L_0$,这时的轴向应变即是试样试验段长度的相对变化量,即

$$\varepsilon = \frac{\Delta L}{L_0} = \frac{L - L_0}{L_0} = \frac{L}{L_0} - 1 \tag{4.1}$$

ε 又称为工程应变,因为在计算 ε 时使用了试样原始长度 L_0。

事实上,由于在拉伸过程中试样不断伸长,ε 不能代表试样每一瞬间的相对伸长,真实应变应该是瞬时伸长 ΔL 与瞬时长度 L 之比的积分值,即

$$\varepsilon_\mathrm{T} = \int_{L_0}^{L} \frac{\mathrm{d}L}{L} = \ln \frac{L}{L_0} \tag{4.2}$$

将式(4.1)代入式(4.2)可得

$$\varepsilon_T = \ln(1+\varepsilon) \tag{4.3}$$

式中:ε_T为材料拉伸均匀变形时的真实应变。

仅当试样沿轴向均匀变形时式(4.3)才成立,当拉伸试样出现颈缩(参见4.2节)或压缩试样出现鼓胀(参见4.3节)现象时,试样的变形沿轴向不再均匀,因此仍不能代表这时的应变。

此外,当材料本身的机械性质不均匀,或横截面面积是变化的,则应变往往不均匀,这时应变测量必须在小范围内进行。

注意:严格说来,此处讨论的应变[1]为线应变(也称为正应变),有别于角应变(也称为切应变)。应变量是一个无量纲量,以正值表示伸长,负值表示缩短。

2. 工程应力和真实应力

拉伸试样横截面上的正应力可以通过作用于试样的载荷 F 除以原始横截面面积 S_0 来得到,其表达式为

$$\sigma = \frac{F}{S_0} \tag{4.4}$$

由于在加载过程中试样的横截面面积是在不断改变的,而工程上为了计算方便,以试样的原始横截面面积 S_0 来计算应力,因此,σ 又称为工程应力[2]。如果考虑横截面面积的改变,则真实应力应为

$$\sigma_T = \frac{F}{S} \tag{4.5}$$

式中:S 为加载过程中的横截面面积。

应力的单位为帕斯卡,记为 Pa,$1Pa = 1N/m^2$[3]。由于 Pa 太小,常使用 MPa($1MPa = 10^6 Pa = 1N/mm^2$)。习惯上,拉伸时应力取正,压缩时取负。

以上是指在试样整个横截面范围内的应力均匀分布的情况,在均匀应力作用下通常应变也是均匀的,在非均匀应变下,材料内各点的应力也必定是变化的。例如,横截面上有孔、槽或尺寸变化时,横截面上的应力是非均匀的。

4.1.2 材料的弹性常数

材料的弹性常数是指材料在弹性范围内的材料常数,是材料本身所固有的特性。

1. 弹性模量

在弹性范围内应力变化 ΔR 和延伸率 Δe 的商乘以 100%。

---

[1] 国标中一般用延伸率 e 表示测定应变 ε。延伸率概念将在下文中介绍。

[2] 国标中,应力使用 R 符号表示。由于国标提及的应力基本上都是指材料的强度指标,或者测试这些指标时的试验数据,有其特殊含义,所以本章用到的材料强度指标仍使用 R 表示,否则采用材料力学统一的应力符号。国标中有时也用 R 表示应变速率。

[3] 国标中 N/mm^2 写为 $N \cdot mm^{-2}$,本书仍沿用《材料力学》教材的习惯书写。

绝大多数金属材料单向拉伸(或单向压缩)时的应力-应变图(图4.1)中,在加载的起始阶段都有一段弹性阶段。在这阶段卸载时,应力-应变图将回到起始点,这种变形称作弹性变形。弹性变形阶段,应力-应变曲线上某点切线的斜率称为弹性模量,用符号 E 表示,即

$$E = \frac{d\sigma}{d\varepsilon} \tag{4.6}$$

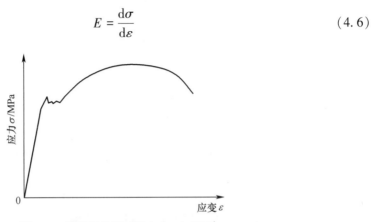

图4.1 低碳钢拉伸时的应力-应变图

试验表明,绝大多数金属材料在拉伸过程的起始阶段,应力-应变曲线是一段直线。通常所说的材料的弹性模量指该直线段的斜率,仍用 E 表示之,即

$$E = \frac{\sigma}{\varepsilon} \tag{4.7}$$

弹性模量的单位与应力的单位相同,但为了使用方便,常使用 GPa($1GPa = 10^9 Pa$),并参考 GB/T8170—2008 修约(GB/T 8170—2021 中增加了测定系数 R^2 评估范围内应力-应变曲线质量的线性回归的附加结构,R^2 为线性回归参数)。

2. 切变模量

扭转试验时,横截面上的最大扭转切应力 τ 与最大切应变 γ 之间,也存在类似于图4.1之间的关系,区别只是纵坐标为切应力 τ,横坐标为切应变 γ。将线弹性阶段切应力与切应变的比值称为切变模量,用 G 表示之,即

$$G = \frac{\tau}{\gamma} \tag{4.8}$$

切变模量 G 的单位与弹性模量 E 的单位相同,常使用 GPa。

3. 泊松比

试样在拉伸(或压缩)时,横截面面积会减小(或增大),即存在横向应变 ε'。定义在材料弹性变形的范围内,横向应变 ε' 与纵向应变 ε 之比的绝对值为材料的泊松比,用 μ 表示:

$$\mu = \left| \frac{\varepsilon'}{\varepsilon} \right| \tag{4.9}$$

泊松比是无量纲量。在材料的线弹性阶段,泊松比是常数且按照定义应该为正,但目前材料领域提出了**负泊松比结构**,负泊松比结构材料不同于以往我们认为的材料在拉伸状态下一个方向变大另一个方向尺寸一定变小;随着3D打印技术的成熟与推广,很多负泊松比结构成为研究对象,也应用于工程中。

根据材料力学理论,三个弹性常数之间有如下关系

$$G = \frac{E}{2(1+\mu)} \quad (4.10)$$

4.1.3 测试设备

1. 材料试验机

材料试验机是金属材料力学性能测试的主要设备。由于该设备通常可以进行材料的拉伸试验、压缩试验和弯曲试验,因此也常称为万能材料试验机。1879年3月,世界上出现首台通用材料试验机(图4.2),它是由美国天氏欧森公司设计制造,目前天氏欧森公司为全球著名的生产材料试验机公司。

材料试验机的分类方法很多,常见的有如下几种:

第(1)按照力的来源的类型分,主要有纯机械、电机、液压、气动、电磁等几种;

第(2)按测量结果的指示类型分,主要有数显、指针;

第(3)按试样所受载荷与时间的关系主要有静态机和疲劳机;

第(4)按控制方式分主要有开环控制(手动控制)和闭环控制(自动控制),对于闭环控制的控制类型有速度控制、载荷控制、变形控制、位移控制;

第(5)按用途分主要有通用机(万能机)、专用机。专用机的种类很多,有水泥压力机、拉扭试验机、冲击试验机、振动台等。

图4.2 全球首台通用材料试验机(小巨人)

早期的材料试验机采用纯机械式,一般通过机械结构进行加载卸载,出现了电机以后,就采用电机、液压、气压等驱动方式。例如,图4.3为液压驱动试验机,由于低速爬行(由于最大静摩擦力大于动摩擦力,油缸活塞低速运动时,常发生或者静止不动,或者快

速移动较大一步,然后又静止不动,这种现象称为低速爬行)的原因,简单调速阀控制的液压加载试验机无法精确控制加载速率,不能满足国家试验标准对试验机的基本要求,除少数性能指标的测试外,大多数性能指标的测试不能使用这种试验机进行试验。但是,这种试验机价格低,吨位大,所以仍被广泛使用,加载能力在200kN以上的试验机几乎全部使用液压加载。某些专门用于压缩试验的材料试验机,加载能力高达2000kN,使用液压加载方式可以轻松实现。随着电液伺服控制技术在试验机的应用,可以控制加载速率的液压加载材料试验机已慢慢普及。

早期的液压加载试验机还有一个致命弱点,即其液压测力系统。由于在加载部件上未安装测试传感器,测力只能通过测量液压油缸内的油压实现,其测力精度只能达到试验机满量程的1%左右。因此,新的液压加载试验机普遍改用电子测力系统,即在加力部件上加装电阻应变式测力传感器(大多使用轮辐式测力传感器),以提高试验机的力值测量精度。同时,计算机测控也逐渐成为这类试验机的标准配置。为了克服液压加载试验机的低速爬行问题,许多试验机的加载也改成了电液伺服加载,也被称为**电液伺服万能材料试验机**。

图4.3 液压加载的材料试验机

20世纪90年代开始,一种称为电子拉力试验机的完全由计算机控制测试的先进试验机开始进入我国。这种试验机使用直流调速电机或伺服电机驱动,电子测力系统测力,具有精密的位移测试和应变测试能力。这类试验机克服了液压加载试验机低速加载时速度控制不稳的弱点,可由计算机直接控制完成试验的全过程,并同步完成数据处理、存储和打印输出功能,已成为力学业性能试验的首选设备。试验机配上适当附件时,也可进行压缩、弯曲和剪切试验,所以也被称为**电子万能材料试验机**,如图4.4所示。

图 4.4 电子万能材料试验机

2. 扭转试验机

为了研究杆件扭转时的力学性能,需要用到扭转材料试验机(图 4.5)。现代的扭转试验机普遍使用直流调速电机或伺服电机驱动,电子测力系统测力。

图 4.5 扭转试验机

随着人工智能的迅速发展,现在试验机的发展也呈现智能化,某些试验机可以与机器手臂、自动测量系统、配料系统协调工作,实现自动取试件,自动测量,自动实验,实验完自动处理试件与结果等,实现无人化操作,提高了检测效率。

4.2　金属材料拉伸时的力学性能

金属材料的拉伸试验是人们最早用来测定材料力学性能的一种方法。试验时,取一根试样,将载荷缓慢施加于试样的两端(称为准静态加载),按照静态加载对试样的各项指标进行测试。试验表明,加载速度对试验结果的影响较大,因而控制加载速度是很重要的。不断测定试样所受的外载荷、伸长量或轴向应变、横向应变等参数,直至试样被拉断为止。根据测得的数据可以求出材料的弹性指标和强度指标,并由试样断裂后的变形大小,求出材料的塑性指标。

4.2.1 试样与原始标距

为了使材料的力学性能测试结果具有**可比性**,试样应按相关标准或 GB/T 2975 制造。国标 GB/T 228.1—2021 对试样加工也有许多详细规定(各种不同形式材料的试样加工详细规定见国标的附录 E~H)。试样横截面可以为圆形、矩形、多边形、环形,特殊情况下还可以为某些其他形状。除试样的基本尺寸外,对试样测试段的表面加工,以及与夹持段的过渡部分也有一定要求,以便使测试段处于均匀分布的轴向拉伸应力作用下,并尽可能使其不产生应力集中现象。具有恒定横截面的产品(型材、棒材、线材等)和铸造试样(铸铁和铸造非铁合金)也可以不经机加工而进行试验。标准加工制造的圆试样外形如图 4.6 所示。

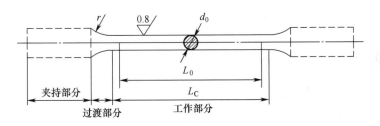

图 4.6 圆形试样

试样的测试部分长度称为**原始标距** L_0,工作部分的平行长度为 L_C。试样原始标距 L_0 与原始横截面积 S_0 满足

$$L_0 = k\sqrt{S_0} \tag{4.11}$$

关系者称为**比例试样**。国际上使用的比例系数 k 的值为 5.65。原始标距 L_0 应不小于 15mm。当试样横截面积太小,以致采用比例系数 k 为 5.65 的值不能符合这一最小标距要求时,可以采用较高的值(比例系数优先采用 11.3)或采用非比例试样。非比例试样其原始标距 L_0 与其原始横截面积 S_0 无关。

对圆截面试样,按下式设计的试样符合比例试样的要求:

$$L_0 = 5d_0(短试样) \quad 或 \quad L_0 = 10d_0(长试样) \tag{4.12}$$

对于矩形截面试样,短试样的比例系数 k 为 5.65,长试样的比例系数 k 为 11.3。

机加工试样的尺寸规定:对于普通试验(如生产检验),圆形横截面试样:$L_C \geq L_0 + d_0/2$,矩形横截面试样:$L_C \geq L_0 + 1.5\sqrt{S_0}$;仲裁试验时,圆形横截面试样:$L_C \geq L_0 + 2d_0$,矩形横截面试样:$L_C \geq L_0 + 2\sqrt{S_0}$。平行长度和夹持部分之间应以过渡弧连接,试样夹持部分应适合于试验机夹头的夹持。夹持部分和平行长度 L_C 之间的过渡弧的半径应为:圆形横截面试样不小于 $0.75d_0$;矩形横截面试样不小于 12mm。

4.2.2 拉伸曲线的特点与材料力学定义

1. 低碳钢的拉伸曲线

低碳钢是应用最为广泛的结构材料,其拉伸曲线也较为特殊。当试样伸长达到某一长度时,继续拉伸试样,材料强度反而出现下降现象,并在不大的范围内波动,即材料的**屈服现象**,如图 4.7 所示。

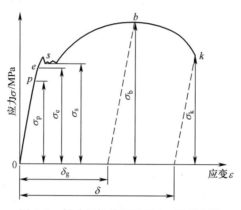

图 4.7 低碳钢拉伸时的应力-应变曲线

与大多数金属材料一样,试样刚开始加载时,应力-应变曲线呈现出很好的线性。当加载幅度逐渐加大时,材料的非线性会越来越大。当加载到达某点 p 后,应力-应变关系开始出现非线性,认为已开始进入非线性阶段,对应于 p 点的应力值定义为材料的比例极限,以 σ_p 来表示。

只要加载不超过某一特定点 e,卸载后再次加载,曲线仍与原来相同,继续增加载荷则曲线逐渐变弯直到过 e 点。开始有微量塑性变形的应力(e 点)称为材料的**弹性极限**,以 σ_e 表示之。

过了这点再继续拉伸时,试样变形将迅速增加(在加载速率恒定的试验机上加载,只能看到载荷变化减缓的现象),而应力却变化不大。材料发生这种变化时,则认为材料已到屈服阶段。这时如果卸载则试样变形将不再回到零点,即材料产生了**塑性变形**,这是因为材料的晶粒组织已发生变化。塑性变形与前述的弹性变形的性质不同,它是卸载后不能消失的变形,称为永久变形,或称为**残余变形**。

材料达到屈服后继续拉伸,在恒应变速率控制的试验机上加载时,载荷常有上、下波动,其中应力较大的称为上屈服强度,排除"初始瞬时效应"后(参见 4.2.3 节的定义)较小的应力称为下屈服强度,该点应力称为材料的**屈服极限**,以 σ_s 表示。

材料过了屈服阶段后再要增加应变那就需要有更大的应力,因为这时材料的内部结构又有了变化,称为**冷作硬化**。

冷作硬化的前阶段,试样直径基本上是在全部长度上均匀地逐渐缩小。到了后阶段,由于试样上的某些局部缺陷,使试样横截面的收缩集中在某个薄弱部分,在试样上形成一个缩颈,从而引起其中某一截面的实际拉应力最大,这种现象称为**颈缩**。由于应力-应变曲线中应力是按试样的原始面积来计算的,而不是用试样变形后的面积来计算的,因此当缩颈一出现应力便达到它的最大值。之后,随着缩颈处的横截面面积不断减小,应力值(工程应力)将逐渐下降,最后试样在缩颈处断裂。曲线全过程上的最大应力称为材料的**强度极限**,以 σ_b 表示,它等于试样拉伸过程中的最大载荷除以试样的原始横截面面积。

实际上,材料的强度在强化过程中一直在增加,直至断裂。图 4.8 的材料真实应力-应变曲线(图中虚线部分)就反映了这种材料强度的增加。

应力-应变曲线中曲线与横坐标轴之间的面积,代表了单位体积试样在加载过程中外力对试样所作的功,称为应变能密度,用 v_ε 表示。如果加载过程中没有其他能量损失,则该功即是试样所吸收的应变能。弹性伸长部分的应变能密度 $v_{\varepsilon e}$ 在载荷卸除后能够释放,而塑性伸长部分的应变能密度 $v_{\varepsilon p}$ 在变形过程中已转变为其他形式的能量,如图 4.9 所示。

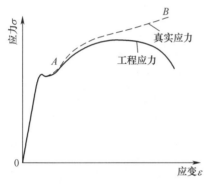

图 4.8 塑性材料真实应力-应变图

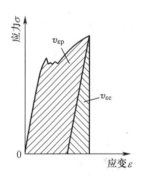

图 4.9 应变能密度

试样加载至塑性变形后,将载荷卸到零,然后再加载,这时应力-应变曲线开始还保持直线,其斜率与弹性变形阶段直线部分相同(实际测试发现,由于材料的迟滞效应,会有细微差别),以后就与后面的曲线吻合。

2. 其他金属材料的拉伸曲线

在与低碳钢相同的试验条件下,同样可以得到含碳量较高的钢的应力-应变曲线(图 4.10),将它们与低碳钢的应力-应变曲线作一比较,可以看到以下现象。

(1) 它们都有一段线弹性变形,并且具有相近的弹性模量;

(2) 含碳量较高的钢的屈服强度较高,但没有一个明显的屈服点,因此,需另外规定材料的屈服强度指标,它们的拉伸强度极限也较高;

(3) 含碳量较高的钢在断裂前的变形比较小,即其塑性比较差,应力-应变曲线下的面积较小,因此材料拉断所需要的能量相应也较小。

与高碳钢拉伸曲线类似,高强度合金钢、铜、铝合金、钛合金等有色金属的拉伸曲线也没有屈服平台。

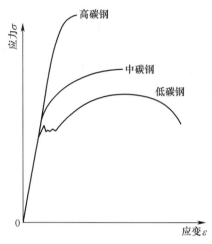

图 4.10 碳钢应力-应变曲线对比

3. 脆性材料的拉伸曲线

多数金属材料具有良好的塑性,铸铁是少数脆性金属材料的代表。铸铁的含碳量比高碳钢还高(含碳量 2.2%~4%),其应力-应变曲线如图 4.11 所示。铸铁拉伸时只有弹性变形,卸载时应力-应变曲线回至原点,但铸铁的应力-应变曲线的线性很差,或者说线弹性段很短。一般用初始部分曲线的割线斜率来表示其弹性模量。铸铁的弹性模量较碳钢小。由于铸铁在断裂前没有塑性变形,自然不会存在屈服和颈缩现象。整个变形很小,几乎没有什么预兆即发生突然断裂,称为脆性材料。

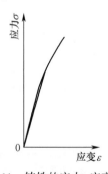

图 4.11 铸铁的应力-应变曲线

比较钢和铸铁的断裂试样可以清楚地看到,前者残余变形较大,并有颈缩现象,但随着含碳量的增加而减少;而后者却没有颈缩现象。因此,为了衡量材料塑性的好坏,可以用比较残余变形的大小和颈缩部分面积的大小来区分。

4.2.3 力学性能指标及国标定义

由于材料的强度指标是材料固有的特性常数,与实际所承受的载荷无关,而应力则是结构内力的集度,仅在结构有内力时存在。所以国标使用了区别于应力 σ 的符号 R 表示之。表 4.1 列出了 GB/T 288.1—2021 定义的部分强度指标、塑性指标和相应的符号。作为比较,也列出了材料力学教材中对应的性能指标及使用符号。国标中部分较少使用的指标未列出,需要时可参阅国标定义。

表 4.1 国标与《材料力学》教材名称对照表

指标分类	国标		材料力学教材	
	符号	名称	符号	名称
屈服强度指标	—	屈服强度	σ_s	屈服极限
	R_{eH}	上屈服强度	σ_{sU}	上屈服极限
	R_{eL}	下屈服强度	σ_{sL}	下屈服极限
规定强度指标	R_p	规定塑性延伸强度	σ_p	比例极限①
	R_t	规定总延伸强度	—	
	R_r	规定残余延伸强度	σ_e	弹性极限②
抗拉强度指标	R_m	抗拉强度	σ_b	强度极限
塑性指标	Z	断面收缩率	ψ	断面收缩率
	A	断后伸长率	δ_5	伸长率
	A_t	断裂总延伸率	—	
	A_e	屈服点延伸率	—	
	A_g	最大力塑性延伸率	—	

注:①材料力学中的比例极限 σ_p 通常相当于 $R_{p0.01}$,即产生 0.01% 非比例伸长率时的材料强度,并非严格意义上的对应名称。

②材料力学中的弹性极限 σ_e 通常相当于 $R_{r0.05}$,即产生 0.05% 残余伸长率时的材料强度。并非严格意义上的对应名称。

不同性能的金属材料拉伸时,有各种不同的试验结果。尽管国家标准定义了一系列测试指标,这些测试指标并不是什么材料都有的。除低碳钢以外的大多数金属材料没有屈服性能指标;脆性材料大多没有塑性指标;规定强度指标通常仅需测试 1 个或 2 个即可。

1. 塑性指标

力学性能测试的目的是为结构强度、刚度和稳定性设计提供计算依据。新国标对力学性能测试提出了一些新的概念和术语,为了能够让试验结果更好地为工程服务,必须首先了解相应的概念、术语、试验方法和数据处理方法。

(1) 伸长及伸长率。

试验期间任一时刻试样原始标距(L_0)的增量称为**伸长**。原始标距的伸长与原始标距之比的百分率称为**伸长率**。如果不考虑百分率,伸长率即是原始标距内的平均应变。

试样拉断后,其标距的残余伸长(L_u-L_0)与原始标距(L_0)之比的百分率称为**断后伸长率**(A),如图 4.12 所示。

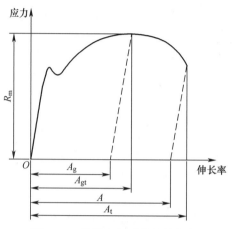

图 4.12 伸长率与延伸率的定义

(2) 延伸及延伸率。

用引伸计测量试样拉伸变形时,引伸计刀口部分的距离称为**引伸计标距**(L_e)。对于测定屈服强度和规定强度性能时推荐 L_e 宜尽可能覆盖试件平行长度。这将保证引伸计检测到发生在试样上的全部屈服。理想的 L_e 应大于 $L_0/2$ 但小于约 $0.9L_c$。测定屈服点延伸率和最大力时或在最大力之后的性能时,推荐 L_e 等于 L_0 或近似等于 L_0。但测定断后伸长率时 L_e 应等于 L_0。

试验期间任意给定时刻引伸计标距(L_e)的增量称为**延伸**。延伸与引伸计标距(L_e)之比的百分率称为**延伸率(国标中用 e 表示)**。如果不考虑百分率,延伸率即是引伸计标距内的平均应变。

试样施加并卸除应力后引伸计标距内的延伸与引伸计标距(L_e)之比的百分率称为**残余延伸率**。试验中任意时刻引伸计标距的总延伸(弹性延伸+塑性延伸与引伸计标距(L_e)之比的百分率称**总延伸率**(A_t)。呈现明显屈服(不连续屈服)现象的金属材料,屈服开始至均匀加工硬化开始之间引伸计标距的延伸与引伸计标距(L_e)之比的百分率称为**屈服点延伸率**。

最大力时引伸计标距的延伸与引伸计标距(L_e)之比的百分率称为**最大力延伸率**。应区分最大力总延伸率(A_{gt})和最大力塑性延伸率(A_g),如图 4.12 所示。

2. 屈服强度指标

在试验期间试样发生了塑性变形,但力不增加的现象称为**屈服现象**。衡量屈服时金属材料强度的指标称为屈服强度指标。屈服强度指标有:屈服强度、上屈服强度和下屈服强度。

如图 4.13 所示,试验发生屈服而力首次下降前的最高应力称为**上屈服强度**(R_{eH});在屈服期间,不计初始瞬时效应时的最低应力称为**下屈服强度**(R_{eL})。**初始瞬时效应**是指力具有多个下降谷点时的第一个下降谷点。材料力学中,常以下屈服强度(R_{eL})作为屈服极限 σ_s 的值。

但是,国标中定义了其他几种特殊情况下的屈服强度计算方式,详情可参阅 GB/T 228.1—2021。

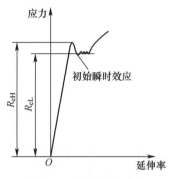

图 4.13 屈服强度定义

3. 规定强度指标

有三种不同类型的规定强度指标:规定塑性延伸强度、规定总延伸强度和规定残余延伸强度。

当非比例延伸率(新标准称塑性延伸率)等于规定的引伸计标距百分率时,对应的应力称为**规定塑性延伸强度**(R_p),如图 4.14(a)所示。使用的符号应附以下脚注说明所规定的百分率,例如 $R_{p0.2}$ 表示规定塑性延伸率为 0.2%时的应力。

当总延伸率等于规定的引伸计标距百分率时的应力称为**规定总延伸强度**(R_t),如图 4.14(b)所示。使用的符号应附以下脚注说明所规定的百分率,例如 $R_{t0.5}$ 表示规定总延伸率为 0.5%时的应力。

当卸除应力后残余延伸率等于规定的引伸计标距(L_e)百分率时对应的应力称为**规定残余延伸强度**(R_r),如图 4.14(c)所示。使用的符号应附以下脚注说明所规定的百分率,如 $R_{r0.2}$ 表示规定残余延伸率为 0.2%时的应力。

材料力学中,比例极限 σ_p 大致与 $R_{p0.01}$ 相当、弹性极限 σ_e 大致与 $R_{r0.05}$ 相当,但并无严格规定,不可等同。对于无屈服现象的材料,$\sigma_{0.2}$ 则与 $R_{r0.2}$ 相当,常替代材料的屈服极限 σ_s 用于强度设计或强度校核。对于大多数金属材料,$R_{r0.2}$ 与 $R_{p0.2}$ 非常相近,因而可以用 $R_{p0.2}$ 代替 $R_{r0.2}$。在 GB/T 7314—2017《金属材料 室温压缩试验方法》中,没有设置规定残余压缩强度指标。

注:GB/T 228.1—2021 未提及**塑性延伸**及**塑性延伸率**的定义。根据规定塑性延伸强度的定义,图 4.14(a)可以推断,非比例伸长时的延伸,称为塑性延伸,对应的延伸率称为

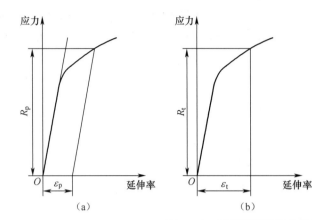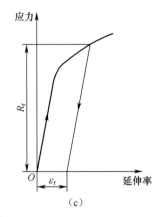

图 4.14 规定强度指标的定义

塑性延伸率。事实上,GB/T 228—2002 使用非比例延伸强度(R_p)的名称更合理,因为对于像铸铁之类的脆性材料,非线性弹性变形很大,称为塑性延伸强度显然不合适。

4. 抗拉强度指标

试样拉伸过程中的最大力与原始横截面积 S_0 之比称为抗拉强度(R_m),如图 4.12 所示。但是,国标中定义了其他几种特殊情况下的抗拉强度计算方式,详情参见 4.2.5 节。在材料力学中称为强度极限,用 σ_b 表示。

5. 弹性指标

弹性指标有:弹性模量、切变模量、材料泊松比等。对这些指标,新国标中未给出新定义及测试方法,通常沿用以前的定义及测试方法。

4.2.4 引伸计及其标定

对规定强度指标的测定通常需用到引伸计(Extensometer),用于测量延伸和延伸率。应变引伸计的结构有多种不同形式,有表式、机械杠杆式、电阻应变式、光学引伸计、脉冲引伸计(编码器)和电磁式引伸计等。目前,常用的有电阻应变式引伸计、光学引伸计。

1. 电阻应变式引伸计

电子拉力试验机常配用电阻应变式应变引伸计。电阻应变式应变引伸计的结构参考第 3 章相关内容。

应变引伸计必须在使用前标定与定期标定。应变引伸计的标定在专用标定仪上进行。应变标定仪实质上是一个用于长度测量的螺旋测微仪,其长度测量的分辨率通常应能达到 1μm,图 4.15(a)为标定原理(卧式标定架),图 4.15(b)为立式标定架实物照片。

应变引伸计的标准标距是固定的。有些应变引伸计可以通过标距延长附件将标距增大,标距延长附件的结构参见上一章相关内容。

引伸计标距的误差对测量结果的影响可能会很大。以 20mm 标距的引伸计为例,如

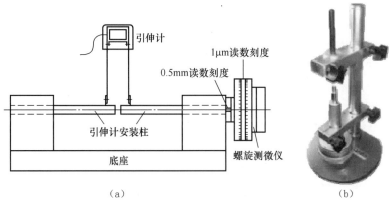

图 4.15　应变引伸计的标定及标定装置

果安装时标距误差达到 0.2mm,则测得的应变将产生 1%的误差。所以,保证引伸计标距的正确性直接影响到测量精度。另外,引伸计承受的变形不能过大,否则可能使引伸计过载,导致引伸计损坏。因此,应变引伸计通常设计有初始标距定位/变形限位装置,如图 4.16 所示。图中 δ 即为限位值,通常为 3~10mm。分辨率较高的引伸计(如量程±1mm)的限位值可能小到 2mm。

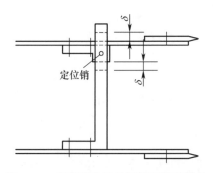

图 4.16　应变引伸计的标距定位及限位

初始标距定位通常由插针(定位销)定位。引伸计未安装于试样上时,定位销必须插入在初始标距位置,以免在拿取或安装过程中损坏引伸计。安装完毕后拔下定位销即可开始测试。

注意:忘记拔下定位销就开始测试的结果常常会将安装刀口蹦坏。因此,自己设计引伸计安装刀口时,最好选用文具店可以直接购到的单面刀片。

将引伸计安装于引伸计标定仪的安装柱上(与安装于圆截面试样上的方法相同),将引线连接到引伸计二次仪表或试验机对应接口上,安装完毕后拔下定位销,记下标定仪初始读数。将引伸计仪表的读数清零(不能清零时记下初读数)。

旋转螺旋测微仪使引伸计安装柱产生相对位移。通常移动到引伸计量程的四分之三

179

左右,调整引伸计仪表增益使读数准确到 $1\mu m$ 或 $10\mu\varepsilon$(仪表以 mm 读数时,读数应等于移动位移;仪表以应变读数时,读数应等于移动位移除以引伸计标距 L_e)。正反向各移动三次并分别读数,以检验标定的准确性。

标定结束后,将引伸计标定仪的位移调整到初始状态,**重新插上应变引伸计的定位销**后,再取下引伸计备用。

2. 光学引伸计

光学引伸计也称为视频引伸计,是一种非接触式实时高精度应变测量系统,它基于单独的相机、光源及实时图像处理算法,通过连续拍摄实验过程中试样的图像,分析试件上标记的图像特征变化,可实时测量试样表面应变、位移等数据,且可以与试验机通信,试验机通过反馈的应变信号控制加载速率、绘制应力应变曲线等,它的主要优点如下。

1)非接触测量

检测过程中,不需要与试件直接接触,不会对试样产生附着力,特别适用于薄膜、凝胶等无法使用传统接触式手段进行测试的材料。

2)可以测全程应变

可以测量全程的应变位移数据,应变测量范围大,一般可以覆盖摄像头能拍摄到的区域,因此不需像应变引伸计在断裂前或达到最大量程前必须摘除。

3)适用多场景应用

除了用于常温下的拉、压、弯测试,还可支持高温、低温环境下的特殊测试。只要是摄像头可以拍摄到且环境不会造成图像畸变的场景都可以使用,对试样尺寸也不会有太多要求。

4)使用方便灵活

标距任意设定,相当于 N 个规格的引伸计。可对纵向、横向应变同时测试。可对多个点同时计算,在某些场合可以得到试件上的所有点的应变场,应变方向等。

5)测量精度高

基于图像处理相关法,计算精度达到亚像素级,有的设备测量应变可达到 $10\mu\varepsilon$。

6)支持离线模式

具备离线模式,可以重新导入图片、重新选点进行计算。

光学引伸计一般需要专用的标定板,标定板有不同规格,可根据不同测量精度选择不同的标定板。标定板上一般会标有按一定尺寸排列的点,图像处理软件通过采样这些点为后续图像处理做计算准备。

4.2.5 材料强度指标的测定

1. 原始横截面积的测定

应根据测量的原始试样尺寸计算原始横截面积 S_0,测量每个尺寸应准确到 $\pm 0.01 mm$。

国标规定应在试样的平行长度中心区域选取足够的点数测量试样的相关尺寸(对于

圆形截面,应在两个相互垂直方向测量试样的直径,取算术平均值),计算横截面面积。原始横截面积 S_0 取多次测量的算术平均值。

注:以前的规定取平行长度部分的中间和两头区域三个截面测量,新标准规定在平行长度中心区域附近选择多点测量。当试样截面不太均匀时,结果可能差异较大,请注意。

2. 屈服强度指标的测定

力学性能指标通常在室温下测定。国标 GB/T 228.1—2021 规定的测试条件为 10～35℃。对温度严格要求的试验,规定的试验温度为 23±5℃。

对于非常温条件测试,国标单独制造试验标准:GB/T 228.2—2015《金属材料 拉伸试验 第 2 部分:高温试验方法》,GB/T 228.3—2019《金属材料 拉伸试验 第 3 部分:低温试验方法》,GB/T 228.4-2019《金属材料 拉伸试验 第 4 部分:液氦试验方法》,需要时查阅即可。

加载速率规定:GB/T 228.1—2021 规定有两种加载方式:应变控制速率,记为方法 A,方法 A 又分为两种:方法 A1 闭环,应变速率是基于引伸计的反馈而得到,方法 A2 开环,应变速率是根据平行长度估计的,即通过控制平行长度与所需要的应变速率相乘得到的横梁位移速率来实现;应力控制速率,记为方法 B。国标推荐采用由应变引伸计输出进行应变速率 A1 控制。在控制系统不具备由应变引伸计输出进行应变速率控制的功能时,可以用横梁速率(即方法 A2)控制代替。对于少数不连续屈服材料,以及上屈服强度以后的应变速率控制,应使用横梁速率控制。应变速率的控制允许相对误差为±20%。

测定上屈服强度 R_{eH} 和规定延伸强度 R_p、R_t、R_r 时,可使用较低的应变速率:$0.00007 s^{-1}$(范围 1,即 $70\mu\varepsilon/s$)。也可采用推荐的应变速率:$0.00025 s^{-1}$(范围 2,即 $250\mu\varepsilon/s$)。

测定下屈服强度 R_{eL} 和屈服点延伸率 A 时,推荐应变速率为:$0.00025 s^{-1}$(范围 2,即 $250\mu\varepsilon/s$)。也可使用较高的应变速率:$0.002 s^{-1}$(范围 3,即 $2000\mu\varepsilon/s$)。

测定抗拉强度 R_m,断后伸长率 A,最大力总延伸率 A_{gt},最大力下的塑性延伸率 A_g,以及断面收缩率 Z 时,可以使用范围 2、范围 3 或范围 4:$0.006 s^{-1}$(即 $6000\mu\varepsilon/s$)的应变速率加载。

试验机不能使用应变控制的根据应变速率与平行长度估计横梁位移(方法 A2)。

计算机控制时,应优先采用应变速率控制策略,并在下屈服强度测试结束时移除应变引伸计(有些试验机配备大量程应变引伸计,或者具有自动保护功能的应变引伸计,还有光学引伸计,可以不摘除应变引伸计,记录全程应变变化);简单控制时,可以设定为范围 2 的恒定横梁速率控制,如图 4.17 所示。

国标还规定了应力速率控制的要求,以用于不具备应变速率控制的试验机。目前大多数实验设备都具备应变速率控制的能力,因此此处不再讨论采用应力速率控制的相关规定。

上屈服强度和下屈服强度的测定如下。

当前的实验设备,都具备了计算机测控系统,因此整个测试过程可以全程记录应力-

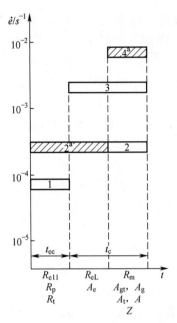

图 4.17 各阶段推荐的应变速率

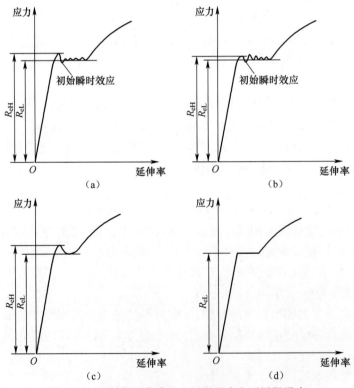

图 4.18 不同类型曲线的上屈服强度和下屈服强度

应变曲线。对比应力-应变曲线的类型图(图 4.18),不难确定应力-应变曲线的类型,并确定相应的上屈服应力和下屈服应力,它们就是待测的上屈服强度 R_{eH} 和下屈服强度 R_{eL}。工程设计时使用的屈服极限 σ_s,通常使用下屈服强度 R_{eL}。

3. 规定强度指标的测定

以规定的应变速率连续加载直至超过规定强度指标所需的总应变范围(规定塑性延伸强度、规定总延伸强度和规定残余延伸强度),连续记录应力-应变曲线,如图 4.19 所示。通常使用电阻应变式引伸计测量延伸(或应变)。

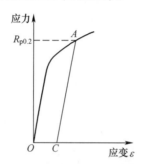

图 4.19 规定塑性延伸强度的测定

注意:电阻应变式引伸计的量程有限(一般为 2~3mm,当标距 L_e = 20mm 时,可测试延伸率 10%~15%;当标距 L_e = 50mm 时,可测试延伸率仅 4%~6%),当总延伸超过引伸计量程时,必须使用其他形式的引伸计进行试验,以免损坏引伸。很少需要测定总延伸率超过 2%的规定强度指标。

1) 规定塑性延伸强度的测定

尽管可以有多种不同方法测定规定塑性延伸强度(R_p),但基本方法是类似的。

(1) 有明显弹性直线段金属材料的规定塑性延伸强度的测定:以测定塑性延伸强度 $R_{p0.2}$ 为例。

在应力-应变曲线图上,从曲线原点 O(必要时进行原点修正)起截取 OC 段(OC = 0.002),过 C 点作平行于弹性直线段的平行线 CA 交曲线于 A 点。A 点的应力即是规定塑性延伸率 $R_{p0.2}$。

(2) 无明显弹性直线段金属材料的规定塑性延伸强度的测定:GB/T 228.1—2021 的附录 J 中提供了逐步逼近方法测定规定塑性延伸强度(R_p)的方法。

逐步逼近方法适用于具有无明显弹性直线段金属材料的规定塑性延伸强度的测定。对于力-延伸曲线图具有弹性直线段高度不低于 $0.5F_m$(F_m 为最大拉伸力)的金属材料,其规定塑性延伸强度的测定也适用。逐步逼近方法可应用于这种力学性能的拉伸试验自动化测试。

试验时,记录力-延伸曲线图(或应力-应变曲线图),至少直至超过预期的规定塑性延伸强度的范围。在力-延伸曲线上任意估取 A_0 点拟为规定塑性延伸率等于 0.2%时的

力 $F_{p0.2}^0$，在曲线上分别确定力为 $0.1F_{p0.2}^0$ 和 $0.5F_{p0.2}^0$ 的 B_1 和 D_1 两点，作直线 B_1D_1。从曲线原点 O（必要时进行原点修正）起截取 OC 段（$OC=0.2\%L_e \cdot n$，式中 n 为延伸放大倍数，L_e 为引伸计标距），过 C 点作平行于 B_1D_1 的平行线 CA_1 交曲线于 A_1 点。如 A_1 与 A_0 重合，$F_{p0.2}^0$ 即为相应于规定塑性延伸率为 0.2% 时的力。

如 A_1 点未与 A_0 点重合，需要按照上述步骤进行进一步逼近。此时，取 A_1 点的力 $F_{p0.2}^1$，在曲线上分别确定力为 $0.1F_{p0.2}^1$ 和 $0.5F_{p0.2}^1$ 的 B_2 和 D_2 两点，作直线 B_2D_2。过 C 点作平行于直线 B_2D_2 的平行线 CA_2 交曲线于 A_2 点，如此逐步逼近，直至最后一次得到的交点 A_n 与前一次的交点 A_{n-1} 重合（图 4.20）。A_n 的力即为规定塑性延伸率达 0.2% 时的力。此力除以试样原始横截面积得到测定的规定塑性延伸强度 $R_{p0.2}$。

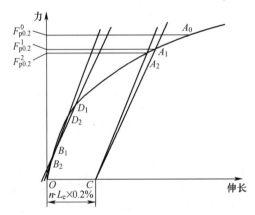

图 4.20 逐步逼近方法测定规定非比例延伸强度

最终得到的直线 B_nD_n 的斜率，一般可以作为确定其他规定塑性延伸强度的基准斜率。

2）规定总延伸强度的测定

以测定总延伸强度 $R_{t0.5}$ 为例。按规定应力速率或应变速度加载，拉伸试验必须加载到规定总延伸强度以上，通常通过引伸计测得的总延伸率确定试验终点。得到的应力-应变图，如图 4.21 所示。

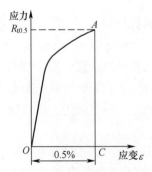

图 4.21 规定总延伸强度 $R_{t0.5}$ 的测定

在应力-应变曲线图上,划一条平行于应力轴并与该轴的距离等于规定总延伸率的平行线交曲线于 A 点,A 点的应力即是待测的总延伸强度 $R_{t0.5}$。

图解方法:在力-延伸曲线图上,画一条平行于力轴并与该轴的距离等效于规定总延伸率的平行线,此平行线与曲线的交截点给出相应于规定总延伸强度的力 $F_{t0.5}$,按下式得到规定总延伸强度 $R_{t0.5}$:

$$R_t = \frac{F_t}{S_0} \tag{4.13}$$

可以使用自动装置(如微处理机等)或自动测试系统测定规定总延伸强度,可以不绘制力-延伸曲线图。

3) 规定残余延伸强度的测定

规定残余延伸强度必须使用卸力法测定。

原理:借助于引伸计,每次加载后保持 10~12s,然后卸载,测量其残余延伸率,反复进行,直到试样残余延伸率等于或大于规定残余延伸率为止。

规定残余延伸强度仅用于材料"通过"或"不通过"检验,通常不作为标准拉伸试验的一部分。GB/T 228.1—2021 附录 K 提供了测定规定残余延伸强度的例子,需要时可参考参见该附录 K。

对于大多数金属材料,规定残余延伸强度 $R_{r0.2}$ 与规定塑性延伸强度 $R_{p0.2}$ 并无太大差别,因为两者的区别仅在于弹性滞后。而弹性滞后的数值与弹性变形量相比,往往小到可以忽略,因此,工程上通常并不区分 $R_{r0.2}$ 与 $R_{p0.2}$ 的差别。

4. 抗拉强度指标 R_m 的测定

测得整个拉伸过程中的最大力 F_m,除以试样原始截面面积 S_0 后,就得材料的抗拉强度 R_m:

$$R_m = \frac{F_m}{S_0} \tag{4.14}$$

规定测定抗拉强度 R_m 时,应变速率应按图 4.17 规定设定。图 4.22 列举了不同类型的应力延伸曲线,图 4.22(c)中无确定的抗拉强度,双方可另做协议。

注意:使用电阻应变式引伸计测定规定强度指标后,如果需继续拉伸以测定抗拉强度,通常应取下引伸计,以防破坏,如需测量全程应变应选用全程引伸计或光学引伸计。

4.2.6 材料的塑性指标及其测定

新国标定义了多个塑性指标,但常用的主要还是两个:断面收缩率 Z 和断后伸长率 A。

1. 断面收缩率的测定

断裂后试样横截面积的最大缩减量 S_0-S_u 与原始横截面积 S_0 之比的百分率称为断面收缩率 Z:

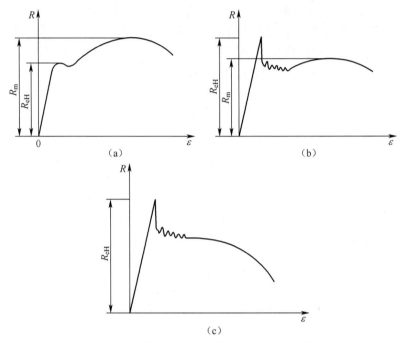

图 4.22 应力延伸率曲线测定抗拉强度的几种不同类型
(a)$R_{eH}<R_m$;(b)$R_{eH}>R_m$;(c)应力应变状态的特殊情况

$$Z = \frac{S_0 - S_u}{S_0} \times 100\% \tag{4.15}$$

断面收缩率的定义与材料力学的断面收缩率概念相同。在材料力学中,断面收缩率用 ψ 表示。对于圆形截面,只需测出断口处的最小直径 d_u(一般从相互垂直方向测两次,取平均值)后,即可求出 S_u,从而求得 Z。矩形截面试样的断后断面尺寸测量较复杂,可参看国标的具体规定。

断面收缩率不受试样长度的影响,但试样原始截面尺寸对断面收缩率略有影响。

2. 断后伸长率的测定

断后标距的残余伸长 $L_u - L_0$ 与原始标距 L_0 之比的百分率称为断后伸长率:

$$A = \frac{L_u - L_0}{L_0} \times 100\% \tag{4.16}$$

如规定的最小断后伸长率小于 5%,建议采取特殊方法进行测定,参见 GB/T 228.1—2021 附录 M。

对于比例试样,若原始标距不为 $5.65\sqrt{S_0}$(S_0 为平行长度的原始横截面积),符号 A 应附以下脚注说明所使用的比例系数,例如 $A_{11.3}$ 表示原始标距(L_0)为 $11.3\sqrt{S_0}$ 的断后伸长率。对于非比例试样,符号 A 应附以下脚注说明所使用的原始标距,以毫米(mm)表示,如 A_{80mm} 表示原始标距 L_0 为 80mm 的断后伸长率。

对于塑性材料,断裂前变形集中在缩颈处,这部分变形最大,距离断口位置越远,变形越小。断裂位置对断后伸长率 A 是有影响的,其中以断口在试样标距正中时为最大。图 4.23(a)表示试样塑性变形分布情况。

断后伸长率通常只用来判定材料是否合格(通常规定断后伸长率不得小于规定值为合格)。国标规定:原则上只有断裂处与最接近的标距标记的距离不小于原始标距的三分之一情况方为有效。但是,断后伸长率大于或等于规定值,不管断裂位置处于何处测量均视为有效。

对于断后伸长率低于 5% 的材料,测定断后伸长率应按国标之附录 G 推荐的方法进行。有条件的也可采用引伸计法按 GB/T 228.1—2021 之 20.2 规定的方法进行。

为了避免由于试样断裂位置不符合上述所规定(**断裂处与最接近的标距标记的距离小于原始标距的 1/3**)的条件而必须报废试样,可以使用如下方法处理数据(通常称为断口移中法,国标中称为移位方法,参见 GB/T 228.1—2021 附录 N)。

试验前将原始标距 L_0 细分为 N 等分。

试验后,以符号 X 表示断裂后试样短段的标距标记,以符号 Y 表示断裂试样长段的等分标记,此标记与断裂处的距离最接近于断裂处至标距标记 X 的距离。

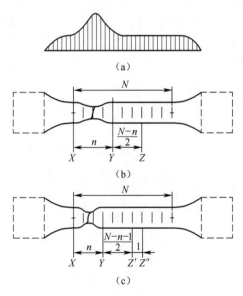

图 4.23 断口移中法计算断后伸长率

如 X 与 Y 之间的分格数为 n,按如下方法测定断后伸长率。

(1) 如 $N-n$ 为偶数,如图 4.23(b)所示,测量 X 与 Y 之间的距离和测量从 Y 至距离为 $\frac{1}{2}(N-n)$ 的分格 Z 标记之间的距离。按照式(4.17)计算断后伸长率:

$$A = \frac{XY + 2YZ - L_0}{L_0} \times 100\% \tag{4.17}$$

（2）如 $N-n$ 为奇数，如图 4.23(c) 所示，测量 X 与 Y 之间的距离，和测量从 Y 至距离分别为 $\frac{1}{2}(N-n-1)$ 和 $\frac{1}{2}(N-n+1)$ 个分格的 Z' 和 Z'' 标记之间的距离。按照式 (4.18) 计算断后伸长率：

$$A = \frac{XY + YZ' + YZ'' - L_0}{L_0} \times 100\% \tag{4.18}$$

国标未规定分格数 N 的取值，可取 $N=10$ 或更大。

不管比例试样的比例系数 k（式(4.11)）取何值，试样断裂后其颈缩断裂部分的长度基本相同，只是均匀伸长部分的长短不同。因此，当 k 取较小值时，将有较大的断后伸长率。试验表明，**对于比例试样，A 大约为 $A_{11.3}$ 的 1.2~1.5 倍**。所以，不同 k 值试样测得的断后伸长率不能相互比较，否则可能得到错误的结论。

4.2.7 材料弹性常数的测定

1. 弹性模量 E 的测定

材料的弹性模量主要由材料成分决定，与材料的加工工艺过程关系不大，因而作为常规的材料力学性能检测，并不单独测定材料的弹性模量。而使用带计算机辅助测试功能的试验机进行力学性能检测时，材料的弹性模量可以与材料的规定强度指标测定合并进行。

测定材料的弹性模量必须使用引伸计，引伸计的标距 L_e 不应小于 $L_0/2$ 或 20mm，最好取 50mm 或更大。

单独测定材料的弹性模量时，常使用**分级加载法**，也可使用两点法。根据材料的原始信息估计材料的屈服强度 R_{eH} 或 $R_{p0.2}$（σ_{su} 或 $\sigma_{p0.2}$），取该值的 1/2 作为加力值 F_k 对应的应力上限。为计算方便，可以对该值作化整处理，k 取 8~10。

从 0 到 F_k 等分成 k 级，依次记为 F_1、F_2、$\cdots$、F_{k-1}。装上试样和引伸计后，预拉到 F_1。加载速率按方法 B 中的最小应力速率控制。引伸计读数调零后，从 F_1 预拉到 F_{k-1} 并卸载到 F_1，（注意：加载时力不要超过 F_k，卸载时力不要低于 F_1），检查引伸计指针是否回零。重复以上过程，直到卸载到 F_1 时引伸计指针回零（此过程防止引伸计刀口在加载过程中打滑）。

依次按 F_1、F_2、$\cdots$、F_{k-1}、F_k 加载，记录相应力值下的引伸计延伸 L_i（或延伸率 ε_i）。如果不能严格控制加载力值，可以同时记录力值 F_i 和引伸计延伸 L_i（或延伸率 ε_i）。

将记录的力值 F_i 除以试样原始截面面积 S_0 后得各测点的应力 σ_i；将引伸计延伸 L_i 除以引伸计标距 L_e 后得各点应变值 ε_i（即延伸率）。求得各测点的应力平均值和应变平均值：

$$\overline{\sigma} = \frac{1}{k}\sum_{i=1}^{k}\sigma_i, \quad \overline{\varepsilon} = \frac{1}{k}\sum_{i=1}^{k}\varepsilon_i \tag{4.19}$$

按最小二乘法求得应力-应变曲线的斜率(参见 2.8.2 节式(2.54)和式(2.55)),即材料的弹性模量 E。

$$E = \frac{L_{\varepsilon\sigma}}{L_{\varepsilon\varepsilon}} = \frac{\sum_{i=1}^{k}(\varepsilon_i - \overline{\varepsilon})(\sigma_i - \overline{\sigma})}{\sum_{i=1}^{k}(\varepsilon_i - \overline{\varepsilon})^2} \tag{4.20}$$

2. 割线模量与切线模量的测定

有许多金属材料(如铸铁),没有明显的线弹性变形阶段,因此,无法通过弹性直线段的斜率来确定弹性模量 E。这类材料可采用割线模量(也称弦线模量)或切线模量(定义参见式(4.6)),也即用材料弹性变形曲线的割线或切线的斜率来表达其弹性模量。严格说来,切线模量无法准确测得,因此以使用割线模量为多。4.2.5 节中规定塑性延伸强度测定的逐步逼近方法,提供了割线模量的测定方法,在测定塑性延伸强度 $R_{p0.2}$ 试验中,最终得到的直线 B_nD_n 的斜率,就是该材料的割线模量。由于该模量值比较稳定,作为该材料的弹性模量是合适的。必要时,可注明割线模量的测定方法。事实上,对于有明显线弹性变形阶段的材料的弹性模量测定,也可以使用这种方法。

3. 泊松比 μ 的测定

测定泊松比 μ 通常与测定弹性模量同步进行,但必须使用双向引伸计,以便同时测量试样的轴向应变 ε 和横向应变 ε'。使用下式计算材料的泊松比:

$$\mu = \frac{L_{\varepsilon\varepsilon'}}{L_{\varepsilon\varepsilon}} = \frac{\sum_{i=1}^{k}(\varepsilon_i - \overline{\varepsilon})(\varepsilon'_i - \overline{\varepsilon'})}{\sum_{i=1}^{k}(\varepsilon_i - \overline{\varepsilon})^2} \tag{4.21}$$

式中:ε' 取横向应变的绝对值。

$\overline{\varepsilon}$ 和 $\overline{\varepsilon'}$ 按下式计算:

$$\overline{\varepsilon} = \frac{1}{k}\sum_{i=1}^{k}\varepsilon_i, \quad \overline{\varepsilon'} = \frac{1}{k}\sum_{i=1}^{k}\varepsilon'_i \tag{4.22}$$

对于没有双向引伸计的情况,通常使用贴片法测定。也可以通过测量切变模量 G 用式(4.10)计算泊松比。

4.2.8 金属材料拉伸断口分析

对试样(或断裂构件)的断口特点进行分析,得到一些材料的基本信息,称为断口分析。断口分析是定性分析,但有时能得到一些重要的结论。

低碳钢断口四周有明显的塑性破坏产生的光亮倾斜面,倾斜面倾角与试样轴线近似成 45°(称杯状断口,如图 4.24 所示),这部分材料的断裂是由于切应力造成的;中心部分组织粗糙,并且和试样轴线几乎是垂直的,这主要是拉断的。图4.25为断口纵剖面示意图。试样断裂过程是:中心部分由于颈缩现象使材料处于三向拉伸应力状态,首先引起断裂,而当其断开后边缘部分材料继续拉伸,使其在受切应力最大的截面上剪切断裂。

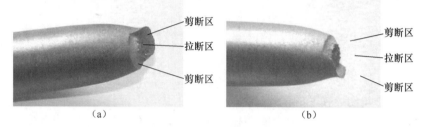

图4.24 低碳钢拉伸断口照片

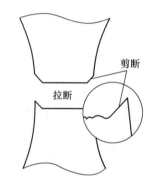

图4.25 低碳钢试样的拉伸断口

高碳钢材料因塑性较差,所以中心粗糙的拉断部分面积较大,没有杯状断口或仅有很小的杯状断口。铸铁则没有任何倾斜的侧面,整个断裂面都是脆性破坏。铸铁拉断后的试样及断口如图4.26所示。

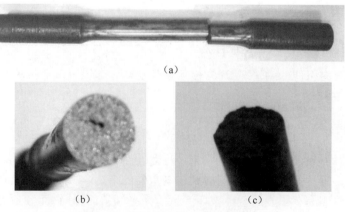

图4.26 拉断的铸铁试样及其断口

金属质量的优劣常可以通过断口形状来判别,此外,当构件发生破坏时,也可以通过断口分析,并结合其他辅助方法来弄清其破坏原因。

用光滑试样进行拉伸试验时,断裂往往发生在宏观或微观缺陷处,例如成分不均、夹渣、气泡等,是属于材料质量的问题。对于构件则由于加工工艺不当或有应力集中等,会造成各种裂纹。断口分析可以从宏观和微观两个方面进行,宏观分析反映断口全貌,微观分析则可以揭示其本质。拉伸断口分为韧性断口(以低碳钢为代表)和脆性断口(以铸铁为代表)。韧性断口中心部分为粗糙平面,是缩颈部分在三向应力状态下引起的脆断。这部分面积的大小反映了材料的塑性程度,塑性越大则中心粗糙平面的面积越小。脆性断口则断口平齐,并垂直于拉应力。

对于构件的断口,还应结合其受力特点来分析,因为塑性很好的材料可能会因为长期的交变载荷作用而发生脆性断裂,如图 4.27 所示。这种脆性断裂属于疲劳破坏,与脆性材料的静应力拉断有所不同,通常可以找到裂纹起裂点(在应力集中部位),在起裂点附近有金属摩擦的痕迹和花纹,而这种金属摩擦的痕迹和花纹在脆性材料的断口中通常没有。

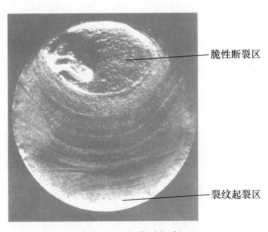

图 4.27 疲劳破坏断口

4.3 金属材料压缩时的力学性能

对一般金属材料而言,从拉伸试验得到的性能指标可以满足使用要求,但脆性材料如铸铁、铸铝合金等在拉伸时呈脆性断裂,故塑性指标无法求得。而在压缩试验时,脆性材料呈一定的韧性,从而表现出良好的抗压强度,压缩试验用以测定其在韧性状态下的力学性能。

随着试验技术的发展,压缩试验也可用来测定塑性材料的力学性能。为此,GB/T 7314—1987《金属压缩试验方法》于 2005 年进行了修订,并发布了 GB/T 7314—2005《金

属材料 室温压缩试验方法》。2017年又再次进行了修订,发布了GB/T 7314—2017。新版本一方面与拉伸试验新国标保持一致,另一方面适应新的试验技术、扩展试验适用范围、达到节约试验材料和降低试验成本等目的。

本次修订的压缩试验方法提供6种压缩力学性能的测定方法,包括:规定塑性压缩强度 R_{pc}、规定总压缩强度 R_{tc}、上压缩屈服强度 R_{eHc}、下压缩屈服强度 R_{eLc}、抗压强度 R_{mc}、压缩弹性模量 E_c 等。

4.3.1 试验机及测量工具

按照新压缩标准试验方法进行试验,对试验设备和测量工具,需要符合以下一些基本要求:

1. 准确度要求

(1) 试验机的测量准确度:达到或优于1级准确度级,上、下压板工作表面平行度应不低于1∶0.0002mm/mm(安装试样区域100mm范围内);

(2) 压缩引伸计级别不低于0.5级或1级(视所测性能而定)。

对于不满足平行度要求的试验机,新版本提出了使用力导向装置的替代方案(图4.28)。

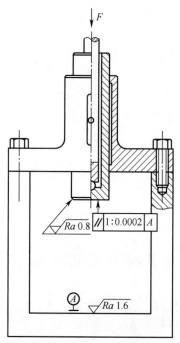

图4.28 力导向装置示意图

2. 功能要求

试验机应具有试验速度控制功能,可以为应变速率控制、应力速率控制或横梁移动速率控制方式,应变控制模式今后有可能成为主要控制模式。推荐的加载速率为相当于应变控制 $0.005\mathrm{min}^{-1}(5000\mu\varepsilon/\mathrm{min})$,该加载速率略高于拉伸试验的范围 1 速率($70\mu\varepsilon/\mathrm{s}$)。对于加载速率敏感的材料,可采用较低的加载速率 $0.003\mathrm{min}^{-1}$。

薄板类试样做压缩试验,发生屈曲是必然的,所以国标提出了采用板材压缩约束装置的解决方案(图 4.29)。板材约束装置使用时,板材与夹板间加一层聚四氟乙烯薄膜,或涂润滑剂等,以减小摩擦力。

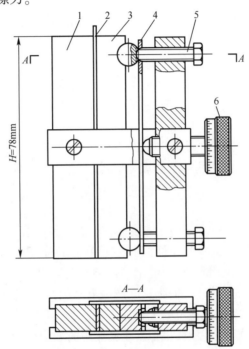

图 4.29 板材压缩约束装置示意图
1—夹板;2—试样;3—夹板;4—板簧;5—限位螺钉;6—夹紧螺钉。

3. 试样原始标距

为排除试样端面可能存在的变形不均匀的影响,试样原始标距位置规定离试样端面的距离不应小于试样直径(圆试样)或宽度(矩形试样)的 1/2。应变引伸计的安装位置应在试样的原始尺寸范围内。

4.3.2 压缩力学性能指标及国标定义

1. 单向压缩

压缩试验,由于试样难免有微弯,且力难免有偏心,造成试样除了单向压缩力外,还有弯曲的影响。这两种受力状态的同时存在,要使压缩试验得到单向的应力均匀分布的试验结果,需要从试验技术上做大量工作,并给以一定的限制条件。最主要的有三个方面:一是试样不宜过长,以避免在试验目的未达到之前试样发生屈曲;二是限制试样两端面的不平行度，以避免试验时偏心受力；三是要求试验机压头在试样加力时只能沿试样轴向运动，而不允许有其他自由度的移动或转动。

2. 规定压缩强度指标

与 GB/T 228.1—2021 对应，压缩试验设置了规定塑性压缩强度 R_{pc}、规定总压缩强度 R_{tc} 两项指标，但没有设置规定残余延伸压缩强度指标。因为当延伸率较大时，由于压缩时试样截面面积的增大，压缩试验与拉伸试验测得的指标会有较大差异，而如果延伸率较小，则测不到残余延伸。另外，对于脆性材料，通常在发生较大残余变形前试样已经断裂或开裂，所以没有必要设置该项指标。

规定塑性压缩强度 R_{pc}、规定总压缩强度 R_{tc} 的定义与拉伸试验基本相同。当塑性压缩延伸率等于规定的引伸计标距百分率时的应力称为规定塑性压缩强度 R_{pc}。使用的符号应附以下脚注说明所规定的百分率，如 $R_{pc0.2}$，表示规定塑性压缩延伸率为 0.2% 时的应力。

当总压缩延伸率等于规定的引伸计标距百分率时的应力称为规定总压缩强度（R_{tc}）。使用的符号应附以下脚注说明所规定的百分率，如 $R_{tc0.5}$，表示规定总压缩延伸率为 0.5% 时的应力。

3. 压缩屈服强度

新标准将压缩屈服强度区分为上压缩屈服强度和下压缩屈服强度，以与 GB/T 228.1—2021 相协调。压缩试验和拉伸试验都是单轴试验，两者力学行为相类似但受力方向相反。在屈服行为上也相类似，压缩试验也可能发生明显的"初始瞬时效应"。这种现象由多种原因引起，试样屈服时，即到达上屈服点时刻，屈服应变突然暴发性增加，使试样的应变速率突然升高，超过试验机的位移速率，此时加于试样上的力就会下降。所以，压缩试验中测定下压缩屈服强度时，也把由于初始瞬时效应引起的第一个下降谷点排除，如图 4.30 所示。

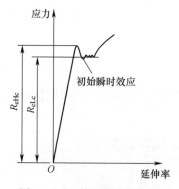

图 4.30 压缩屈服强度定义

4. 抗压强度

新标准把抗压强度的定义内容适用于所有金属材料（包括脆性材料和塑性材料）。

对于脆性材料,抗压强度是试样压至破坏过程中的最大压缩应力;对于在压缩中不以粉碎性破裂而失效的塑性材料,则抗压强度取决于规定应变和试样几何形状。塑性材料除测定规定塑性压缩强度和压缩屈服强度外,有时也需要测定应变大于压缩屈服强度时的强度。

5. 压缩弹性模量

弹性模量虽是材料的弹性常数,但在实际的测定中压缩弹性模量和拉伸弹性模量并不完全相等,弹性模量与作用力的方向有关,有些材料表现出明显的差别。另外,对测定压缩弹性模量和测定规定塑性压缩应变小于0.05%的规定塑性压缩强度时,其应变测量的要求是相同的。所以,新标准把压缩弹性模量作为压缩性能指标之一,这与GB/T 228.1—2021不同。

4.3.3 压缩试样

对于圆截面压缩试样,如图4.31所示。试样直径(d_0)通常取($10\sim20\mathrm{mm}$),短圆柱试样的长度 L_0 通常取$(1\sim2)d_0$,用来测定抗压强度;长度为$(2.5\sim3.5)d_0$ 的试样,用来测定规定塑性压缩强度和/或规定总压缩强度;长度为$(5\sim8)d_0$ 的长圆柱形试样,仅用来测定弹性性能。试样端面加工要求较高,两端面平行度及端面与轴线的垂直度必须按规定加工。

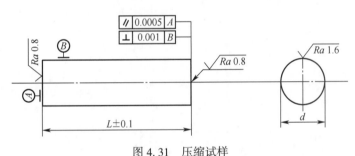

图4.31　压缩试样

长度为$(2.5\sim3.5)d_0$ 的试样,不适宜用于测量弹性模量,因为离端面$(0.5\sim1)d_0$ 区域的应力状态还受端部摩擦力的影响。而长度为$(5\sim8)d_0$ 的试样,可以使原始标距的端点离试样端面的距离大于或等于直径,避免了端面摩擦力对标距变形的影响,所以它适用于弹性模量范围内的测试。

新标准不仅可以采用圆截面试样,也可以采用非圆截面试样或板试样。相关试样要求见国标,此处不再一一赘述。

4.3.4 试验条件

由于试样尺寸与试验方法的不同,压缩试验的试验条件与拉伸试验有差异。

(1)试验速率的规定:要求采用恒应变速率控制。由横梁位移控制时,其应变速率也应控制在规定的范围内(参见4.3.1节)。

(2)室温的温度范围:本标准规定室温温度范围为10~35℃,超过这个范围不属于室温。对于材料在这个温度范围内温度敏感而要求更严格的室温范围的试验,采用23℃±5℃的控制温度。

4.3.5 材料压缩强度指标的测定

1. 板状试样实际压缩力

板状试样必须使用板材压缩约束装置夹紧后才能进行试验。夹紧力的大小直接影响到摩擦力的大小。由于摩擦力的存在,试验机测得的压缩力并非实际压缩力,实际压缩力必须经过修正才能基本上消除摩擦力的影响,图4.32是国标规定的修正方法图示。F_f为摩擦力的估计值的大小。极薄的板压缩试验时,该值允许达到$F_{pc0.2}$(屈服载荷或$\sigma_{0.2}$对应的载荷)的5%。如果更大,则应该减小夹紧力以减小摩擦力。国标明确:在保证试验正常进行的条件下,夹紧力应尽可能小。强度指标的计算应按实际压缩力计算(图4.32中的$F\text{-}O\text{-}\Delta L$)。

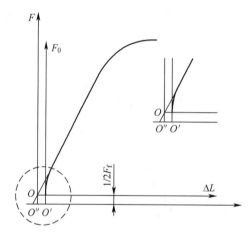

图4.32 用图解法确定实际压缩力

2. 规定塑性压缩强度(R_p)的测定

规定塑性压缩强度的测定,新标准采用"常规平行线方法"和"逐步逼近方法"两种。

(1)常规平行线方法。

常规平行线方法适用于具有明显弹性直线段的材料测定规定塑性压缩强度。这种方法采用图解方法(包括自动测定方法),引伸计应使用不低于1级准确度,但对测定规定塑性压缩应变小于0.05%的规定塑性压缩强度时,应采用0.5级准确度的平均引伸计。

试验时,记录力-变形曲线或应力-应变曲线,直至超过规定塑性压缩强度。在力-变形曲线图上,自O点起,截取一段相当于规定塑性变形的距离$OC(\varepsilon_{pc} \cdot L_0 \cdot n$,式中$L_0$为变形测试段的原始长度,$n$为绘图仪的放大倍数,下同),过$C$点作平行于弹性直线段的直

线 CA 交曲线于 A 点,A 点对应的力 F_{pc} 为所求测的规定塑性压缩力,如图 4.33(a)所示,按下式计算得到规定塑性压缩强度 R_{pc}:

$$R_{pc} = \frac{F_{pc}}{S_0} \tag{4.23}$$

（2）逐步逼近方法。

逐步逼近方法既适用于具有弹性直线段材料,也适用于无明显弹性直线段材料测定规定塑性压缩强度。这种方法适用万能试验机计算机采集与处理系统。采用逐步逼近方法测定规定塑性压缩强度时,引伸计的准确度级别与"常规平行线方法"要求相同。

以测定规定塑性压缩强度 $R_{pc0.2}$ 为例。试验时,对试样连续施力,记录力-变形曲线或应力-应变曲线,直至超过规定塑性压缩强度。首先在力-变形曲线上直观估读一点 A_0,约为规定塑性压缩应变 0.2% 的力 F_{A0};然后在微弯曲线上取 G_0、Q_0 两点,其分别对应的力为 $0.1F_{A0}$、$0.5F_{A0}$,作直线 G_0Q_0,过 C 点作平行于 G_0Q_0 的直线 CA_1 交曲线于 A_1 点,如 A_1 点与 A_0 点重合,则 F_{A0} 即为 $F_{pc0.2}$,如图 4.33(b)所示。如 A_1 点未与 A_0 点重合,需要按照上述步骤进行进一步逼近。此时,取 A_1 点对应的力 F_{A1} 来分别确定 $0.1F_{A1}$、$0.5F_{A1}$ 对应的点 G_1、Q_1,然后如前述过 C 点作平行线来确定交点 A_2。重复相同步骤直至最后一次得到的交点 A_n 与前一次的交点 A_{n-1} 重合。A_n 对应的力即为规定塑性压缩应变为 0.2% 时的力 $F_{pc0.2}$,此力除以试样原始横截面积 S_0 便得到规定塑性压缩强度 $R_{pc0.2}$。最终得到的直线 G_nQ_n 的斜率,一般可以作为确定其他规定塑性压缩强度的基准斜率。

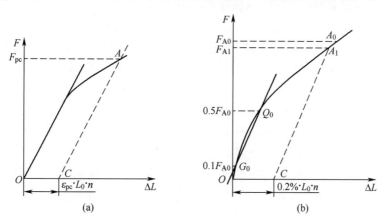

图 4.33　规定塑性压缩强度的测定

3. 规定总压缩强度 R_{tc} 的测定

采用图解方法（包括自动测定方法）测定规定总压缩强度。由于在力-变形曲线上图解确定规定总压缩力时不需要以曲线的弹性直线段斜率为基准,所以图解方法适用于具有或不具有明显弹性直线段的材料规定总压缩强度的测定,引伸计应使用不低于 1 级准确度。

试验时,记录力-变形曲线或应力-应变曲线,直至超过规定总压缩强度。按照规定总压缩强度的定义,规定总压缩强度是规定总压缩变形(弹性变形加塑性变形)达到规定的原始标距百分比时所对应的压缩应力。在力-变形曲线图(图4.34)上,自 O 点起在变形轴上取 OD 段 $(\varepsilon_{tc} \cdot L_0 \cdot n)$,过 D 点作与力轴平行的 DM 直线交曲线于 M 点,M 点对应的力为所测规定总压缩力 F_{tc}。按式(4.24)计算便得到规定总压缩强度 R_{tc}:

$$R_{tc} = \frac{F_{tc}}{S_0} \tag{4.24}$$

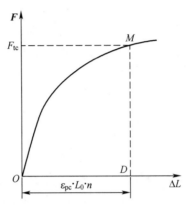

图4.34 力-变形曲线图

4. 上压缩屈服强度和下压缩屈服强度的测定

新国标规定:呈现明显屈服(不连续屈服)现象的金属材料,相关产品标准应规定测定上压缩屈服强度或下压缩屈服强度或两者。如未具体规定,仅测定下压缩屈服强度。

引伸计应使用不低于1级准确度。测定压缩屈服强度指标时,新标准没有提及是否允许加快加载速率。对大多数材料来说,加快加载速率对结果影响不大,可以参考拉伸试验以较快的应变速率完成试验(参见4.2.5节)。

采用图解方法或自动测定方法测定。试验时,记录力-变形曲线或应力-应变曲线。

上压缩屈服强度和下压缩屈服强度位置的判定应按照定义确定,确定下压缩屈服强度时,要排除"初始瞬时效应"影响,排除初始瞬时效应的具体方法可参照屈服强度指标的测定。根据上压缩屈服力 F_{eHc}、下压缩屈服力 F_{eLc},按下式计算上压缩屈服强度 R_{eHc} 和下压缩屈服强度 R_{eLc}:

$$R_{eHc} = \frac{F_{eHc}}{S_0}, \quad R_{eLc} = \frac{F_{eLc}}{S_0} \tag{4.25}$$

5. 抗压强度(R_{mc})的测定

对于在压缩时以粉碎和断裂方式失效的脆性材料,抗压强度是断裂时或断裂前的最大应力。试验时对试样连续加力,直至试样压至破坏。可从力-变形曲线上确定最大实际压缩力 F_{mc},或从测力度盘上读取试验过程中的最大压缩力 F_{mc},用最大压缩力 F_{mc} 除以试样原始横截面积 S_0 即得到抗压强度:

$$R_{mc} = \frac{F_{mc}}{S_0} \tag{4.26}$$

对于塑性材料,可根据应力-应变曲线在规定应变下,测定其抗压强度,但必须具体规定所测应力处的应变,并在报告中注明。

4.3.6 压缩弹性模量(E_c)的测定

采用图解方法(包括自动测定方法)测定压缩弹性模量。对于侧向无约束试样的长度,应满足$L=(5\sim8)d$的要求,引伸计标距两端分别距试样端面的距离应不小于试样的直径。引伸计应使用不低于0.5级准确度的平均引伸计,测力系统的准确度应优于1级准确度。试验时以恒应变速率控制,要求同规定塑性压缩强度测试。

试验时,记录力-变形曲线或应力-应变曲线。

用图解方法测定弹性模量时,曲线绘制的质量好坏对测定结果很有影响,曲线的弹性直线段与力轴夹角最好不小于40°。在自动绘制的力-变形曲线图上,取弹性直线段上J、K两点(点距应尽可能长,也可借助直尺延长直线段读得),读出对应的力F_J、F_K,变形L_J、L_K,如图4.35所示。压缩弹性模量E_c按式(4.27)计算:

$$E_c = \frac{(F_K - F_J)L_e}{(L_K - L_J)S_0} \tag{4.27}$$

式中 L_e——引伸计标距;

S_0——试样原始横截面面积。

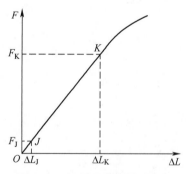

图4.35 压缩弹性模量的测定

也可按4.2.8节的逐级加载方法测定E_c。逐级加载法有利于提高测量精度。

如材料无明显的弹性直线段,在无其他规定时,则按"规定塑性压缩强度的测定"之逐步逼近方法处理,将最终得到的直线G_nQ_n的斜率作为压缩弹性模量,但应注明试验方法。

上述试验方法的描述大多基于力-变形曲线,实际上,带计算机测试系统的试验机,直接测出应力-应变曲线,读者不难得出相应的数据处理方法。

4.3.7 压缩试验的断口分析

塑性材料在压缩时常常不能断裂,而是被压扁,如图 4.36(a)所示。这说明材料的延展性很好。利用这种良好的延展特性,可以进行冷态的零件挤压成型。

脆性材料的压缩破坏,常常能看到如图 4.36(b)所示的破坏形态。通常认为这是材料在压缩时,脆性材料呈现出的韧性。近似沿 45°~55°方向的开裂,似乎证明脆性材料沿最大切应力方向发生"流动"(晶格滑移)而破坏。事实上,这种沿 45°方向的开裂与塑性材料的"流动"破坏有着本质的不同。塑性材料的流动"破坏"其实并非材料的破坏,材料的强度随着"流动"的加大而有所增强(即冷作硬化)。而脆性材料沿 45°方向一旦错动,材料的强度迅速下降,所在认为脆性材料由于切应力而破坏的观点,有许多人不认同。对这一现象的一种合理的解释是:试样端面与试验机平台存在摩擦约束,这种约束限制了上、下接触面的横向膨胀,而限制横向膨胀的力是垂直于试样轴线的,在轴向力与横向力的共同作用下,试样沿 45°~55°方向的开裂。

如果对试样的上、下表面做好充分的润滑,能看到图 4.37 所示的开裂现象,这时的开裂方向几乎与轴线平行,垂直于开裂方向的正是最大伸长线应变。这一结论支持了材料力学中第二强度理论(最大伸长线应变理论)的结论,不过也不能说,造成试样沿 45°~55°方向的开裂与切应力无关。

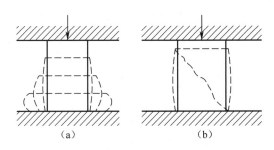

图 4.36 低碳钢与铸铁的压缩破坏

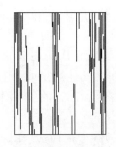

图 4.37 脆性材料的纵向开裂

4.4 金属材料扭转时的力学性能

作为材料的力学性能测试,通常不做扭转试验,因为根据材料力学的理论,材料扭转试验方法测定的力学性能,与拉伸试验测定的力学性能有很大的相关性。而且受扭试样处于二向应力状态,但受拉试样却处于单向应力状态,两者在力学行为上必然有差异。因此,国家标准制定了相关试验标准 GB/T 10128—2007《金属材料 室温扭转试验方法》,以用于特殊要求情况下的力学性能测定。

金属材料扭转试验的另一个重要目的是对材料力学理论的研究,尤其是应力状态和强度理论的研究,提供必要的实验支持。

目前,由于尚未见 GB/T 10128—2007 的更新版本,扭转力学性能指标的名称及符号与新的拉伸和压缩试验标准不一致。包括:规定非比例扭转强度 τ_p、上屈服强度 τ_{eH}、下屈服点 τ_{eL}、抗扭强度 τ_m、最大非比例切应变 γ_{max} 和剪切模量 G(现统一称为切变模量)。必须注意:这些力学性能指标仅切变模量 G 与材料力学的定义一致,切勿与材料力学的相关名词混淆。

4.4.1 扭转试样

试样采用圆截面。两端夹持部分应适合于试验机夹头夹持,如图 4.38 所示。推荐试验段直径 d_0 = 10mm,标距 L_0 = 50mm(或 100mm),平行长度 L_c = 70mm(或 120mm),必要时也可以采用管形试样或其他截面尺寸。

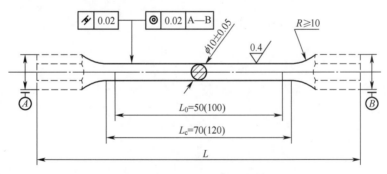

图 4.38 扭转试验用圆形试样

4.4.2 试验设备

扭转试验机应满足 JJG269—2006 的规范要求。对试验机的速度控制、测力显示等,应满足国标规定。

试验机应配备扭转计(转角测量装置),并满足标距、分辨率、重复性、准确度等指标要求,并经过定期校准。对扭转计的类型没有具体规定。

4.4.3 试验条件

扭转速度:屈服前应控制在 3~30°/min 范围内,屈服后不大于 720°/min。速度的改变应无冲击。

试验温度:应在室温(10~35℃)下进行。

4.4.4 扭转力学性能及测定

说明:在本节中提及的扭角(角度需要换算为弧度(rad)),指扭转计标距内的相对扭转角,而非试样夹持部分的总扭转角。

1. 规定非比例扭转强度的测定

试样扭转时,其标距部分试样外表面上的非比例切应变达到规定数值 γ_p 时,按弹性扭转公式计算的切应力即为**规定非比例扭转强度(τ_p)**,这时的应力符号应附以脚注说明。例如 $\tau_{p0.015}$、$\tau_{p0.3}$ 等,分别表示规定的非比例切应变达到 0.015% 和 0.3% 时的切应力,其测定方法如下。

记录扭矩-扭角曲线(图 4.39),在记录的曲线上延长弹性直线段交扭角轴于 O 点,截取 $OC(OC=2L_e\gamma_p/d)$ 段,过 C 点作弹性直线段的平行线 CA 交曲线于 A 点,A 点对应扭矩为所求的扭矩 T_p。按下式计算:

$$\tau_p = \frac{T_p}{W_t} = \frac{16T_p^{①}}{\pi d_0^3} \tag{4.28}$$

求得规定非比例扭转强度 τ_p。

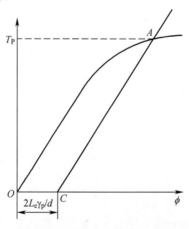

图 4.39 规定非比例扭转强度

---

① 国标中抗扭截面系数使用 W 表示,而非 W_t。为了跟《材料力学》教材一致,此处改为 W_t 以防止与《材料力学》教材中的抗弯截面系数 W 混淆。

计算机测控的扭转试验机,采样过程实际上是连续采样的,因此可以直接测出相应的结果。人工采样时,标准推荐使用逐级加载法记录数据点,最后用内插法计算结果,此处不再讨论。

2. 上屈服(抗剪)强度和下屈服(抗剪)强度的测定

在拉伸试验中呈现明显屈服现象的金属材料,扭转时同样呈现屈服现象。但是,由于扭转时试样截面外表面屈服时,内部材料尚未屈服,因而屈服过程中的扭矩下降现象不如拉伸时那样明显。

首次下降前的最大扭矩为上屈服扭矩;屈服阶段中不计初始瞬时效应的最小扭矩为下屈服扭矩。上屈服扭矩和下屈服扭矩分别除以抗扭截面系数 W_t 即可得上屈服强度和下屈服强度(图4.40):

$$\tau_{eH} = \frac{T_{eH}}{W_t}, \qquad \tau_{eL} = \frac{T_{eL}}{W_t} \tag{4.29}$$

尽管国标明确提到了应不计初始瞬时效应确定下屈服扭矩,事实上由于扭转试验的特殊性,出现初始瞬时效应谷值的情况不一定那么明显,这时可忽略初始瞬时效应问题。有时,拉伸试验时有屈服平台的材料在扭转试验时可能无明显的屈服平台,所以只在特别要求时才采用扭转试验测定上屈服(抗剪)强度和下屈服(抗剪)强度。"抗剪"两个字是作者所加,以区别于拉伸或压缩试验的上屈服强度和下屈服强度概念。

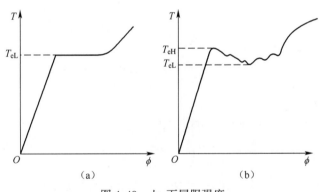

图4.40 上、下屈服强度

3. 抗扭强度

试样在扭断前承受的最大扭矩 T_m,按弹性扭转公式计算的试样表面最大切应力定义为抗扭强度,以 τ_m 表示。对于塑性材料,由于试样扭断时,内外材料均已屈服,且外表面材料已首先达到破坏应力,所以试样内部的应力分布非常复杂,使用弹性扭转公式(4.30)计算得到的抗扭强度 τ_m 与材料力学定义的切应力强度极限 τ_b 无可比之处。因此,此处不讨论该指标的测定方法,需要时请参见有关国标。

抗扭强度为

$$\tau_m = \frac{T_m}{W_t} \tag{4.30}$$

4. 最大非比例切应变

试样扭断时其外表面上的最大非比例切应变,定义为最大非比例切应变 γ_{max}。测定方法如下。

记录扭矩-扭角曲线,如图 4.41 所示。对试样连续施加扭矩,直至断裂。过断裂点 K 作曲线的弹性直线段的平行线 KJ 交扭角轴于 J 点,OJ 即为最大非比例扭角 ϕ_{max},按式(4.31)计算最大非比例切应变:

$$\gamma_{max} = \arctan\left(\frac{\phi_{max} d_0}{2L_e}\right) \times 100\% \tag{4.31}$$

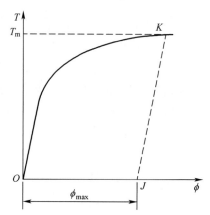

图 4.41　抗扭强度及最大非比例切应变的测定

5. 切变模量的测定

根据剪切胡克定律,切变模量 G 可按下式计算:

$$G = \frac{\tau}{\gamma} \tag{4.32}$$

在线弹性阶段,扭矩、扭角和切应力、切应变之间有如下关系:

$$\tau = \frac{Td_0}{2I_p}, \qquad \gamma = \frac{\phi d_0}{2L_e}$$

试验时,记录扭矩-扭角曲线(图 4.42)。测得弹性阶段的扭矩增量 ΔT 和相应的扭角增量 $\Delta \phi$,按式(4.35)即可求得切变模量 G:

$$G = \frac{L_e \Delta T}{I_p \Delta \phi} \tag{4.33}$$

使用不具备计算机测控的扭转试验机测试时,可使用逐级加载法测定 G。测试方法可参见 4.2.7 节弹性模量 E 的测定方法。

扭转试验是精确测量**切变模量** G 的理想方法。结合式(4.10)可以间接测得泊松比。

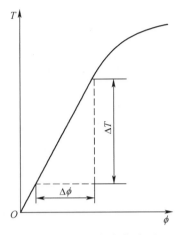

图 4.42 扭矩-扭角曲线测 G

由于双向引伸计测量横向应变的精度通常不高,所以通过测量 E 和 G 间接测量泊松比可以得到更高测试精度。

4.4.5 扭转破坏断口形式

扭转破坏试样断口可能会出现图 4.43 所示的几种形式。其中,图 4.43(a)所示断面几乎与轴线垂直,图 4.43(b)和图 4.43(c)所示的断面呈近似 45°螺旋形,而图 4.43(d)则沿轴线成层状断裂。

图 4.43(a)所示的断口几乎是所有塑性材料的断口形式。根据材料力学的理论,横截面上有最大切应力。因此,这些材料是因为抗剪强度不够而断裂的,俗称剪断。

图 4.43(b)或图 4.43(c)所示的断口是所有脆性材料的断口形式。根据材料力学的理论,最大拉应力面与轴线成 45°角,因此这些试样是被"拉断"的。正是根据这些试验结论,结合压缩试验的一些重要结论,材料力学才总结出了最常用的三大强度理论。

图 4.43(d)所示的断口仅在材料内部有缺陷,或各项异性材料的扭转试验中才会看到。这在另一方面也说明,扭转试验的断口分析也是很重要的。

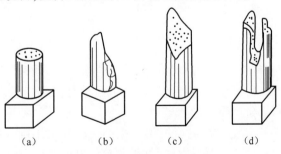

图 4.43 扭转破坏断口形式

脆性材料的扭转破坏断口具有非常鲜明的特点，如图 4.44 所示。它很好地说明了第一强度理论(最大拉应力理论)对脆性材料破坏的适用性。而塑性材料的典型的横截面断口则能很好说明第三强度理论(最大切应力理论)的正确性。所以，扭转试验尽管通常不作为取得材料力学性能指标的实验手段，仍具有重要的现实意义。

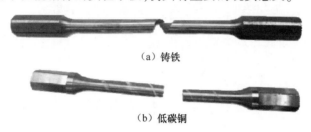

（a）铸铁

（b）低碳钢

图 4.44　铸铁、低碳钢扭转破坏断口

4.5　力学性能测试结果的数据处理

除针对不同性能指标特有的数据处理要求外，三个国家标准均提到了数据修约问题。另外，对试验结果提供不确定度，对评判试验结果的可信度以及了解试验批次材料的性能分散性有重要意义，所以 GB/T 228.1—2021 也提出了不确定度估算的要求，并给出了估算不确定度的范例。

4.5.1　关于结果修约的规定

（1）强度性能修约至 1MPa；
（2）屈服点延伸率修约至 0.1%，其他延伸率和断后伸长率修约至 0.5%；
（3）断面收缩率修约至 1%；
（4）弹性模量保留三位有效数字或 100MPa。

事实上，国家标准也并不统一，而且会随着版本的更新而变化，所以上述修约规定仅作参考。由于普遍采用计算机作为计算工具，普遍使用最终结果修约的方法，计算的中间值不做修约。

4.5.2　测试结果的不确定度

不确定度的数值仅作参考，不能作为评判结果合格与否的依据，除非被检对象明确声明。所以检验结果可以不提供不确定度的数值，但目前计量部门提供的检定结果通常都提供该值，以方便用户评价产品质量。

国标 GB/T 228.1—2021 的附录 O 提供了拉伸试验结果不确定度的评定范例，附录 M 提供了一组钢和铝合金实验室间的比对结果不确定度的指南，必要时可参考查阅。

4.6 金属材料的力学性能测试实例

由于实验室配备的测试设备不同,力学性能测试的方法必定也不一样,但测试原理和基本要求是相似的。下面第一例通过使用 TSE105 微机控制电子万能试验机做拉伸试验为例,了解常用力学性能指标的测试过程,第二例通过使用 TST502 扭转试验机做扭转试验为例,了解主要的剪切力学性能指标的测试过程。

4.6.1 低碳钢的拉伸试验实例

(1)试验机。试验机 TSE105(图 4.45),最大载荷:100kN,试验机级别:0.5 级,位移分辨率:0.025μm,有效试验宽度:600mm。

图 4.45 TSE105 型电子万能材料试验机

(2)试样。试样棒材(图 4.46),材料 Q235,直径 d_0 = 10mm,平行长度 L_C = 110mm,标距 L_0 = 100mm,倒角 r = 12mm,夹持部分直径 16mm。

图 4.46 拉伸试样

(3)应变引伸计。MP3542-50 型引伸计(图 4.47),为应变式引伸计,标距 50mm,最大变形 10mm,应注意在控制软件上设置引伸计最大变形切换点。

(4)试验条件。分段加载:第一段:按应变速率加载,速度:0.75mm/min($0.00025s^{-1}$),切换点载荷 12kN;第二段:按横梁位移速率加载,速度:1.5mm/min(按应变速率 $0.00025s^{-1}$ 换算),切换点按应变 1% 切换(变形 5mm),并摘除引伸计;第三段:按位移速率加载,速

图 4.47　MP3542-50 型引伸计

度:2mm/min。试验温度:26℃。

（5）试验目标。测量计算弹性模量 E、规定塑性强度 $\sigma_p(R_{p0.01})$、屈服极限 $\sigma_s(R_{eL})$、强度极限 $\sigma_b(R_m)$、断后伸长率 A、断面收缩率 Z 等。

（6）拉伸曲线截图（图 4.48）。

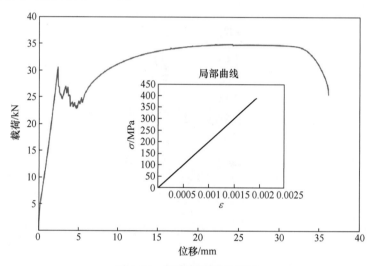

图 4.48　低碳钢拉伸曲线图

（7）试验结果（见表 4.2）。

表 4.2　低碳钢拉伸试验结果

规定非比例延伸强度 R_p/MPa	抗拉强度 R_m/MPa	弹性模量 E/GPa	下屈服强度 R_{eL}/MPa	断后伸长率 A/%	断面收缩率 Z/%
334	443	200	291	32.0	60.5

4.6.2　低碳钢的扭转试验实例

（1）试验机。试验机 TST502（图 4.49），最大扭矩:500NM,试验机级别:0.5 级,扭矩示值相对误差:±0.5%,扭转角测量范围:0~10000°,扭转计扭角分辨率:0.0045°。

图 4.49　扭转试验机 TST502

（2）试样。试样圆截面，材料 Q235，试样直径 $d_0=10\text{mm}$，标距 $L_0=100\text{mm}$，平行长度 $L_c=120\text{mm}$，两端夹持部分呈六面体，如图 4.50 所示。

图 4.50　低碳钢扭转试样

（3）转角仪。NCJ10 扭角计如图 4.51 所示，转角仪标距 50mm，最大角度 10°。

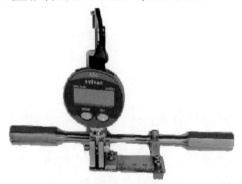

图 4.51　JCJ10 扭角计

（4）试验条件。扭转速度：第一段：扭角计控制，试验速度 1°/min，切换点 3°，第二段：扭角控制，试验速度 360°/min，试验温度：26℃。
（5）试验目标。确定屈服极限 τ_{eH}、τ_{eL}、抗扭强度 τ_m 和剪切模量 G。
（6）扭转曲线截图（图 4.52）。
（7）试验结果及试验报告（表 4.3）。

表 4.3　低碳钢扭转试验结果

剪切模量 G /GPa	抗扭强度 τ_m/MPa	最大扭矩 T_m/NM	下屈服强度 τ_{el} /MPa	上屈服强度 τ_{eh} /MPa
84	456	89	193	223

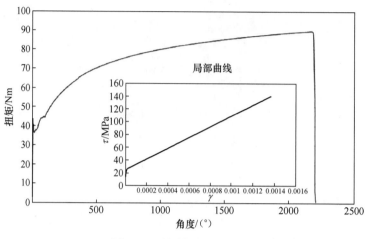

图 4.52 低碳钢扭转曲线图

复 习 题

4.1 测定材料的力学性能为什么通常使用拉伸试验或压缩试验？什么情况下必须进行压缩试验？

4.2 用拉伸试验测定材料的力学性能为什么要用比例试样？满足什么条件的试样可称为比例试样？

4.3 材料拉伸时有哪些力学性能指标？说明它们各自的意义。

4.4 什么是材料的规定非比例延伸强度 R_p？规定总延伸强度 R_t？规定残余延伸强度 R_r？如果材料有明显的线弹性变形阶段，请简述它们的测试原理？

4.5 什么是测定材料屈服强度时的"初始瞬时效应"？如何确定上屈服强度 R_{eH} 和下屈服强度 R_{eL}？

4.6 测定材料断后伸长率 A 时，如果试样断口到邻近标距点的距离小于 $L_0/3$，应怎样计算断后伸长率？为什么？

4.7 怎样从金属拉伸断口来分析其引起破坏的原因，并大致判断其塑性。

4.8 同样材料、不同尺寸的试样所测得的断后伸长率 A 和断面收缩率 Z 是否相同？

4.9 试述测定材料的弹性模量 E 和泊松比 μ 的分级加载法？与两点法相比，分级加载法有什么优点？

4.10 压缩试验可以测定哪些力学性能？为什么对脆性材料必须进行压缩试验？与拉伸试验有什么不同？

4.11 分析塑性材料和脆性材料在拉、压、扭三种变形情况下的破坏形式和断口形状，并用材料力学理论作简单的解释。

4.12　铸铁扭转破坏断裂面为何是 45°螺旋面而不是 45°平面？

4.13　怎样测定材料的切变模量 G？如何用弹性模量 E 和切变模量 G 计算材料的泊松比 μ？

4.14　试述材料规定非比例延伸强度 $R_{p0.01}$ 的工程意义及测定方法。

4.15　试述材料力学性能修约规则。

4.16　某厂家电子万能试验机有 100kN、50kN、20kN、10kN、5kN 5 个不同量程，现有圆截面试件，其直径为 9.96mm，材料的 σ_b 约为 600MPa，进行拉伸破坏实验应最优选用哪一种规格量程的试验机？

4.17　测量某材料的断后伸长率时，在标距 100mm 内每 10mm 刻一条线，试样受轴向拉伸拉断后，原刻线间距离如题 4.17 图所示，则该材料的断后伸长率为多少？按国标修约后为多少？

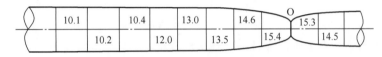

题 4.17 图

第5章 光弹性测试原理及方法

5.1 概 述

光弹性实验是一种应用光学原理的应力测试方法,它利用具有双折射性质的透明塑料,制成与实际构件几何形状相似的模型,使其承受与原构件相似的载荷,然后置于偏振光场中,可显现出与模型受力后所产生的应力场有关的干涉条纹图。这些条纹图与受力模型边界和内部各点的应力有关,依照光弹性原理,对这些条纹进行分析计算,就可得出模型表面和内部各点应力的大小和方向。实际构件的应力可由相似理论换算求出。光弹性实验方法是光学和力学紧密结合的一种实验技术。

光弹性实验方法的主要特点是直观性强,可以获取全场信息,通过光弹性实验,可直接观测到模型受力后的应力分布情况,特别是对那些理论计算较为困难、形状及载荷复杂的构件,光弹性实验方法更能显示出其优越性。它能迅速、准确地确定构件的应力集中系数,为改进结构设计,提高结构性能提供试验依据。利用光弹性实验方法,不仅能获得模型表面的二维应力分布情况,而且能通过获取模型内部各截面的应力分布情况解决三维应力问题,因此,从强度观点出发合理设计零构件时,光弹性实验方法是一种迅速、准确、经济、有效的应力分析方法。

光弹性实验方法已有一百多年的历史,试验技术也日益成熟和完善,除一般的平面光弹性实验方法外,还有用于三维应力分析的光弹性应力冻结法、散光法等,有可对构件进行实测的光弹性贴片法、利用近代激光技术的全息光弹性实验技术等。目前,光弹性实验分析方法已广泛应用于航空、造船、机械、石化、水利和土木建筑等部门。

5.2 光学基础知识

5.2.1 光波

对于光弹性实验中呈现的光学现象,人们一般采用光的波动理论来解释,即认为光是一种电磁波,它的振动方向垂直于其传播方向,是一种横波。在光学均匀介质中传播的光波,可用正弦波来描述,如图 5.1 所示。

其表达形式为

$$u = a\sin(\omega t + \phi_0) \tag{5.1}$$

式中 u——光矢量;

a——振幅;
ω——圆频率;
ϕ_0——初相位;
$\omega t + \phi_0$——t 瞬时的相位。

如以光程表示则为

$$u = a\sin\frac{2\pi}{\lambda}(\nu t + \Delta_0) \tag{5.2}$$

式中 λ——光波在介质中的波长;
ν——光波在介质中的传播速度;
Δ_0——$t = 0$ 时的光程;
$\nu t + \Delta_0$——t 瞬时的光程。

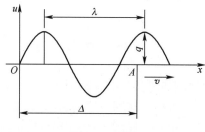

图 5.1 光波

图 5.1 中,若 O、A 两点光程差为 Δ,则 O、A 两点振动的相位差为

$$\phi = \frac{2\pi}{\lambda}\Delta \quad 或 \quad \Delta = \frac{\lambda}{2\pi}\phi \tag{5.3}$$

5.2.2 自然光和平面偏振光

我们日常所见的光源,如太阳和白炽灯,所发出的光是由无数个互不相干的光波所组成,在垂直于光波传播方向的平面内,这些波的振动方向可取任何可能的方向,而且在所有可能的方向上,其振幅都相等。这种光就称为自然光,如图 5.2(a) 所示。

如果光波在垂直于传播方向的平面内只在某一个方向上振动,且光波沿传播方向上所有点的振动均在同一个平面内,则这种光称为平面偏振光,如图 5.2(b) 所示。平面偏振光中光矢量所在的平面称为平面偏振光的振动平面。

平面偏振光可以用自然光通过某种特殊的透明介质,使其振动被限制在一个确定的方向来产生,这种用来产生偏振光的元件称作起偏器或偏振片,振动平面与偏振片的交线称为偏振轴。

5.2.3 光波的干涉

人们对光的明暗感觉取决于光强 I,I 大则明,I 小则暗。光强 I 是由光的能量决定

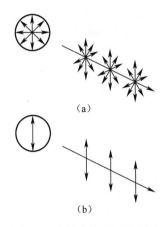

图 5.2 自然光及平面偏振光

的,它与振幅 a 的平方成正比,可表示成

$$I = Ka^2 \tag{5.4}$$

式中:K 为一个常数。

当两列或两列以上的光波相遇时,在其重叠区域将产生干涉。产生干涉现象的光波必须满足如下条件:该两列光波必须是在同一平面内振动、向同一方向传播的偏振光;两列光波振动频率相同,相位差恒定而且振幅相近。这样的两束光称为相干光,相干光通常由同一光源发出的光经分解后获得。

设两列相干光波,其方程为

$$\begin{cases} u_1 = a_1 \sin(\omega t + \phi_1) \\ u_2 = a_2 \sin(\omega t + \phi_2) \end{cases}$$

当它们相遇时,其合成光波方程为

$$u = u_1 + u_2 = A\sin(\omega t + \beta) \tag{5.5}$$

其中

$$A = \sqrt{a_1^2 + a_2^2 + 2a_1 a_2 \cos\phi}$$

$$\beta = \arctan^{-1} \frac{a_1 \sin\phi_1 + a_2 \sin\phi_2}{a_1 \cos\phi_1 + a_2 \cos\phi_2}$$

$$\phi = \phi_1 - \phi_2$$

两相干光合成后仍为平面偏振光,合成光的振动平面和频率不变,合成光的光强为

$$I = KA^2 = K(a_1^2 + a_2^2 + 2a_1 a_2 \cos\phi) \tag{5.6}$$

当相位差 $\phi = 2n\pi$ ($n = 0,1,2,3,\cdots$) 时,$\cos\phi = 1$,光强最大,$I_{\max} = K(a_1 + a_2)^2$。

当相位差 $\phi = (2n + 1)\pi$ ($n = 1,2,3,\cdots$) 时,$\cos\phi = -1$,光强最小,$I_{\min} = K(a_1 - a_2)^2$。

以上两种情况的干涉光波形如图 5.3 所示。

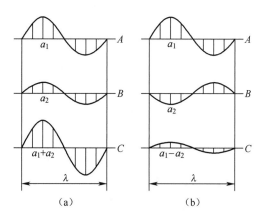

图 5.3 光波的叠加

5.2.4 双折射

当光波从一种介质射入另一种介质时,发生折射,如图 5.4 所示,入射角 i 和折射角 R 有如下关系

$$\frac{\sin i}{\sin R} = \frac{v_1}{v_2} = n_{21} \tag{5.7}$$

式中 v_1、v_2——光波在介质 1、2 中的传播速度;

n_{21}——介质 2 对介质 1 的相对折射率。

对于光学各向同性介质,光学性质在各个方向均相同,光波不论沿哪个方向都以同一速度传播,只有一个折射率,入射时只产生一束折射光。

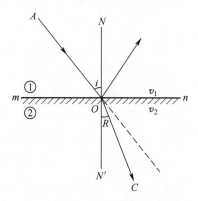

图 5.4 光的折射

当光波入射各向异性晶体时,由于晶体的光学性质随方向而异,入射的光束被分解为两束折射光,如图 5.5 所示,这种现象称为双折射。根据实验可知,这两束折射光都是平面偏振光,它们在互相垂直的平面内振动,而且在晶体内的传播速度不同,其中一束遵循

折射定律，称为寻常光或 o 光，另一束不遵循折射定律，称为非常光或 e 光。这类晶体有一特定的方向，当光束沿此方向入射时，不发生双折射现象，这个特定的方向称为晶体的光轴。

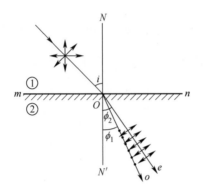

图 5.5　光的双折射现象

从晶体中平行于光轴方向切取的薄片称为波片或波光片，如图 5.6 所示，当光波垂直入射波片时，入射光被分解成两束平面偏振光，其中 o 光的振动方向与光轴垂直，而 e 光的振动方向则与光轴平行，由于两束光在波片中的传播速度不同，因此当两束光射出波片时会产生光程差，对于 o 光快于 e 光的波片，将对应于 o 光和 e 光的振动方向分别称为波片的快轴和慢轴，产生的光程差为 1/4 个波长的波片称为 1/4 波片。

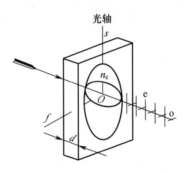

图 5.6　波片及对光的偏振分解

天然的各向异性晶体产生的双折射现象，是晶体的固有特性，称为永久双折射。有些各向同性的非晶体材料，在其自然状态时，不会产生双折射，但当其受到载荷作用而有应力时，就表现为各向异性，产生双折射现象，而且其光轴方向与主应力方向重合。例如，当一束光线入射受力的此类材料所制成的模型时，光将沿主应力 σ_1 及 σ_2 方向分解成两束平面偏振光，其振动方向互相垂直，且传播速度不同，当载荷卸去后模型内应力消失时，双折射现象也随即消失，这种现象称为暂时（人工）双折射。环氧树脂、某些塑料、玻璃、聚碳酸酯等材料均有此特性。

5.2.5 圆偏振光

如图 5.7 所示,沿光线传播方向,光波波列上各点光矢量横向振动是一个旋转量,各点光矢量端点,在垂直于传播方向平面内的投影是一个圆,这种偏振光称为圆偏振光。

圆偏振光可通过以下方式产生:由一双折射晶体切取一波片,将一束平面偏振光垂直入射该波片,光波被分解为两束振动方向互相垂直的平面偏振光,其中一束比另一束较快地通过波片;于是,当两束光射出波片时会产生一相位差,这两束振动方向互相垂直的平面偏振光的传播方向一致,

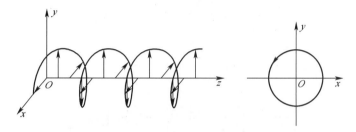

图 5.7　圆偏振光的传播

频率相同,而振幅可以不相等,设其光波方程分别为

$$u_1 = a_1 \sin\omega t \tag{5.8}$$
$$u_2 = a_2 \sin(\omega t + \phi) \tag{5.9}$$

式中　a_1、a_2——振幅;
　　　ϕ——两束光波的相位差。

若相位差恰好为 $\phi = \pi/2$,则

$$u_1 = a_1 \sin\omega t \tag{5.10}$$
$$u_2 = a_2 \sin\left(\omega t + \frac{\pi}{2}\right) = a_2 \cos\omega t \tag{5.11}$$

将式(5.10)和式(5.11)等式两边分别平方后相加,消去参数 t,即得合成后的光矢量末端运动轨迹在 x-y 平面内的投影方程式:

$$\frac{u_1^2}{a_1^2} + \frac{u_2^2}{a_2^2} = 1 \tag{5.12}$$

如果 $a_1 = a_2 = a$,则式(5.12)成为圆的方程,即

$$u_1^2 + u_2^2 = a^2 \tag{5.13}$$

光路上任意点合成光矢量末端轨迹符合此方程的即为圆偏振光,光矢量末端轨迹是一条螺旋线(图 5.7)。为了满足产生圆偏振光的条件,即射出波片的两束振动方向互相垂直的平面偏振光的振幅相等、相位差为 π/2,可将一束平面偏振光入射到具有双折射特性的波片上,并使入射平面偏振光振动方向与分解后的相互垂直的两束平面偏振光的振动方向各成 45°,分解后的两束平面偏振光振幅相等,如图 5.8 所示。另外,适当调整波

片的厚度,使射出时两束平面偏振光的相位差恰好等于 $\pi/2$。由式(5.3)可知,相位差为 $\pi/2$ 时,光程差 Δ 为入射光波长的 $1/4$(即 $\Delta=\lambda/4$),此时的波片即为 $1/4$ 波片。

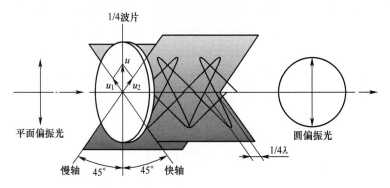

图 5.8 圆偏振光的产生

5.3 平面应力-光学定律

前面提到,有些各向同性透明非晶体材料,在其自然状态(无应力状态),并不具有双折射性质。但是,当这些材料受有应力作用时,则表现为光学各向异性,会产生双折射现象。而当应力消除后,这种现象也随即消失,这种现象应用到实验应力分析中来,就是通常所说的光弹性测试方法。

当一束平面偏振光垂直入射受二向应力作用的平面模型时,光波即沿模型上入射点的两个主应力方向分解成两束平面偏振光。这两束平面偏振光在模型内的传播速度不同,通过模型后产生光程差 Δ,如图 5.9 所示。

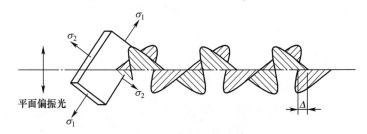

图 5.9 受力模型的光弹性效应

实验证明,模型上任意一点的主应力与折射率有如下关系

$$\begin{cases} n_1 - n_0 = A\sigma_1 + B\sigma_2 \\ n_2 - n_0 = A\sigma_2 + B\sigma_1 \end{cases} \tag{5.14}$$

式中　n_0——无应力时模型材料的折射率;
　　　$n_1(n_2)$——模型材料对振动方向为 $\sigma_1(\sigma_2)$ 方向的一束平面偏振光的折射率;

A、B——模型材料的应力光学系数。

从式(5.14)中消去 n_0,并令 $C = A - B$,则
$$n_1 - n_2 = C(\sigma_1 - \sigma_2) \tag{5.15}$$
式中:C 为模型材料的相对应力光学系数。

设沿 σ_1、σ_2 方向振动的两束平面偏振光在模型内传播的速度分别为 v_1 和 v_2,它们通过模型的时间分别为 $t_1 = h/v_1$ 和 $t_2 = h/v_2$,(h 为模型厚度)。当其中一束光(较慢速的光)刚从模型通过时,其前面的一束光(较快速的光)已在空气中前进了一段距离 Δ,即
$$\Delta = v(t_1 - t_2) = v\left(\frac{h}{v_1} - \frac{h}{v_2}\right) \tag{5.16}$$
式中 v——光波在空气中的传播速度;

Δ——两束平面偏振光以不同速度通过模型后所产生的光程差。

若以折射率 n_1、n_2 表示,又因 $n_1 = v/v_1$,$n_2 = v/v_2$,将其代入式(5.16)可得
$$\Delta = h(n_1 - n_2) \tag{5.17}$$
将式(5.15)代入式(5.17)可得
$$\Delta = Ch(\sigma_1 - \sigma_2) \tag{5.18}$$
这就是平面应力-光学定律。

由式(5.18)可见,当模型厚度 h 一定时,只要找出光程差(或相位差)就可以求出该点的主应力差。模型材料的 C 值可以通过一定的方法来测定,从而把一个求主应力差的问题转化为一个求光程差(或相位差)的问题。我们可以通过平面偏振光装置,用光的干涉原理测得光程差(或相位差)。

5.4 平面偏振光通过受力模型后的光弹性效应

5.4.1 平面偏振光装置简介

平面偏振光装置是光弹性实验中最基本的装置,如图 5.10 所示,它主要由光源和两块偏振片组成,靠近光源的一块偏振片称为起偏镜,用 P 表示,在模型另一侧的偏振片称为检偏镜或分析镜,用 A 表示。光源可以是白光或单色光,单色光通常采用钠光或汞光,可用凸透镜将点光源转换成平行光或直接采用漫射光源。

通常,我们总是将平面偏振光装置中的起偏镜的偏振轴 P 调整在垂直方向。当检偏镜的偏振轴 A 调整在水平方向时,形成暗场(无模型时,从检偏镜后方观察为暗场)。当两偏振轴互相平行时,则形成明场(无模型时,从检偏镜后方观察为亮场)。模型由具有暂时双折射性质的透明材料制成,放在两偏振镜之间,并由专门的加载装置对模型加载。

5.4.2 平面偏振光通过受力模型后的光弹性效应

本节讨论平面偏振光暗场布置时,通过二向受力模型中任意一点 O 时所产生的光弹

性效应,如图 5.10(a)所示。设 O 点的主应力为 σ_1 和 σ_2,其中 σ_1 和偏振轴 P 的夹角为 ψ,如图 5.10(b)所示。单色光通过起偏镜后为平面偏振光:

$$u = a\sin\omega t \tag{5.19}$$

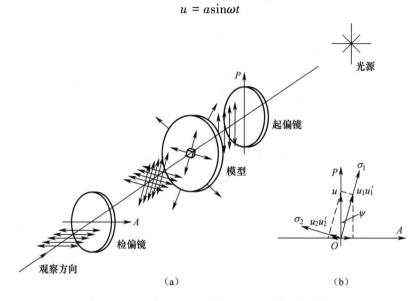

图 5.10 平面偏振光通过受力模型后的光弹性效应

u 垂直入射到受力模型表面后,由于暂时双折射现象,即沿主应力方向分解为两束平面偏振光。沿 σ_1 方向为 u_1,沿 σ_2 方向为 u_2,分别表示如下:

$$u_1 = a\sin\omega t\cos\psi \tag{5.20}$$
$$u_2 = a\sin\omega t\sin\psi \tag{5.21}$$

这两束平面偏振光在模型中的传播速度不同,通过模型后产生相对光程差 Δ,相位差为 ϕ,则通过模型后两束光为

$$u'_1 = a\sin(\omega t + \phi)\cos\psi \tag{5.22}$$
$$u'_2 = a\sin\omega t\sin\psi \tag{5.23}$$

u'_1 和 u'_2 到达检偏镜后,只有平行于检偏镜轴 A 的振动分量才能通过,通过检偏镜后的合成光波如图 5.10(b)所示

$$u_3 = u'_1\sin\psi - u'_2\cos\psi \tag{5.24}$$

将式(5.22)、式(5.23)代入式(5.24)可得

$$u_3 = a\sin2\psi\sin\frac{\phi}{2}\cos\left(\omega t + \frac{\phi}{2}\right) \tag{5.25}$$

u_3 仍为一平面偏振光,其振幅为 $a\sin2\psi\sin\frac{\phi}{2}$。由于光强与振幅的平方成正比,因而光强为

$$I = K\left(a\sin2\psi\sin\frac{\phi}{2}\right)^2 \tag{5.26}$$

如果用光程差表示,根据式(5.3)可知 $\phi = 2\pi\Delta/\lambda$,因而式(5.26)可写为

$$I = K\left(a\sin2\psi\sin\frac{\pi\Delta}{\lambda}\right)^2 \tag{5.27}$$

式中:K 为常数,当光强 $I = 0$ 时,我们从检偏镜后所看到的模型 O 点将是暗点。

从式(5.27)可以看出,$I = 0$ 可能有以下三种情况:即 $a = 0$、$\sin2\psi = 0$ 或 $\sin\frac{\pi\Delta}{\lambda} = 0$。其中 $a = 0$ 无意义,因为这表示无光源。现分析讨论后两种情况。

第一种情况:$\sin2\psi = 0$ 即 $\psi = 0$ 或 $\psi = \pi/2$,如图 5.10(b)所示,表示该点的主应力方向与偏振轴方向重合,该点就是暗点、一系列这样的点构成一条黑色条纹。由于这黑色条纹上各点的主应力方向都与这时的偏振轴方向一致,它们具有相同的倾角,因而称为等倾线。

一般说来,模型内各点的主应力方向是不同的,但是连续变化的,如果同时转动起偏镜和检偏镜,并使其偏振轴始终保持正交,则可以看到等倾线在连续移动,这说明起偏镜和检偏镜同时转过某一相同角度,则会得到一组相应的等倾线,这时等倾线上各点的主应力方向与新的偏振轴方向重合。因此,同步转动起偏镜和检偏镜到不同角度,就得到各种对应于这一角度的等倾线。通常取垂直或水平方向作为基准方向,逆时针方向同步转动起偏镜和检偏镜,每转 θ 角可得一组等倾线,在这一组等倾线上,每一点的主应力方向将与垂直或水平轴成 θ 角,倾角 θ 是度量等倾线的参数,称为等倾角。

第二种情况:$\sin\frac{\pi\Delta}{\lambda} = 0$,满足此条件只能是 $\frac{\pi\Delta}{\lambda} = N\pi$,$\Delta = N\lambda$($N = 0,1,2,\cdots$)。该情况表明,只要光程差 Δ 等于单色光波长的整数倍时,在检偏镜后也消光而成为暗点。在受力模型中,满足光程差 Δ 等于同一整数倍波长的各点将连成一条黑色干涉条纹。由式(5.18)$\Delta = Ch(\sigma_1 - \sigma_2)$ 可知,该干涉条纹上各点将有相同的主应力差值,因此称为等差线。由于 $N = 0、1、2、\cdots$ 都满足消光条件,所以在检偏镜后呈现的是一系列黑色条纹。为了区别它们,相应称作 0 级、1 级、2 级、$\cdots$ 等差线。N 称为等差线条纹级数,在 N 级等差线上的主应力差值可由式(5.18)得到

$$\sigma_1 - \sigma_2 = \frac{\Delta}{Ch} = \frac{N\lambda}{Ch}$$

令 $f = \lambda/C$,则得

$$\sigma_1 - \sigma_2 = \frac{Nf}{h} \tag{5.28}$$

式中:f 为与光源波长和模型材料有关的常数,称为模型材料的应力条纹值,其单位为牛顿/米·级(N/m·级),f 的物理意义是,对应于某一波长的光源,使单位厚度模型产生一级等差线所需的主应力差值,f 由实验测得。

确定了各点的等差线条纹级数,就可以由式(5.28)算出该点的主应力差值,条纹级数 N 值越大,表明该点主应力差值越大。

由以上分析可知,受力模型在平面偏振光场中呈现两组性质完全不同的干涉条纹,一组为等倾线,另一组为等差线。利用等倾线可以测取模型上各点的主应力方向,利用等差线可以测取模型上各点的主应力差值,两者均是光弹性测试的原始资料。

在平面偏振光场中,受力模型的等倾线和等差线是同时出现的,它们彼此重叠,互相干扰。图5.11为对径受压圆环的等差线和0°等倾线。为了识别等倾线和等差线,可以采用以下简单方法:同步转动起偏镜和检偏镜,随着镜片转动而改变位置的黑色条纹是等倾线,不动的是等差线。在加载方式不变的情况下,改变模型所加载荷的大小,随着载荷增减而变化的条纹是等差线,不变的是等倾线。另外,最明显的是用白光作光源时,等差线呈现为鲜艳的彩色条纹,而等倾线则始终是黑色条纹。

图5.11　对径受压圆环的等差线和0°等倾线

由图5.11可见,在等差线与等倾线重叠区域中,等倾线、等差线是模糊不清的,这给观察带来困难。为了便于观察,在分析等倾线时,可以减小所加载荷,使模型上只出现少数的等差线,从而使等倾线更清晰。在分析等差线时,可以把受力模型置于圆偏振光场中,这时等倾线不出现,从而可以单独获得等差线条纹。

5.5　圆偏振光通过受力模型后的光弹性效应

5.5.1　圆偏振光场光强方程式

为了消除等倾线,得到清晰的等差线条纹图,可采用双正交圆偏振光场布置(暗场),如图5.12所示。各镜轴及应力主轴的相对位置如图5.13所示。

由图5.12可见,起偏镜与检偏镜的偏振轴互相垂直,两块1/4波片的快、慢轴也互相垂直,1/4波片的快、慢轴又与偏振轴成45°。下面将对受力模型在圆偏振光场中的光弹性效应作进一步分析,先分析单色光情况。

在图5.12中,单色光通过起偏镜后成为平面偏振光

$$u = a\sin\omega t \quad (5.29)$$

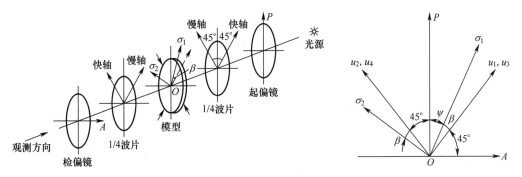

图 5.12 圆偏振光通过受力模型后的光弹性效应　　图 5.13 圆偏振光场布置中各轴的相对位置

u 到达第一块 1/4 波片后,沿 1/4 波片的快、慢轴分解为两束互相正交的平面偏振光 u_1、u_2:

$$\begin{cases} u_1 = a\sin\omega t\cos 45° = \dfrac{a}{\sqrt{2}}\sin\omega t \\ u_2 = a\sin\omega t\sin 45° = \dfrac{a}{\sqrt{2}}\sin\omega t \end{cases} \quad (5.30)$$

通过 1/4 波片后,u_1、u_2 相对产生位相差 $\pi/2$,则

$$\begin{cases} u'_1 = \dfrac{a}{\sqrt{2}}\sin\left(\omega t + \dfrac{\pi}{2}\right) = \dfrac{a}{\sqrt{2}}\cos\omega t & \text{(沿快轴)} \\ u'_2 = \dfrac{a}{\sqrt{2}}\sin\omega t & \text{(沿慢轴)} \end{cases} \quad (5.31)$$

式中:u'_1、u'_2 合成为圆偏振光。

设受力模型 O 点的主应力 σ_1 的方向与第一块 1/4 波片的快轴成 β 角。当 u'_1、u'_2 入射到模型 O 点时,分别沿该点主应力 σ_1、σ_2 方向分解为

$$\begin{cases} u_{\sigma_1} = u'_1\cos\beta + u'_2\sin\beta = \dfrac{a}{\sqrt{2}}\cos(\omega t - \beta) & \text{(沿 }\sigma_1\text{ 方向)} \\ u_{\sigma_2} = u'_2\cos\beta - u'_1\sin\beta = \dfrac{a}{\sqrt{2}}\sin(\omega t - \beta) & \text{(沿 }\sigma_2\text{ 方向)} \end{cases} \quad (5.32)$$

通过模型后,u_{σ_1}、u_{σ_2} 产生相对相位差 ϕ,成为

$$\begin{cases} u'_{\sigma_1} = \dfrac{a}{\sqrt{2}}\cos(\omega t - \beta + \phi) \\ u'_{\sigma_2} = \dfrac{a}{\sqrt{2}}\sin(\omega t - \beta) \end{cases} \quad (5.33)$$

u'_{σ_1}、u'_{σ_2} 到达第二块 1/4 波片时,光波又沿此片的快、慢轴分解为

$$\begin{cases} u_3 = u'_{\sigma_1}\cos\beta - u'_{\sigma_2}\sin\beta \\ \qquad = \dfrac{a}{\sqrt{2}}[\cos(\omega t - \beta + \phi)\cos\beta - \sin(\omega t - \beta)\sin\beta] \\ u_4 = u'_{\sigma_1}\sin\beta + u'_{\sigma_2}\cos\beta \\ \qquad = \dfrac{a}{\sqrt{2}}[\cos(\omega t - \beta + \phi)\sin\beta + \sin(\omega t - \beta)\cos\beta] \end{cases} \qquad (5.34)$$

u_3、u_4 从第二块 1/4 波片射出后,又产生相位差 $\pi/2$,由于第二块 1/4 波片的快、慢轴位置恰好与第一块 1/4 波片的快、慢轴位置相反,因此成为

$$\begin{cases} u'_3 = \dfrac{a}{\sqrt{2}}[\cos(\omega t - \beta + \phi)\cos\beta - \sin(\omega t - \beta)\sin\beta] \quad (\text{沿慢轴}) \\ u'_4 = \dfrac{a}{\sqrt{2}}\left[\cos\left(\omega t - \beta + \phi + \dfrac{\pi}{2}\right)\sin\beta + \sin\left(\omega t - \beta + \dfrac{\pi}{2}\right)\cos\beta\right] \\ \qquad = \dfrac{a}{\sqrt{2}}[\cos(\omega t - \beta)\cos\beta - \sin(\omega t - \beta + \phi)\sin\beta] \quad (\text{沿快轴}) \end{cases} \qquad (5.35)$$

u'_3、u'_4 通过检偏镜后,得到合成偏振光为

$$u_5 = (u'_3 - u'_4)\cos 45° \qquad (5.36)$$

将式(5.35)代入式(5.36)考虑到 $\beta = 45° - \psi$,化简可得

$$u_5 = a\sin\frac{\phi}{2}\cos\left(\omega t + 2\psi + \frac{\phi}{2}\right) \qquad (5.37)$$

此偏振光为平面偏振光,其光强与振幅平方成正比,即

$$I = K\left(a\sin\frac{\phi}{2}\right)^2 \qquad (5.38)$$

如果用光程差 Δ 表示,由于 $\phi = \dfrac{2\pi}{\lambda}\Delta$,则

$$I = K\left(a\sin\frac{\pi\Delta}{\lambda}\right)^2 \qquad (5.39)$$

5.5.2 整数级与半数级等差线

将圆偏振光场的光强方程式(5.39)与正交平面偏振光场的光强方程式(5.27)对比可见,式(5.39)中不包括 $\sin 2\psi$ 项,其余各项完全相同。在圆偏振光场中,光强只与光波通过模型后产生的相位差 ϕ 或光程差 Δ 有关,而与主应力和偏振轴之间的夹角 ψ 无关。因此,式中只有前述第二种情况的消光条件,即只有 $\sin\dfrac{\pi\Delta}{\lambda} = 0$。此时所观察到的只有等差线,而无等倾线。要使 $\sin\dfrac{\pi\Delta}{\lambda} = 0$,则

$$\frac{\pi\Delta}{\lambda} = N\pi$$

即
$$\Delta = N\lambda \quad (N = 0,1,2,\cdots) \tag{5.40}$$

这说明只有在模型中产生的光程差为单色光波长的整数倍时,消光成为黑点,这就是等差线的形成条件。由此可见,在正交平面偏振光场中,增加两块 1/4 波片后,形成双正交圆偏振光场,就能消除等倾线而只呈现等差线条纹图。图 5.14、图 5.15 分别为简支梁及对径受压圆环的等差线条纹图。

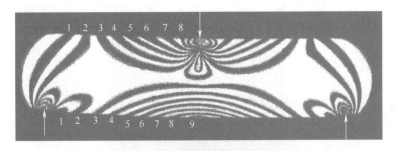

图 5.14　简支梁加载时的等差线图

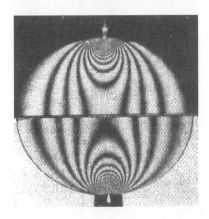

图 5.15　暗场与亮场下对径受压圆盘的等差线图对比

以上得到的等差线为 $N=0,1,2,\cdots$ 时产生的,称为整数级等差线,分别为 0 级、1 级、2 级、⋯。如将检偏镜偏振轴 A 旋转 90°,使之与起偏镜偏振轴 P 平行,而其他条件不变,即成为平行圆偏振光场布置(亮场),放入模型后用与前述双正交圆偏振光场布置(暗场)相同的方法推导,可得到在检偏镜后的光强方程式为

$$I = K\left(a\cos\frac{\phi}{2}\right)^2 \tag{5.41}$$

以光程表示,由于 $\phi = 2\pi\Delta/\lambda$ 则得

$$I = K\left(a\cos\frac{\pi\Delta}{\lambda}\right)^2 \tag{5.42}$$

因此,其消光条件 ($I = 0$) 为 $\cos(\pi\Delta/\lambda) = 0$,从而有
$$\frac{\pi\Delta}{\lambda} = \frac{m\pi}{2}$$
即
$$\Delta = \frac{m\lambda}{2} \quad (m = 1,3,5,\cdots) \tag{5.43}$$

与前面双正交圆偏振光场布置比较,其消光条件为光程差 Δ 为单色光半波长的奇数倍,故称为半数级等差线,分别为 0.5 级、1.5 级、2.5 级、……。图 5.16 为一对径受压圆盘的等差线照片,上半部是暗场下整数级等差线,下半部是亮场下的半数级等差线。

图 5.16 对径受压圆环的等差线图

5.6 白光下的等差线-等色线

前面讨论的平面偏振光场和圆偏振光场都是采用单色光作为光源。由于只有一种波长,只要通过模型后偏振光光程差为单色光波长的整数倍(暗场),或单色光半波长的奇数倍(亮场)即可完全消光,呈现为暗点或黑色条纹。如果采用白光作光源,则等差线变为一系列的彩色条纹,称为等色线。

白光是由红、橙、黄、绿、蓝、靛、紫 7 种主色组成,每种色光对应一定的波长,图 5.17 所示为各色光的相应波长,图中对顶角内的两色称为互补色,如白光中某一波长的光被消去,则呈现的就是它的互补色①。

在光弹性实验中,若以白光作光源,当模型中某点的应力造成的光程差恰好等于某一种色光波长的整数倍时,则该色光将被消除,而呈现的是其互补色光。因此,凡模型中主

---

① 更确切的说法应该是:如果两束不同颜色但光强相等的单色光同时照射到一个白色物体上,视觉上感受到白色光时,称这两束光的颜色为互补色。

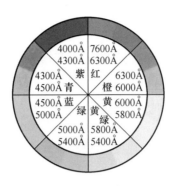

图 5.17 互补色图

应力差值相同,即光程差数值相同的点,就形成同一种颜色的条纹,因此称为等色线。

在模型中光程差 $\Delta=0$ 的点,任何波长的色光均被消除,呈现为黑点,当光程差逐渐加大时,首先被消光的是波长最短的紫光,然后依次为蓝、绿、黄、……、红,其对应的互补色大致为黄、红、蓝、……、绿。随着光程差逐渐增加,消光进入第二循环,第三循环,但条纹颜色越来越淡。5 级以上的条纹颜色很浅,难以辨认。

条纹按黄、红、绿的色序变化,显示出了条纹级数的递增方向,因此,实验时先用白光作光源,这时零级等差线是黑色的,其他级序是彩色的,根据等色线的深浅顺序确定各等差线的级序,然后改用单色光源取得精确的等差线条纹图。在等色线条纹图上计读时,通常以红蓝两色的过渡色(绀色)作为整数级条纹。因为绀色和钠光测得的整数级条纹级数位置基本吻合,组色相当于黄光被消去后的互补色。此外,绀色对光程差的变化较敏感,稍许变化便可变蓝或变红。

5.7 等差线条纹级数的确定

5.7.1 整数级等差线

在双正交圆偏振光场中,等差线图中的各条纹的级数为整数级。为了确定其条纹级数,一般首先确定 $N=0$ 的零级条纹。根据应力连续性原则,条纹级次也应是连续变化的,因此,从零级开始,就能按顺序数出任意点的条纹级数。属于 $N=0$ 的等差线上的点,可能有两种情况。

(1)各向等应力点($\sigma_1 = \sigma_2$),条纹级数 $N=0$,其特征是,无论载荷怎样变化,在双正交圆偏振光场(暗场)下,该点总是暗点,其周围则由较高级次的等差线形成的封闭曲线所包围。

(2)奇点($\sigma_1 = \sigma_2 = 0$),又称零应力点,是各向等应力点的特殊情况,其基本特征与各向等应力点相同。它通常出现在自由边界上,周围也被较高级次的条纹所包围,但不是封闭环线。

零级条纹的判别常用以下几种方法。

(1) 用白光光源,在双正交圆偏振光场中模型上出现的黑色条纹为零级条纹,其他非零级条纹为彩色条纹。当外力作用方式不变,而只改变其大小时,它们始终是黑色的,位置也不变。在有些等差线条纹图中,会出现一些暂时性黑点,这些点周围也被较高级次的环线所包围,但随着载荷的变化该点时明时暗,它不是 $N=0$ 的点,其条纹级数不是零级,应把它与永久性黑点区别开来,这些点称作隐没点,越靠近隐没点的条纹级数越低。

(2) 当模型上的载荷从零逐渐增加时,模型中首先出现等差线的部位通常是应力比较高的部位,在加载过程中等差线不断地从该处向外扩展,这样的点称为条纹发源点,越靠近发源点等差线条纹级次越高。

(3) 在模型的自由方角处(如图 5.18 纯弯曲梁的四个方角处),由于 $\sigma_1 = \sigma_2 = 0$,所以对应的条纹为零级条纹。

(4) 拉应力和压应力的过渡区必有一条零级条纹。因为应力有连续性,在拉应力过渡到压应力之间必存在零应力区,其条纹级数 $N=0$,如图 5.18 所示中,纯弯曲梁的中性层处即为零级条纹。

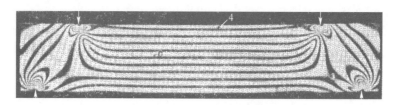

图 5.18　纯弯曲梁的等差线

根据以上方法在白光下可对模型反复加载观测:首先确定条纹图中的一些特殊点,如发源点、隐没点、零应力点、等应力点的位置;然后确定零级条纹,其他条纹级数可依次数出。其级次是递增还是递减可根据颜色的变化来判定:黄、红、蓝、绿为级数递增方向,反之为级数递减方向。确定了等差线级次变化方向以后,可以换成单色光源以便得到清晰的等差线条纹图供分析。

当模型受载后找不到 0 级条纹时,则可以用连续加载法,边加载,边观察。最初出现的那一条条纹为 $N=1$。连续加载时,$N=1$ 这一级条纹向应力低的区域移动。我们可以跟随这一条纹来判别相继出现的其他条纹的级数。

5.7.2　非整数级等差线

根据明、暗两种光场布置,可以分别得到半数级和整数级次的等差线,但模型上被测点的位置一般来说并不正好位于整数级次或半数级次条纹上。因此,需设法测出该点的小数级次,以提高测试的分辨率。

精确地测定小数级次条纹的方法很多,下面简单介绍利用光弹仪本身的光学设备作为补偿器的小数级次条纹的测定方法。

采用双正交圆偏振光场,使两偏振片的偏振轴 P 和 A 分别与被测点的两个主应力方向重合,如图5.19所示。从起偏镜到检偏镜之前,可用与5.4节同样的方法进行分析,随后再转动检偏镜 A,使被测点 O 成为黑点。此时,设检偏镜的偏振轴 A 转过了 θ 角,而处于 A' 位置,通过检偏镜后的偏振光波为

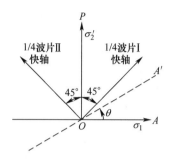

图5.19 旋转检偏镜、双波片法各轴位置

$$u'_5 = u'_3 \cos(45° - \theta) - u'_4 \cos(45° + \theta) \tag{5.44}$$

利用5.4节中 u'_3、u'_4 公式,取 β 角等于45°,代入式(5.44)并化简得到

$$u'_5 = a \sin\left(\theta + \frac{\pi}{2}\right) \cos\left(\omega t + \frac{\phi}{2}\right)$$

欲使 O 点成为黑点(光强为零),则必须使 $\sin\left(\theta + \frac{\phi}{2}\right) = 0$,即

$$\theta + \frac{\phi}{2} = N\pi \quad (N = 0, 1, 2, \cdots) \tag{5.45}$$

以光程差表示时,将 $\phi = \frac{2\pi}{\lambda}\Delta$ 代入式(5.45),可得

$$\theta + \frac{\pi\Delta}{\lambda} = N\pi \text{ 或 } \frac{\Delta}{\lambda} = N - \frac{\theta}{\pi}$$

令被测点的等差线条纹级数为 N_0,则

$$N_0 = \frac{\Delta}{\lambda} = N - \frac{\theta}{\pi} \text{ (N 为整数级条纹级数)}$$

检偏镜可顺时针或逆时针方向旋转。设被测点两边附近的整数级条纹级数为 $(N-l)$ 和 N,如检偏镜向某方向旋转了 θ_1 角,而 N 级条纹移至被测点,则被测点的条纹级数为

$$N_0 = N - \frac{\theta_1}{\pi} \tag{5.46}$$

如果向另一方向旋转 θ_2 角,而使 $N-l$ 级条纹移至被测点,则被测点的条纹级数为

$$N_0 = (N - 1) + \frac{\theta_2}{\pi} \tag{5.47}$$

以上称为双波片法,具体步骤归纳如下。

(1) 求出被测点的主应力方向。可用白光作光源,在正交平面偏振光场下,同步旋转起偏镜和检偏镜,直到某等倾线通过该点为止。根据等倾线的角度定出被测点的主应力方向。

(2) 采用圆偏振光场,使起偏镜和检偏镜的偏振轴分别与被测点的主应力方向重合,而 1/4 波片与偏振轴的相对位置不变,形成双正交圆偏振光场布置。

(3) 单独旋转检偏镜,可看到各等差线条纹均在移动,如图 5.20 所示。当被测点附近的整数级数为 N 的等差线条纹通过该点时,记下检偏镜转过的角度 θ_1。这时被测点的条纹级数按式(5.46)计算。若转动检偏镜时,$N-1$ 级条纹移向被测点,转角为 θ_2,则被测点的条纹级数按式 (5.47) 计算。

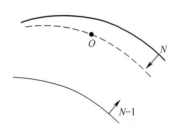

图 5.20 小数级条纹测量

用此法可测得模型上任意一点的等差线条纹级数,而不需要任何附加设备,也有足够的测量精度,它是目前常用的一种测试方法。其他测定小数级等差线条纹级次的方法很多,如通过调整两偏振片的偏振轴 P 和 A 的夹角来确定小数级条纹的方法、图像处理的灰度法(根据图像的灰度确定小数级条纹)等,可参阅有关参考书。

5.8 等倾线的观测

5.8.1 等倾线的观测方法

等倾线是在以白光作光源的正交平面偏振光场(暗场)下观察的。这时的等差线除零级条纹外都是彩色条纹,而等倾线总是黑色条纹。一般均以检偏镜的偏振轴位于水平位置,起偏镜的偏振轴位于垂直位置作为 0°的起始位置,这时模型上出现的干涉条纹为 0°等倾线。在这条等倾线上各点的二个主应力方向之一与水平线夹角为零度。然后,由检偏镜视向起偏镜,按逆时针方向同步旋转检偏镜和起偏镜,即可获得不同角度的等倾线。例如,每隔 5°或 10°,描绘出对应的等倾线,并标明其倾角角度 θ,直至旋转到 90°,此时的等倾线又与 0°等倾线重合。图 5.21 为对径受压圆盘的等倾线图。

在实际工作中,描绘等倾线比描绘等差线要困难,因为在平面偏振光场下,等差线与等倾线混杂在一起,在应力梯度改变不大的区域内,等倾线变得模糊不清,难以确认其位置。另外,模型内可能存在初应力以及加工应力,也会扰乱应力分布。因此,在描绘等倾

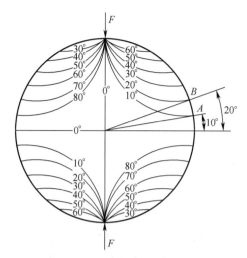

图 5.21 对径受压圆盘的等倾线图

线时必须细心,要缓慢地同步旋转起偏镜和检偏镜,反复观察其变化趋势,直到掌握其变化规律后再具体描绘。为了提高等倾线的清晰度,操作时可按不同的情况采用以下措施。

(1) 加载方式不变时,等倾线分布与外载荷的大小无关,于是可改变载荷大小,此时等倾线位置不变而等差线却有变化。为此,可采用白光光源。改变外载荷的大小,使模型背景的等色线变得淡一些,如为橙色,可使观察到的等倾线较为明显。

(2) 有些材料透明度好,而材料条纹值 f 较高,加小载荷(如正常载荷的5%),即可得到清晰的等倾线,而等差线却很少。例如,用有机玻璃做模型,加适当载荷,可专门用于测取等倾线。这种材料加载后等差线不灵敏,从而得到的等倾线较为清晰。

全场的等倾线描绘完毕后,可根据下面所述的等倾线特征进行检查和修正。

5.8.2 等倾线的特征

为了正确获得满意的等倾线图,必须掌握等倾线的基本特征。

1. 自由边界上的等倾线

不受任何载荷作用的边界称为自由边界,自由边界上只有一个主应力不为零,其方向与边界相切。

(1) 如果自由边界为直线,则边界本身必定为等倾线,其与水平轴的夹角即为该点的等倾线角度,如图 5.22 所示,两对角受压方块的四条边界即为 45°等倾线。

(2) 如果自由边界为曲线,则和自由边界相交的等倾线与边界交点的切线垂直,交点处模型边界的切线或法线与水平轴的夹角即为该点的等倾线角度。如图 5.21 所示的对径受压圆盘,10°和 20°的等倾线与边界交于 A 和 B 点,该两点的法线分别与水平线成 10°角和 20°角。

(3) 模型自由方角或棱角处,是多条不同参数的等倾线的汇聚处。

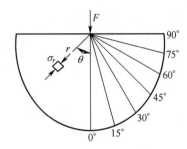

图 5.22 直线边界受集中力作用处的等倾线

2. 外力作用处的等倾线

(1) 法向分布面力作用的边界各点为二向应力状态,两个主应力方向分别平行于边界的切线和法线,因此,等倾线与自由边界情况相似。

(2) 在集中力作用处,作用点附近只有径向主应力,所以附近的等倾线是以作用点为中心的一系列辐射线。图 5.23 所示为一直线边界上受集中力作用的情况,其中包括 0°~180°的全部等倾线。

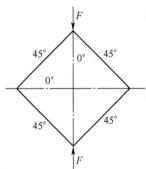

图 5.23 自由直边界上的等倾线

3. 对称轴上的等倾线

当模型的几何形状和载荷都以某轴为对称轴时,则对称轴两侧的主应力成对称分布,且对称轴上的切应力等于零。因此,等倾线图案成对称型,而且对称的两等倾线角度之和必等于 90°(图 5.21)。对称轴本身就是一条等倾线(图 5.24 所示的 x 轴、y 轴就是 0°和 90°等倾线)。

4. 各向等应力点处的等倾线

各向等应力点处 $\sigma_x = \sigma_y = \sigma_0$,$\tau_{xy} = 0$,其应力圆为一点圆。故各向等应力点上任何方向都是主应力方向,因此所有不同角度的等倾线都必定通过它。图 5.25 左半部分为对径受压圆环的等倾线图,其中 K 点为各向等应力点。

等倾线角度表示了一点的主应力方向,除非在各向等应力点上,一般不相交。因此,遇到等倾线相交的情况,即可断定此交点为各向等应力点。

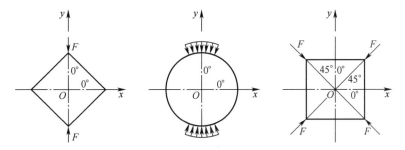

图 5.24 对称轴上的等倾线

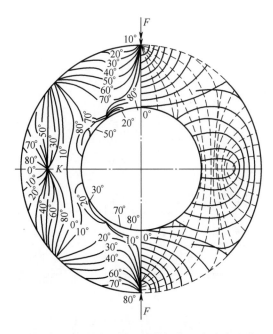

图 5.25 对径受压圆环的等倾线和主应力迹线

由于应力分布是连续的,因此,主应力方向的变化必定连续。在各向等应力点上,如果通过它的等倾线角度是按逆时针方向增加（$(\theta_1 < \theta_2 < \theta_3)$）,该点称为正各向等应力点。例如,图 5.26 的 O_1 点和 O_3 点;反之,如角度按顺时针方向增加,则称为负各向等应力点,例如图 5.26 的 O_2 点。由于等倾线的连续性,故相邻两个各向等应力点必互为反向的,即各向等应力点是正、负相间的。

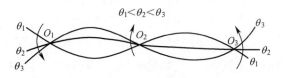

图 5.26 正、负各向等应力点

5.9 平面光弹性应力计算

在平面光弹性实验中,可以得到两组数据:一组为等差线条纹级数 N;另一组为等倾线角度 θ。由所得到的等差线条纹级数,根据式(5.28),$\sigma_1 - \sigma_2 = Nf/h$,可以确定模型中各点的主应力差值,由等倾线角度可以确定模型中各点的主应力方向。但是,要确定一点的应力状态,必须把两个主应力分离开来。下面介绍模型自由边界及内部应力的计算方法。

5.9.1 边界应力

平面模型自由边界上的任意一点都是单向应力状态,如图 5.27 简支梁上 A、B 两点,两个主应力中有一个为零,另一个主应力与边界相切根据 A、B 点的等差线条纹级数 N,由式(5.28)可得与边界相切的主应力为

$$\begin{cases} \sigma_1 \\ \sigma_2 \end{cases} = \pm N \frac{f}{h} \tag{5.48}$$

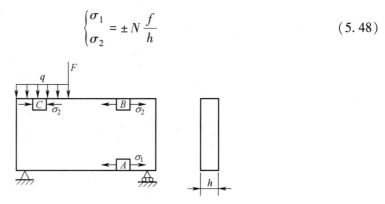

图 5.27 简支梁平面模型

如果模型边界上的 C 点受有法向均布压力 q,则该点与边界相切的主应力为

$$\begin{cases} \sigma_1 \\ \sigma_2 \end{cases} = \pm N \frac{f}{h} - q \tag{5.49}$$

由式(5.48)和式(5.49)计算的应力究竟是拉应力 σ_1 还是压应力 σ_2,需根据其符号来判断,下面介绍两种判断方法。

(1)钉压法。这是一种常用的简便方法,具体做法是,在模型边界的被判断点上,施加一微小的法向压力,如果此时条纹级次增加,则该点为拉应力,即 σ_1;反之,如果条纹级次减少,则该点为压应力,即 σ_2。因为由式(5.28)可以看出,如果被测点原来是拉应力($\sigma_2 = 0$),则施加法向压力后使 σ_2 的代数值减小,N 增加;反之,如果原来是压应力($\sigma_1 = 0$),则施加法向压力后使 σ_1 的代数值减小,N 减小。

(2)标准试样法。具体做法是:取一轴向拉伸模型试样,将其叠放在与被测点边界相

垂直的方向上,在正交圆偏振光场下,该点重叠后的光学效应相当于二向应力状态。因此由式(5.28)可以看出,若被测点的条纹级次减小,说明该点与边界相切的应力是拉应力;反之,若该点的条纹级次增加,则说明该点与边界相切的应力是压应力。

5.9.2 内部应力测定

等差线和等倾线给出了模型内部任一点的主应力差值及其主应力之一的方向,但是,这两个主应力的具体数值和对应的方向还是不知道的,还需要配合其他方法给出补充条件才能解决,分离主应力的方法很多,下面简单介绍两种常用的方法:切应力差法和斜射法。

1. 切应力差法

切应力差法是利用光弹性实验得到的等差线和等倾线参数,再结合弹性力学平衡方程式求解出平面模型任一点的三个应力分量。由材料力学可得

$$\tau_{xy} = \frac{\sigma_1 - \sigma_2}{2}\sin 2\theta$$

式中:θ 为 σ_1 方向与 x 轴的夹角,可由等倾线参数求解,$\sigma_1 - \sigma_2$ 可由等差线求得,即 $\sigma_1 - \sigma_2 = Nf/h$,因此可得

$$\tau_{xy} = \frac{Nf}{2h}\sin 2\theta \tag{5.50}$$

由弹性力学平面问题的平衡方程式(不计体力)可得

$$\begin{cases} \dfrac{\partial \sigma_x}{\partial x} + \dfrac{\partial \tau_{xy}}{\partial y} = 0 \\ \dfrac{\partial \sigma_y}{\partial y} + \dfrac{\partial \tau_{xy}}{\partial x} = 0 \end{cases} \tag{5.51}$$

现研究图 5.28 所示光弹模型,求 OG 线段上各点的应力状态。取 OG 线段作 x 轴,将式(5.51)中第一式沿 x 轴由 0 到 i 积分,则

$$(\sigma_x)_i = (\sigma_x)_0 - \int_0^i \frac{\partial \tau_{xy}}{\partial y}\mathrm{d}x \tag{5.52}$$

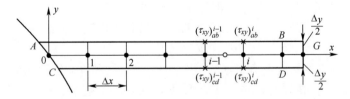

图 5.28 切应力差法计算图

●—σ_x 的计算点;×—τ_{xy} 的计算点;○—$\Delta\tau_{xy}$ 的平均值。

通常坐标原点选在边界上，$(\sigma_x)_0$ 为边界点的正应力，可由确定边界点应力方法来确定；τ_{xy} 可由式(5.50)给出，但一般不能以解析式表示。积分运算采用数值计算法，用有限差分法代替积分，则式(5.52)可写为

$$(\sigma_x)_i = (\sigma_x)_0 - \sum_0^i \frac{\Delta \tau_{xy}}{\Delta y} \Delta_x \qquad (5.53)$$

式中：$\Delta \tau_{xy}$ 为在间距 Δx 中切应力沿 Δy 的增量。

在 OG 线的上、下间距为 Δy 处作 AB、CD 两辅助线，并将 OG 线分成若干等份，每等份长为 Δx，则上、下辅助线上对应点的切应力差为

$$\Delta \tau_{xy} = (\tau_{xy})_{AB} - (\tau_{xy})_{CD} \qquad (5.54)$$

各点的 $\Delta \tau_{xy}$ 可由式(5.50)算出，因此，OG 线上各点的正应力为

$$(\sigma_x)_1 = (\sigma_x)_0 - [(\tau_{xy})_{AB} - (\tau_{xy})_{CD}]_{01} \frac{\Delta_x}{\Delta_y} = (\sigma_x)_0 - (\Delta \tau_{xy})_{01} \frac{\Delta_x}{\Delta_y}$$

$$(\sigma_x)_2 = (\sigma_x)_1 - [(\tau_{xy})_{AB} - (\tau_{xy})_{CD}]_{12} \frac{\Delta_x}{\Delta_y}$$

$$= (\sigma_x)_0 - [(\Delta \tau_{xy})_{01} - (\Delta \tau_{xy})_{12}]$$

$$= (\sigma_x)_0 - \sum_0^2 \Delta \tau_{xy} \frac{\Delta_x}{\Delta_y}$$

$$\vdots$$

$$(\sigma_x)_i = (\sigma_x)_0 - \sum_0^i \Delta \tau_{xy} \frac{\Delta_x}{\Delta_y}$$

式中　$(\sigma_x)_1, (\sigma_x)_2, \cdots (\sigma_x)_i$ ——OG 线上各点的正应力；

$(\Delta \tau_{xy})_{01}, (\Delta \tau_{xy})_{12}, \cdots, (\Delta \tau_{xy})_{(i-1)i}$ ——上下辅助线在 $0、1，1、2，\cdots,i-1,i$ 间隔中间点处切应力之差。

求出 σ_x 后，可由材料力学方法求得

$$\sigma_y = \sigma_x \pm \sqrt{(\sigma_x - \sigma_y)^2 - 4\tau_{xy}^2} \qquad (5.55)$$

或

$$\sigma_y = \sigma_x \pm (\sigma_1 - \sigma_2)\cos 2\theta \qquad (5.56)$$

计算时的符号规定如下：θ 为 x 轴正向与 σ_1 的夹角，逆时针旋转取正，顺时针为负；τ_{xy} 则按弹性力学符号规则，单元体正面上的应力指向坐标轴正向的为正；在式(5.55)和式(5.56)中，$|\theta| < 45°$ 取负号，$|\theta| > 45°$ 取正号。

切应力差法在一般情况下有足够的精度，但受等差线和等倾线观测精度影响较大，因为在计算时，其误差是积累的，其中一点的数据错误就会影响整个计算结果，因此每一点都必须认真校核。分格时，应考虑应力梯度的大小。在应力梯度较大的区域，分格应小些。

2. 斜射法

利用对平面模型增加一次斜射的方法，可得到一个补充方程式，它与主应力差方程联

立求解,就可得出主应力 σ_1 和 σ_2 值。

图 5.29(a)为一平面应力模型,其内部任意一点的应力状态如图 5.29(b)所示。设 z 轴垂直于模型表面,当光线沿 z 轴方向照射时,根据该点的等差线条纹级数 N_z 可得

$$\sigma_1 - \sigma_2 = N_z \frac{f}{h} \tag{5.57}$$

根据该点的等倾线参数,可知该点的主应力方向。假设沿 x 方向的主应力是 σ_1,沿 y 方向的主应力是 σ_2,由于该模型是平面应力问题,所以 $\sigma_z = 0$。

当光线在 yoz 平面沿与 z 轴成 ϕ 角的方向斜射时,如图 5.29(c)所示,对应 x'、y'、z' 新坐标系,有

$$\begin{cases} \sigma_{x'} = \sigma_x = \sigma_1 \\ \sigma_{y'} = \sigma_2 \cos^2\phi \end{cases} \tag{5.58}$$

根据光线沿 z' 方向斜射的条纹级数 N_ϕ,可得

$$\sigma_{x'} - \sigma_{y'} = N_\phi \frac{f}{h/\cos\phi} \tag{5.59}$$

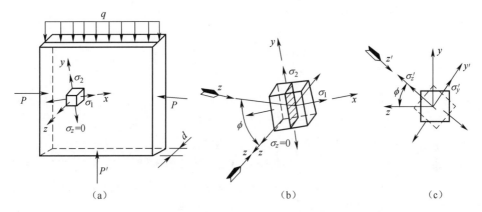

图 5.29 用斜射法测定平面应力模型内部的主应力

将式(5.58)代入式(5.59),可得

$$\sigma_1 - \sigma_2 \cos^2\phi = N_\phi \frac{f\cos\phi}{h} \tag{5.60}$$

联立求解式(5.57)、式(5.60)可得

$$\begin{cases} \sigma_1 = \frac{f}{h}\left(\frac{N_z \cos^2\phi - N_\phi \cos\phi}{\cos^2\phi - 1}\right) \\ \sigma_2 = \frac{f}{h}\frac{N_z - N_\phi \cos\phi}{\cos^2\phi - 1} \end{cases} \tag{5.61}$$

应用斜射法时,为了避免光线在射入模型时发生折射,必须将模型放在盛有与模型折射率相同的液体内进行观测。

5.9.3　应力集中系数的确定

在零件上有开孔或缺口等尺寸发生突然变化的部位,往往局部应力骤增,即产生应力集中现象。应力集中的程度可用应力集中系数表示。当最大应力不超过材料的比例极限时,应力集中系数的定义为

$$\alpha_k = \frac{\sigma_{\max}}{\sigma_0} \tag{5.62}$$

式中　$\sigma_{\max}$——发生应力集中的截面上的最大应力;

σ_0——同一截面上没有应力集中时计算出的平均应力。

利用光弹性实验,可以方便地测得各种复杂形状零件的应力集中区的最大应力和应力集中系数。

将截面有局部削弱或变化的模型在偏振光场下加载,其载荷不超过模型材料的比例极限,根据模型等差线条纹图,若测得应力集中区的最大条纹级数为 $N_{\max}$,则

$$\alpha_k = \frac{\sigma_{\max}}{\sigma_0} = \frac{N_{\max}f}{h\sigma_0} \tag{5.63}$$

5.10　光弹性贴片法

光弹性贴片法是由具有高应变灵敏度的光弹性材料制成的薄片,粘贴在经过预先加工而具有良好反光性能的构件表面。当构件受力变形时,贴片随构件表面一起变形,并产生暂时双折射效应。利用反射式偏光系统,让偏振光射入光弹性贴片并由构件表面反射,可观察和记录光弹性贴片的等差线和等倾线参数,从而计算出构件表面的应变和应力。光弹性贴片法除了具有透射式光弹性方法的功能外,还可以像电阻应变测量方法一样,在现场测量实物的表面应变场。

5.10.1　光弹性贴片法的基本原理

1. 反射式偏光系统

光弹性贴片法使用的光路系统有两种基本形式,即 V 型光路和正交型光路。

V 型光路如图 5.30(a)所示,光源发出的光线经起偏镜 P 和 1/4 波片 Q_1 后形成圆偏振光,入射到粘贴在构件表面的光弹性贴片上,经构件表面反射的光线再次透过光弹性贴片,经过第二个四分之一波片 Q_2 和检偏镜 A,在检偏镜后可以观察到等差线,若除去两块四分之一波片,则可观察到等差线和等倾线。在 V 型光路中,由于光线不是沿法向通过贴片,因此会产生一定的测量误差。

正交型光路如图 5.30(b)所示,光源发出的光经起偏镜 P 和 1/4 波片 Q_1,由 45°放置的半反镜反射后垂直入射到贴片,然后再由构件表面反射至 1/4 波片 Q_2 和检偏镜 A。这种光路由于入射光和反射光垂直于贴片表面,因而消除了由光线斜射产生的误差。但是

由于光线经过半反镜后有一定的损失,因此光强较弱。

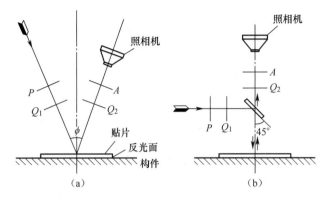

图 5.30　反射式光弹仪光路图

2. 基本原理

假设光弹性贴片牢固地粘贴在构件上,由于贴片很薄,其应变与构件表面应变完全相同。构件表面处于平面应力状态时,它与构件表面共同变形,也处于平面应力状态。

根据平面应力广义胡克定律,贴片中主应力与主应变有如下关系:

$$(\sigma_1 - \sigma_2)_c = \frac{E_c}{1+\mu_c}(\varepsilon_1 - \varepsilon_2) \tag{5.64}$$

式中　下标 c ——贴片;

E_c、μ_c ——贴片材料的弹性模量和泊松比。

按照平面应力光学定律,考虑到光线由构件表面反射,两次通过贴片,因此有

$$(\sigma_1 - \sigma_2)_c = \frac{Nf_\sigma}{2h} \tag{5.65}$$

其中　N ——贴片中测点的等差线条纹级数;

f_σ ——贴片材料的应力条纹值;

h_c ——贴片厚度。

将式(5.65)代入式(5.64),考虑到贴片的应变与构件表面应变完全相同,即 $(\varepsilon_1 - \varepsilon_2)_c = (\varepsilon_1 - \varepsilon_2)_s$(脚标 s 表示构件表面),则

$$(\varepsilon_1 - \varepsilon_2)_s = \frac{1+\mu_c}{E_c} \cdot \frac{Nf_\sigma}{2h_c} = \frac{Nf_\varepsilon}{2h_c} \tag{5.66}$$

式中:$f_\varepsilon = \frac{1+\mu_c}{E_c} f_\sigma$ 为贴片材料的应变条纹值。

对于构件表面可得

$$(\sigma_1 - \sigma_2)_s = \frac{1+\mu_s}{E_s}(\varepsilon_1 - \varepsilon_2)_s$$

将式(5.37)代入上式可得

$$(\sigma_1 - \sigma_2)_s = \frac{E_s}{1+\mu_s} \cdot \frac{Nf_\varepsilon}{2h_c} = \frac{E_s(1+\mu_c)}{E_c(1+\mu_s)} \frac{Nf_\sigma}{2h_c} \tag{5.67}$$

由反射式偏光系统测得贴片内等差线条纹级数 N，即可由式(5.66)或式(5.67)求得构件表面的主应变差或主应力差。此外，和透射式光弹性测试一样，亦可测得贴片中的等倾线，从而得到构件表面主应力的方向。

5.10.2 主应变的分离

光弹性贴片法在分离测点的主应变时常采用斜射法，具体做法如下。

如图 5.31 所示，首先沿被测点的法线方向（z 轴）正射一次，测得等差线条纹级数 N_z 和等倾线参数 θ，根据 θ 可找出主应变 ε_1 和 ε_2 的方向。取 x 和 y 轴沿两个主应变方向，然后在 yOz 平面内沿与 z 轴成 ϕ 角的 z' 轴方向斜射，得到等差线条纹级数 N_ϕ，用下式即可求 ε_1 和 ε_2：

$$\begin{cases} \varepsilon_1 = \frac{f_\varepsilon}{2h_c} \frac{[N_\phi(1-\mu_c)\cos\phi - N_z(\cos^2\phi - \mu_c)]}{(1+\mu_c)\sin^2\phi} \\ \varepsilon_2 = \frac{f_\varepsilon}{2h_c} \frac{[N_\phi(1-\mu_c)\cos\phi - N_z(1-\mu_c\cos^2\phi)]}{(1+\mu_c)\sin^2\phi} \end{cases} \tag{5.68}$$

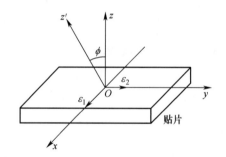

图 5.31 斜射坐标图

复 习 题

5.1 什么叫双折射？什么叫光弹性效应？

5.2 什么是光波的相位差？什么是光程差？两者有何联系？

5.3 什么是平面偏振光？什么是圆偏振光？它们各用什么方法产生？

5.4 什么是偏振片？什么是 1/4 波片？它们各有什么用处？

5.5 什么是圆偏振光的暗场和亮场？如何布置？各用于何种观测？

5.6 试述平面应力-光学定律。

5.7 用单色光和白光作光源，分别在圆偏振光暗场中观测到的等差线各有什么特点？为什么？

5.8 如何确定受力模型在圆偏振光场中的零级等差线？

5.9 把受力模型置于以白光作光源的平面偏振光场中,等倾线和等差线均为黑色条纹,应如何区分它们？

5.10 用什么方法确定受力模型的等差线条纹级数(整数级、半数级和小数级)？

5.11 用什么方法可以判断受力模型自由边界上任意一点的应力究竟是拉应力还是压应力？简述其理论依据。

5.12 试用对径受压圆环等差线条纹图,确定各向等应力点,判定条纹级数。

5.13 某 1/4 波片对于 $\lambda=5461\text{Å}$ 的光波产生相位差为 $\pi/2$,如采用 $\lambda=5893\text{Å}$ 的光波,产生的相位差该是多少？

5.14 在某偏振光弹仪中,用汞光作光源($\lambda=5461\text{Å}$)测得某点等差线级数为 3.00 级,今改用钠光作光源($\lambda=5893\text{Å}$),问该点等差线条纹级数为多少？

5.15 上题中若用钠光源测得材料条纹值 $f=17.5$ kN/m·级,如果改用汞光源,这时测得的材料条纹值 f 应是多少？

5.16 纯弯曲梁的等差线条纹图如图 5.18 所示,若材料的条纹值为 $f=127\times10^2$ kN/m·级,梁上、下边缘处的等差线条纹级数为 $N=4.2$ 级,梁高 $H=18$ mm,厚 $b=3$ mm,试确定梁纯弯曲段内,横截面上的正应力分布。

第6章 实 验 技 术

实验技术是指实验设计、实验准备、实验测试过程、实验数据处理、实验结果分析等一系列过程的综合。初学实验技术者或新参与实验者,对于实验技术整个环节的了解是非常必要的,对于培养学生实验技能更是十分重要的环节。目前,多数教学实验通常仅让学生参与实验测试过程和实验数据处理两部分,因此,必须重视和加强培养学生对整个实验技术环节的了解和实践。

6.1 实 验 设 计

实验是需要设计的。事实上,许多实验的设计比实验的实施更重要。不同的实验实施方案可能得到不同的实验结果,或者得到的实验结果所包含的信息量将有很大差异,或者得到实验结果所付出的代价(时间上的或金钱上的)将有很大的出入。所以实验的设计通常应遵循某些原则,以期用最少的代价获得最理想的实验结果。

6.1.1 实验目的

实践是检验真理的唯一标准。

由于工程实际问题的复杂性,理论分析的结果、工程设计的结果、产品制造的结果等往往与目标不一致,甚至相差很远。这些结果的正确性、有效性、可靠性等,都要通过实验来检验或验证。

根据实验目的的不同,实验大致可分为三类:验证性实验、探索性实验、和校正检定性实验。

(1) 验证性实验是指实验结果已知,通过该实验来验证某些理论、实验方法或方案、实验手段或仪器的正确性。为力学测试技术配套设计的相关实验和材料力学实验,一部分属于此类实验。一方面让学生掌握实验原理,熟悉实验过程,另一方面通过这些实验,让学生巩固学过的材料力学中的相关知识。

(2) 探索性实验是指实验结果未知,希望通过实验了解确切的实验结果,以期改进设计、纠正理论或设计中的错误、研究某些方案的可行性、探索某些未知的现象或领域等。

科学领域的许多新技术、新发现、新进展,都是通过探索性实验得到的。有些探索性实验是有目标的,有针对性的,也有些探索性实验是由于正常实验的意外现象或意外发现而进行的。一个优秀的实验工作者必然重视实验中的异常事件。

(3) 校准检定性实验是指实验目标已知,通过实验确认实验结果是否符合目标。工程中的产品检验、设计校准、仪器标定等实验即属于此类。

总之,对于大多数实验来说,实验结果是未知的或不确定的。正因为结果未知或不确定,才需要做实验。在设计学生实验时,应尽量增加一些实验结果的未知因素,这样,更能培养学生对实验结果的分析能力。

6.1.2 实验设计应该遵循的原则

1. 实验手段的可行性

实验通常需要相应的实验手段,包括实验仪器、实验对象、实验人员或技术配备、实验经费、实验周期等。只能在实验手段允许的范围内进行实验;否则,再先进的实验方案也等于零。

因此,在设计实验方案时,首要考虑选择实验手段。实验手段可按如下途径选择。

(1) 选择本实验室所具有的实验设备;

(2) 根据单次或重复多次实验、使用小型设备或大型设备实验等情况,可选择租借或增购实验设备;

(3) 根据实验的专业性自行研制或请专业机构研制实验设备,并培训或引进专业人员;

(4) 委托专业实验室进行实验。例如,江阴大桥模型的吹风实验,只能在大型低速风洞中完成,而这类实验室在全中国也仅有少数几个。

2. 实验技术的先进性

实验技术先进与否,将直接影响实验结果。在设计实验方案时,在保证实验结果可靠,且实验经费允许的情况下,应尽量选用较先进的技术。

对于较原始的仪器设备,其实验方法比较繁琐,对实验条件、环境的要求较为苛刻(如仪器需要预热,对环境的温度、湿度等都有要求),实验结果精度低、可靠性差,一般都不具备计算机辅助测试及数据处理功能。

实验技术的先进性不仅仅指先进的仪器设备,还包括实验方法、实验数据处理方法的先进性。在设计实验方案时,应根据实验要求,尽可能地利用现有设备和手段,因地制宜或对现有实验设备进行改造,以提高实验技术水平,做到既省钱,又满足实验要求;既保证实验数据的准确获取,又方便实验数据的处理。

实验设备的改造已有许多经验可借鉴,各种关于实验技术、实验仪器的杂志上,常常可以见到这类文章。

3. 实验的规范性

为了实验结果的可比性,有关部门制定了一系列相关的实验规范,有国际标准、国家标准、企业标准等。当有相关标准时,应该首先使用相关标准,按规范进行实验;当无相关标准时,则应该设计合理的实验方法;需多次反复实验时,则应建立相关的临时性实验标准。

大多数实验规范不是针对单一的实验建立的,或者因为实验规范的建立时间较早,与当前的实验手段或仪器不吻合。因此,即使已有相应的规范,实验设计的环节往往不可缺少。

当有多种规范适用时,也应根据实验对象的目标要求选用。企业标准往往高于国家标准(国家标准是大家必须达到的最低标准,除非另有约定),企业往往直接执行企业标准。对外协作项目通常执行国际标准。

4. 实验的经济性

不同的实验实施方案,经济性差别极大。费钱的实验方案未必能得到更好的实验结果。因此,依据实验的目的和要求,确定符合实验目标的最经济方案,通常是优选方案。对于投入较大的实验设备,应该有前瞻性,即应该考虑到以后的实验需要,购买或研制性能更优的实验设备,即便费用较高。

实验的经济性还应考虑设备的使用成本,包括耗材费用、水电或能源消耗费用、人员费用、配套设备费用等(如房屋设施、恒温、恒湿、防震、隔音、无尘、无菌条件等)。设备的购置成本不高,但使用成本很高,也很常见。去专业实验室做实验往往会较经济。确实十分需要时,才建立自己的实验室。

5. 以理论分析为指导

实验方案的技术路线和实施细则,必须以理论分析为指导。一方面使设计的实验符合已知的相关理论,另一方面依据理论知识简化实验程序,提高实验的效率及实验精度。

以材料力学实验为例,在测试应力、应变等力学量时,如果已知结构主应力方向,则应变片的粘贴方向应该沿主应力方向,而不应该随意确定或根据坐标轴的方向确定,这样不仅可以简化测试过程,对提高测试精度也极为有利。圣维南原理虽然在材料力学中仅一带而过,但对于力学测试技术却极其重要:对于验证材料力学理论正确性的实验中,大多应避开应力集中部位贴片测试;对于力学量传感器的研制,应变片的粘贴部位却常常选择在应力集中部位以提高传感器的测试灵敏度。

6.1.3 实验设计的辅助手段

有些大型实验的实验费用相当昂贵,因而仿真实验也渐渐成为实验的一个重要步骤。大型实验不仅费用昂贵,实验周期通常也很长,仿真技术的使用往往可以大大降低实验费用,加快实验过程。但是,仿真实验不能代替真实实验,而只能作为实验的一个辅助手段。因此,仿真实验通常作为真实实验的前导实验,或作为实验设计的辅助手段。

仿真实验主要为模型的原理性实验。对简化模型进行仿真实验,常常能解决一些重要的设计问题。当然,结果的可靠性与模型的设计、制造、仿真实验等密切相关。在计算机上进行软件仿真时,就称为计算机仿真实验。只要建模与仿真算法合理,计算机仿真实验往往可以用更低的成本得到理想的结果。

汽车的防撞实验是现代轿车制造的重要环节。该实验属破坏性实验,实验费用往往很高,因而通过仿真实验来优化实验过程非常必要。通过使用实验设计的辅助手段,可以用最少的经优化的真实实验得到最全面、最完整的实验数据。

仿真实验在节约实验费用的同时,往往也能缩短实验周期。事实上,对于某些大型的实验,实验准备过程往往需要很长时间,包括实验仪器的采购、调试,实验模型的制备等,在这些工作准备好之前,实验无法进行。但是,仿真实验(尤其是计算机仿真实验)则可以提前进行。

以新车研制的防撞实验为例,仿真实验(图6.1)可以在产品研制过程中同步进行,而不必等待样车被生产出来。一旦样车生产出来,真实实验即可在很短时间内进行,从而大大缩短产品的研制周期。新型飞机的研制也存在同样的问题:在新机生产出来之前是无法进行破坏性实验的,在新机能上天之前,有许多真实实验不能进行,但仿真实验却可以进行。

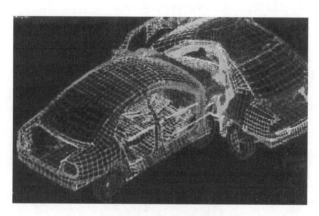

图6.1 汽车碰撞的仿真

6.1.4 材料力学实验设计实例

1. 纯弯曲梁弯曲正应力实验(验证性实验)

纯弯曲梁弯曲正应力实验的目的是通过应变电测实验,验证纯弯曲梁的正应力计算公式的正确性。本实验可以作为学生实验开设,因而实验成本不能高。

材料力学中,推导纯弯曲梁的正应力计算公式时,采用了矩形截面梁,在纵向对称面内,通过四点弯曲方法加载,使梁的中段产生纯弯曲(图6.2),再根据平截面假设,推导出了纯弯曲梁横截面上的正应力沿直线分布的公式:

$$\sigma = \frac{My}{I} = \frac{Fe}{2I}y \tag{6.1}$$

作为验证性实验,也应该采用矩形截面梁,四点弯曲法加载。为保证加载的对称性,可使用辅助梁杠杆分力机构将一个力均分为两个力。尽管可以在万能材料试验机上加载,但由于试样不宜太大(符合细长梁的条件:$l/h>5$)且试样承受弯曲变形,因而载荷不大。考虑到万能材料试验机成本较高,使用也不甚方便,而且通常不配备小吨位的测力传感器,因而制作专用实验架比较理想。

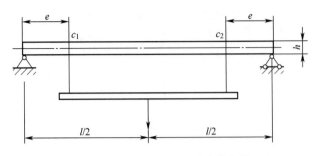

图 6.2　产生纯弯曲的四点弯曲加载

专用实验装置如图 6.3 所示。加力方法为手动,使用蜗轮蜗杆带动丝杆加力;使用电子测力传感器测力,梁可以使用钢材或铝材制作。

图 6.3　纯弯曲梁实验装置

梁的上、下表面及侧面按图 3.43 所示方式粘贴应变片,使用静态电阻应变仪测量应变。由于应变片数目较多,使用公共补偿方法接线较合理。为减少引线数量,公共线可以在梁的接线板上直接相连,使用公共补偿片进行单片测量。

通过实验测得的应变读数,根据胡克定律即可计算应力。与理论计算结果对比,可验证理论公式的正确性。作为学生实验,学生不参与应变片粘贴等过程。

2. 受拉变截面板应力分布实验(探索性实验)

材料力学讨论的杆件是等截面的。对于变截面杆,无论是受拉、受弯或受扭,材料力学导出的应力计算或变形计算公式都是近似的,不能用材料力学的公式得到精确的结果。然而,近似程度究竟如何?是否能在工程中使用?材料力学无法给出确切的结论。因此,设计受拉变截面杆的应力分布规律实验,以探讨材料力学计算公式的近似程度(使用有限单元法,可以由计算得到较为精确的结论。但在有限单元法普遍应用之前,使用实验方法探讨这一类工程问题更为常见)。

根据材料力学应力分析可以知道,受拉变截面杆的主应力方向并不沿杆件的轴线方向。而等截面杆受拉时,计算结果是足够精确的。所以,截面的变化梯度对计算公式的近似程度有直接影响。换句话说,使用一种截面变化梯度的杆件进行实验,是不能说明问题的。因此,使用两到三种截面变化梯度的杆件进行实验,将可得到比较有代表性的结论。

使用等厚变截面板进行实验,分析将更方便。因此,设计三种不同截面变化梯度的等厚板进行实验。考虑到横截面上的应力变化不会产生突变,因而截面上仅选择五个位置粘贴应变片(图6.4),三块试样板分别取 $\alpha=5°$、$\alpha=10°$、$\alpha=15°$。由于 A 点和 E 点的主应力方向平行于板边缘,所以直接让应变片平行于板边缘粘贴(如果板足够厚,也可直接粘贴于板侧面)。C 点的主应力方向是平行于板轴线的,所以沿板轴线粘贴应变片。B 点和 D 点的应变片粘贴方向按 $\alpha/2$ 方向。如果想同时研究 B、D 点的主应力方向,则在 B、D 点可粘贴 $0°/45°/90°$ 应变花。

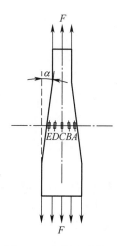

图6.4 变截面受拉板

分别对三块试样板加载,测定各应变片的读数应变,与按材料力学近似公式计算的该截面的应变值比较。综合三块试样的实验结果,分析偏差程度,给出结论,提交实验报告。

注意:为防止夹持部分的应力分布不均匀,导致实验结果与理论分析结果不可比,根据圣维南原理,可将夹持部分按等截面板延长。加载时的最大载荷按板的最小截面设计,应力不应大于比例极限(通常按屈服强度的70%左右设计)。过小的实验应力值将降低实验结果的精度,过大时则可能使试样不能重复使用,严重时可能导致实验失败。

通过该实验可以发现,理论公式不能解决的问题,通过实验方法却可以解决,因此,常常通过实验解决一些用理论不能解决(或不能确定)的难题。但是,实验方法花费的代价往往很大,不是十分必要时,应采用其他方法。另外,以理论为指导设计实验,可以简化实验过程,通常也降低了实验成本,在实验设计时必须重视。

3. 应变片灵敏系数标定实验(检验性实验)

应变片的灵敏系数与应变片的材料成分、加工工艺、应变片基底的材料与厚度、膜片与基底的黏结层特性、应变片的粘贴工艺等诸多因素有关。所以,每批应变片的灵敏系数均应通过实验标定。

应变片灵敏系数标定时,应变片必须像实际使用过程一样粘贴到标定设备上,实验后标定用的应变片即报废了(这类实验通称为破坏性实验)。因此,应变片的标定只能是抽样实验。

应变片灵敏系数的标定应该在可以确定真实应变的结构上进行。显然,在拉伸杆件(或板)上试验是最容易想到的。但是,如何精确测出拉伸杆件的应变是一个难题:即使使用分辨率能达到 0.1μm 的激光干涉仪测量位移,应变分辨率也仅能达到几个微应变,而且使用非常不便,所以这不是一个优选方案。如果在扭转杆件上贴片测试,由于贴片表面不是平面,贴片过程将很不方便,而且由于需偏转 45°进行贴片,方向不易保证,所以方案也不可取。

通常在受四点弯曲加载的纯弯曲梁上进行应变片灵敏系数的标定(参见 3.3.2 节)。标定设备如图 3.14 所示。由于等截面纯弯曲梁的轴线变形后形成的曲线为圆弧,材料力学由此推导出的挠度计算公式具有足够的精度,可以作为标定基准。只要梁的尺寸足够大、三点挠度仪的尺寸足够大,用千分表对于应变片的灵敏系数标定就可保证足够的灵敏度。

工程中,检验性实验是最多的实验。除非是新产品检验,或者实验方法的改进,否则检验性实验不必花费功夫去设计,沿用标准实验方法即可。

6.2 实 验 准 备

6.2.1 实验对象(试样)准备

实验必然有实验对象。对大多数实验来说,实验对象即是一个试样。这些试样可能是专门制备的,也可能是抽样抽取的(对检验性实验通常为随机抽样的样品)。材料力学实验的试样通常是专门制备的。

1. 试样的制备

对试样的设计,是实验设计人员应该负责的。如果有相应的规范(如国家标准或企业标准),则可按照规范设计,否则应根据实验目的仔细考虑试样的材料、形状、尺寸、夹持形式、加工方式、加工精度要求等一系列问题,以达到最终的测试目标。

大多数试样要使用某些设备(如机械加工设备)加工,但对于较特殊的情况,设备的加工可能需要自己动手。如某型飞机起落架的修型优化实验,实验模型使用光弹性材料聚碳酸酯制造,由于模型形状及加工要求的特殊性,整个模型由实验设计人员手工加工完成,历时数月。

试样经加工后,在试验前可能仍有许多工作要做。如应变电测的试样可能需要粘贴应变片、对应变片进行防护、焊接引线等。作为一个优秀的实验人员,必须了解或掌握相关的技术要点。

2. 试样的实验前准备

首先必须对试样进行编号(对单根试样作多点测试时,对测试点进行编号),并做好必要的记录。试样在试验前有特殊情况的,必须在实验记录单上记录清楚,为实验结果分析提供信息或依据。

加工好的试样通常并非完全相同,其尺寸、表面状态等可能有细微差异,这些差异会不同程度地影响实验结果的正确性。所以,可能需对试样的机械尺寸进行测量、试样表面进行进一步的处理(如表面抛光、表面涂层、表面去油渍等)、对试样做标线标记、对温度敏感的试样必须放置一定时间以使其温度达到测试环境的温度等。

6.2.2 实验仪器准备

1. 实验仪器的检查

多数实验过程需借助仪器进行。对这些实验仪器的操作使用方法,操作人员必须事先熟悉,对仪器的工作状况必须在实验前了解清楚。对仪器工作状况的故障或异常必须在实验开始前排除,这一点对于破坏性实验,以及由多人、多个设备参与的大型实验尤为重要。在可能的情况下,对每个参与实验的仪器设备,都应模拟实际测量状态操作几遍,以防止实际工作时出差错。

如何在真实实验前对仪器的工作状态进行模拟测试,也应该是实验准备工作的一部分。有许多实验是不可重复的,或者重复的成本相当高。如果因仪器原因造成实验失败,则应该属于实验中的严重事故,必须引起足够重视。

2. 实验仪器的标定

常规仪器应该定期标定,以保证仪器使用精度。对于特殊仪器,或者相对使用频率较低的仪器,可以在实验开始前进行标定。

标定过程不一定需要符合法规规定(如通过计量部门进行标定,或使用在法定有效期内的标准器进行标定),但实验人员必须了解使用不符合法规规定的标定对实验结果的正确性或有效性的影响。对于某些对比实验,实验设备可以不经过标定。

通过计量部门的标定,标定费用是相当高的,有时标定一次的费用可能高于购买一台新仪器。因此,除非实验结果将作为法定结论,或者对实验对象极其重要,否则应考虑由实验人员自行标定。

国家法规规定,某些符合国家计量规范的计量器具,用户购买后,其法定计量有效期为六个月(即在六个月内可以不必重新标定)。正是由于国家计量法规的这种规定,有些企业不断购买新计量器具,而将已过了计量有效期的计量器具(这些计量器具在功能上完全正常)当废物处理掉,因为这样做,比将过了计量有效期的计量器具送去计量标定更省钱。

6.2.3 实验过程准备(预调)

1. 试样安装、信号连接及测试

将试样按要求安装到测试设备上,连接上各种信号(安装测试传感器、连接测试连线、连接加载装置等),进行各种连接状态的初步测试。

不同的实验需准备的东西可能完全不同。做低碳钢拉伸实验时,夹持好试样后,通常还应安装应变引伸计,并拔除应变引伸计的定位销(全自动夹持的应变引伸计除外);做纯弯曲梁弯曲正应力实验时,主要准备工作则是选择合适的应变片按设计的接桥方式进行引线连接。

2. 仪器的预调

实验开始前,必须保证仪器工作在正常状态,并与实验要求一致。实际上,大多数实验仪器是多功能的,或者说需根据实验目的的不同作不同的设置。例如,使用示波器时,必须选择合适的输入通道、直流输入或交流输入,让通道信号能够正常显示,必要时调整显示亮度、聚焦及余辉,横坐标选择时间轴、合适的扫描速度,选择正确的信号触发方式并调整好触发电平,调整输入信号的幅度范围(放大或衰减倍数)等。所有这些都正确设置完毕,并确认无误后,仪器的预调工作才算完成。

3. 试验的预加载

在试验实际开始前,常需对测试对象预加载,以检查测试仪器的工作状况。不管实际试验过程如何,预加载通常以静态、小幅度方式进行(也有特殊情况)。以静态方式加载时,仪器的工作状况比较容易检查,必要时可作相应调整;以小幅度方式进行通常是了防止对实际实验过程产生影响。

不能进行全系统模拟预加载时,也可进行局部预加载,以便对关键设备进行局部检查与调整。有些实验局部预加载也不能进行,这时可以用系统外设备进行模拟加载调试。有些实验的预加载另有作用,如使用平行滑动夹头夹持试样做拉伸试验时,预加载起到夹紧试样的作用。因此,加载幅度通常较大,但通常不应超过材料屈服载荷的 50%,以免影响测试数据的准确性。

4. 记录设备的准备

使用计算机测控设备进行实验时,记录设备的准备过程往往比较简单,但使用非计算机测控设备进行实验,仍是工程中中小规模实验的主流。对这些记录设备,也必须像其他测试仪器一样做好准备。如果需要记录实验过程,对实验过程照相、摄像是常用方法,必要时可以动用高速摄影设备;如果需要记录大量实验数据,配备计算机数据采集系统进行数据采集是理智的,必要时,还应连接信号调理设备(增益调整、低通或带通滤波等);带存储功能的高速数字示波器用于记录高频电信号(数百兆赫兹以上)是重要的;功能强大、性能优越的虚拟仪器系统适用于多种不同要求的实验数据记录,而且更适合于数据的在线或离线处理。

6.3 实验测试过程

6.3.1 实验过程控制

实验过程通常在实验人员的控制下进行。即便是由计算机操纵的实验过程,也需要由实验人员的操控。在仪器准备、试样准备、实验过程准备完成后,实验条件符合实验要求时,即可启动实验过程。

实验人员应该时刻关注实验进程,发现异常情况应即刻干预,如暂停、调整实验参数、增加或减少实验内容、提前结束实验等。

实验过程常常由多人协同工作。实验过程中,所有参与实验的人员都必须集中注意力,共同完成实验过程。即使有个别人员不在状态,也可能造成实验失败,或者遗漏重要的实验细节,甚至造成严重的实验事故。因此,由多人合作共同完成一个实验时,必须由一人负责,并对各个实验人员明确职责。当实验因出现异常而改变实验进程时,所有参与实验的人员都应知晓,以继续进行后续的实验。

当不按照仪器的使用规范使用仪器时,或不按照实验操作规程进行实验时,实验设备可能是危险的仪器,实验也可能是危险的实验。实验人员在实验过程中必须时刻关注实验的安全问题,包括实验人员的安全、实验仪器的安全、实验对象的安全。

有些实验或实验设备本身就有一定的危险性,如疲劳试验机。为了应对可能发生的突发事件,在许多实验设备上都设计有急停按钮,如图 6.5 所示。在实验设计时就必须充分考虑到实验过程中的潜在危险,做好预防工作。实验人员必须充分熟悉实验设备和实验过程,掌握发生突发事件时的正确处理方法。即便是已经做过多次的相同实验,也有可能发生安全事故,因此预防比一切补救更重要。

图 6.5 疲劳试验机的急停按钮

6.3.2 实验数据的记录

实验过程通常伴随许多实验现象和实验数据(统称为实验数据)。任何实验现象和实验数据都应详细记录。只记录数据而不记录现象,往往对实验结果的异常情况无法做出正确的分析。实验设计时,应该对实验所需记录的数据有所预见,并设计必要的记录表格。由计算机控制的实验过程,实验数据的记录通常由计算机测试系统完成,实验人员仍应准备其他的记录工具,以记录实验过程的异常现象及计算机无法记录的实验过程。

必须真实记录所有的实验数据,不可只选择满意的数据记录,而将不合理的数据丢弃。严格的实验过程常常要求保存原始记录单,不得随意涂改。遇到需更改记录的数据时,数据记录人员应在原始记录单上签字。

一张实验原始记录单至少应包含以下内容:实验名称、实验地点、实验仪器名称及编号、试样编号、实验日期和开始、结束时间、实验操作人员、实验条件(温度、湿度、气压或天气状况)等。此外即是实验现象和实验数据。

6.3.3 异常及其处理

实验过程中的异常往往是最重要的,必须如实记录、分析原因,然后决定下一步工作,切忌盲目继续实验过程,以免酿成事故。

异常是指与预期的实验过程不一致的现象。一个有经验的实验员,对某些异常现象能迅速做出反应,在瞬时即可做出正确判断,以决定是否中断或暂停实验。对于缺少实验经验的实验员,首要反应应是暂停实验。所以,实验操作人员在实验开始前就必须熟悉如何安全地暂停或中断实验。

对异常的记录可以采用笔录、照相、录像、录音等。

对于能够明确原因的异常,可以继续实验过程。为了查找产生异常的原因,或者为了排除偶然因素引起的异常,也常常中断实验过程,然后重复相同的实验过程,以期再现同一异常。因为实验过程中的异常而导致重大的科学发现,在科学发展史上也很常见,诺贝尔发现炸药的过程就是一个很好的实例。所以,一定要重视实验过程中的异常。

6.3.4 实验的重复及终止

尽管在理论上可以重复相同的实验过程,事实上可能很难完全复现。"人不能两次走进同一条河流"讲的就是同一个道理。因此,为了保证实验结果的可比性,重复实验时,应尽可能保证相近的实验条件,包括相同的实验环境(温度、湿度、气压等)、相同的实验对象(对于破坏性实验,通常应使用同一材料、同一加工工艺、同一生产批次生产的试样)、相同的实验仪器、相同的实验操作人员。即便如此,产生分散的实验结果是必然的,有时分散性可能会很大。如金属材料的疲劳破坏实验,试样断裂寿命相差一倍是很正常的现象,切忌因为实验结果的分散而人为丢弃偏离中值较远的实验结果,从而导致实验结果的失实。

因为实验过程中产生异常而终止实验是常见的。但如果实验过程很正常,而实验过程中反映的中间结果与预期值相差很远,为了节约实验费用,仍可以终止实验。

因为设备原因、停电、停水、缺少原料等原因导致实验终止的情况也时有发生,因此对于极其重要的、不可暂停或中断的实验,也应该准备好相应的应急措施,然后再开始实验。

6.4 实验数据处理

6.4.1 数据整理及数据变换

大多数实验过程都会记录大量实验数据,对这些实验数据,通常需作必要的整理或数据变换工作。对数据的整理是指提取感兴趣的数据,剔除不感兴趣的数据或可以确认为粗大误差的数据(异常值);对数据进行分组、分类或其他直接的组织等。测得的原始数据与实际所需的被测量之间进行量值变换、单位或量纲变换、校准或修正计算等。

数据变换计算可以很简单(如由测得的圆轴直径计算横截面面积等),也可以很复杂(如由时域的数据作快速傅里叶变换(FFT)求得频域的结果、由大量的一维投影数据重建二维图像的计算机断层扫描(CT)变换计算等)。所以,这一部分的数据处理量可能会是实验数据处理的主要工作。对于需处理大量数据的情形,应充分利用计算机等现代计算工具进行,实验数据的记录也应采用计算机数据采集系统、具有数据通信功能或数据存储功能的仪表等具有数据处理功能或数据快速传输功能的设备进行。

6.4.2 统计分析及回归分析

实验结果的可信度、实验结果的综合,也经常使用统计方法进行。大多数实验结果的分析使用第 2 章介绍的方法即可。主要计算平均值、估计总体方差、算术平均值方差、协方差、置信度等统计参数。

已知线性关系的函数关系可以使用线性回归的方法求出回归方程,常用最小二乘法或最优线性回归方法进行。非线性方程只要满足单值函数关系,也可以使用最小二乘法。当自变量在不同阶段对函数值的影响程度有较大差异时,可使用加权最小二乘法进行回归计算。对于非线性函数的最小二乘法曲线拟合和加权最小二乘法曲线拟合的计算方法可参看相关的文献资料。

6.4.3 误差及不确定度分析

误差分析是大多数实验过程必须进行的环节。对于仪器或传感器的校准结果,还必须进行不确定度分析,以给出实验结果的不确定度。

误差分析的具体步骤如下:
(1) 分析对测试结果有影响的各种可能因素(参见 2.1 节);
(2) 分析各误差源的误差范围;
(3) 分析并估计各误差源对测试结果传递的随机误差和系统误差;
(4) 剔除可以确认的粗大误差、对可以消除的系统误差进行误差修正;
(5) 使用 2.6 节的方法,对误差进行合成;

(6) 当需要进行不确定度分析,按 2.7 节的方法进行不确定度分析。

6.5 实验结果分析

6.5.1 实验现象及原因分析

实验过程中出现的各种现象,往往会被忽视,而这些现象可能很重要。

有些实验现象可能很明显,或者不会随实验过程而消失,对这类实验现象比较容易被观察到,从而也就比较容易引起重视。例如,低碳钢和铸铁的拉伸、扭转试验,试样破坏后的断口,是不会消失的实验现象,所以可以从容地对实验现象进行分析。但是,低碳钢拉伸过程中,因屈服而产生的 45°方向的滑移线,则必须及时而且仔细地观察,才能观察到这一现象,而这一现象对解释塑性材料的屈服现象非常重要。

采用计算机进行测控的实验过程,实验现象常常不被记录,因而对这些实验现象的记录,可能更为重要。

对于预料之中的实验现象,通常产生原因在实验开始前就已经了解或明确。而对于预料之外的实验现象,则分析其原因往往非常重要。实验过程中出现与常规不一致的现象(异常现象),如果不是证明实验方法或实验操作的错误,则很可能预示着重要的信息。因此,必须严谨而且科学地对于这些实验现象的原因进行仔细分析。

6.5.2 实验结论

通常,实验的目的即是为了得到一些结论,有些实验结论很容易得出。例如,通过纯弯曲梁正应力分布规律实验,可以得出结论:材料力学的弯曲正应力线性分布的结论是正确的;通过细长压杆的稳定实验,可以得出结论:用细长压杆的欧拉公式计算得到的临界压力可能与实验失稳的临界压力有一定差异,但偏差通常并不很大。存在偏差的原因自然是因为欧拉公式是依据理想压杆导出的结论,而实际上并不存在理想压杆(理想等直杆、理想约束)。

然而,并不是什么实验都可容易得出结论的,有些结论需经过反复斟酌,或者需要相当丰富的经验积累,才能得出。例如,从 CT 照片分析病人病情,没有多年的临床经验,是很难得出确切的结论的。在这一过程中,由 CT 扫描到输出 CT 照片的过程,即是实验过程,数据整理与数据变换过程已经由计算机完成,并以二维图片的形式输出。根据图片得出结论,则是实验结果分析的过程。

作为一个完整的实验,给出实验结论是必需的,即便该结论可能并不确切,或者该结论与期望值相差很远。我们一定要抱着严谨的科学态度对待实验,得到的结论必须是真实的、严谨的、科学的。切不可因为实验结论与期望值的不一致而修改实验数据,或者仅选择符合期望结论的数据。

特殊情况下,不能得出实验结论的实验(或实验现象)也可能是重要实验(或实验现象)。爱因斯坦就是根据实验物理学家的实验数据验证其相对论理论的,而当时的实验数据,无法用已有的理论进行解释。

6.5.3 实验报告

为了反映实验的过程、实验数据的记录、实验所得到的结论,通常需提交实验报告。实验报告通常应包含以下基本内容:
(1) 实验名称;
(2) 实验地点、实验时间、实验人员,必要时记录实验条件;
(3) 实验目的;
(4) 实验原理(常规标准实验可以省略);
(5) 实验设备(名称、编号等重要信息,设备的检定有效期信息);
(6) 试样编号;
(7) 实验方法(常规标准实验可以省略);
(8) 实验数据(当存在大量实验数据时,可以仅给出经分析处理后的重要数据,也可仅给出结果数据);
(9) 实验分析依据、数据整理与数据变换、误差分析;
(10) 实验结论。

一个完整的实验常常需做多个试样的实验。一组实验通常仅需提交一个实验报告,但不同试样的实验数据应分别列出(可采用列表形式列出)。如果一个(或一组)试样做了多个不同目的的实验,即使实验过程结合在一起完成,实验报告通常仍应分开提交。实验报告可长可短,原则上只要说清以上几个问题即可,短则一页纸即可,长则可长至数千页甚至更长。

6.6 材料力学典型实验

材料力学实验的设计目标如下:
(1) 培养学生的实验动手能力;
(2) 加强学生的数据处理能力、分析和解决工程实际问题的能力;
(3) 通过实验,巩固和掌握材料力学的基础理论和方法;
(4) 作为材料力学的重要补充,了解实验力学在力学学科中的重要性。

作为为学生实验而设计的材料力学实验,应该避免以下一些误区。
(1) 将工程实际问题理想化,以实验结果的精确程度衡量实验设计的成败,或认为实验设备不够完善。

实际上,在实验中遇到问题,通过分析而解决问题,或者提出解决问题的思想方法,才能达到培养学生动手能力、分析问题和解决问题的能力的目标。如果一个实验从头到尾都按照预先设计好的步骤走下去,学生不必要动脑即完成实验,不必要动脑即可得到结论,这样的实验看似很成功,从教学成效的角度看其实是失败的。

因此,对于学生实验,不要一味追求实验设备的先进性、准确性,而应致力于如何设计实验、如何分析实验现象和实验结果,使学生通过这一实验能够学到更多的东西。如果数据不够准确,如何通过校准、修正或其他方法来提高实验精度;实验中出现异常,如何分析出现的异常现象,如何避免异常的产生,如何通过观察到的异常现象学到更多的东西。

当然,如果实验设备导致了无法解释的结论,或者精度太差以至无法从中得到有意义的数据,或者实验设备过于陈旧以至实验无法正常进行等,实验设备的更新是必要的。实际实验中,学生的实验操作错误或不规范往往是造成实验结果无法解释的主要原因。

(2) 忽视材料力学结果的近似性,将计算结论作为标准答案来衡量实验结果。

作为材料力学实验,将实验结论与材料力学的理论计算结果比较是正常的,产生偏差也是必然的。除了仪器设备、实验过程中不可避免的误差外,材料力学结果本身的近似性也不可忽视。一方面无法实现材料力学理论计算中的全部条件(理想杆件、理想材料、理想约束);另一方面将脱离工程实际的问题作为实验对象,并无实际意义。因此,用工程的观念去分析数据,去分析实验结果非常重要。

(3) 仅让学生参与实验过程,忽视学生参与实验设计、实验准备、实验结果分析等过程。

许多工程中的实验,是从实验设计开始的。由于学时的关系,让学生参与全部的实验过程是困难的。适当引导学生参与实验设计、参与实验准备、参与实验结果分析(即使这些过程仅在课堂上完成),比仅仅参与数据记录、数值计算更为重要。

6.6.1 纯弯曲梁正应力分布规律实验

使用专用纯弯曲梁正应力分布规律实验装置(图6.3),通过应变电测方法,测定纯弯曲梁的正应变(也即正应力)沿其高度分布的规律,以验证纯弯曲梁的正应力计算公式的正确性。

实验需用到纯弯曲梁实验装置一台(带加力装置、按规律粘贴有应变片的矩形截面等截面梁、测力传感器、力值显示仪表)、静态电阻应变仪一台。

实验过程如下。

(1) 量取试样几何尺寸及加力点位置尺寸。

(2) 接通测力仪电源,适当预热后,在卸载情况下检查仪器零位,必要时调整之。

如果加力时超过梁的屈服载荷,就会使梁产生塑性变形,从而影响重复测试时的实验数据,严重时损坏实验装置。如果载荷超过了测力传感器的极限承载能力,也会将测力传感器压坏。因此,加载时载荷不能过大(通常不超过梁的屈服载荷的60%,也不能超过测力传感器的额定载荷。梁的屈服载荷根据量取的几何尺寸和梁材料的屈服极限估计值,用材料力学的公式计算。如果完全不知道材料的强度指标,则按最大应变值不大于$800\mu\varepsilon$控制加载载荷)。测力传感器读数清零时,一定要在完全卸载情况下进行,严禁在加力情况下对测力传感器清零,以免因加力过载而损坏实验设备。

(3) 按公共接线法将应变片引线接到电阻应变仪上(接线时应关闭应变仪电源)。注意:公共线在梁的接线板上直接相连时,不能使用上下对称位置的应变片组全桥测量,在有些应变仪上,可能也不能使用半桥接线法测量。

(4) 检查接线正确后,打开应变仪电源开关。检查应变片灵敏系数设置,必要时调整之。

(5) 加初始载荷后将各通道初始应变调零。

(6) 按固定的载荷增量逐级加载并记录数据。

实验结束后,分析实验数据,按要求提交实验报告。

6.6.2 压杆稳定实验

当压杆的受压载荷达到临界值时,压杆将失去承载能力,简称失稳。细长压杆的临界载荷可以使用欧拉公式计算:

$$F_{\text{cr}} = \frac{\pi^2 EI}{(\mu l)^2} \tag{6.2}$$

式中:长度系数 μ 由压杆的约束形式决定。

对于两端铰支压杆,$\mu=1$;一端固支,另一端铰支的压杆,$\mu=0.7$。欧拉公式是在理想状态(理想直杆、载荷作用点位置通过轴线、两端支承为理想约束)下导出的,与真实压杆的结论是否一致?偏差有多大?什么原因引起这些偏差?通过本实验,学生对这些问题可有一定了解。

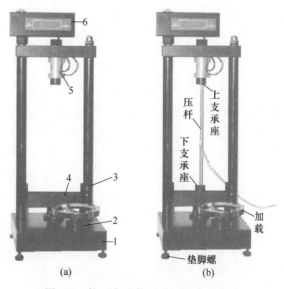

图 6.6 拉压实验装置及压杆稳定实验

如图 6.6(a)所示,压杆稳定实验在专用实验装置上进行。实验装置由底座1、蜗轮加载系统2、承力框架3、活动横梁4、测力传感器5 和测力仪表6 组成。配以专用的上、下支承座,该装置即可用于压杆稳定实验。通过改变上、下支承座的形式可以改变压杆的约束条件;压杆上粘贴有应变片以测量压杆的弯曲变形;压杆的加载通过加载手轮实现,力值直接由发光二极管(LED)显示屏显示,如图 6.6(b)所示。压杆稳定实验需配用静态电阻应变仪一台。

压杆加载时,理论上当载荷小于临界载荷时,压杆轴线仍应保持直线。实测结果表明,即使压力很小,杆件也会发生微小弯曲,杆件中点的挠度随压力的增大而增大,但杆件的平衡仍是稳定平衡。当压力增大到接近临界载荷时,杆中点挠度迅速增大并达到极值(图 6.7)。该极值即为测得的临界载荷。

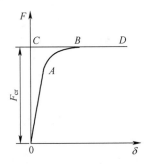

图 6.7 $F\text{—}\delta$ 曲线图

为了说明实验中当载荷远小于临界载荷时,杆件也会发生弯曲变形的现象,根据压杆存在初始偏心距(载荷作用线与压杆轴线不重合)而导出的正割公式将更符合实验曲线:

$$w_{\max} = e\left[\sec\left(\frac{l}{2}\sqrt{\frac{F}{EI}}\right) - 1\right] = e\left[\sec\left(\frac{\pi}{2}\sqrt{\frac{F}{F_{\mathrm{cr}}}}\right) - 1\right] \tag{6.3}$$

式中 $w_{\max}$——压杆的最大挠度;

F——杆件压力;

F_{cr}——压杆的临界压力;与式(6.2)相同;

e——偏心距(图 6.8)。

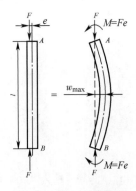

图 6.8 偏心压缩假设

压杆稳定性实验过程如下。

（1）按两端铰支方式安装压杆到试验架上。
（2）按半桥测量方式将应变片引线连接到应变仪上，用于测量弯曲应变。
（3）在载荷为零时，将应变仪测量通道清零。必要时调整应变片的灵敏系数。
（4）按分级加载方式给压杆加载，同时测量变形。

注意：当载荷接近临界载荷时，分级应逐渐减小，以获得更多的曲线细节。为防止压杆出现残余变形，当压杆出现明显弯曲变形时即应停止加载。

（5）卸载后按一端固支，另一端铰支的方式安装压杆，重复（2）~（4）的实验过程。

实验结束后，分析实验数据，比较实验结果与欧拉公式的偏差，分析产生偏差的原因，并按正割公式分析偏心距 e 的大小，比较实验结果与正割公式的偏差，最后按要求提交实验报告。

正割公式在国内的材料力学教材中通常并不讨论，但不难找到参考资料（参见刘鸿文主编《材料力学》第4版316页）。通过本实验，让学生探索有关正割公式的理论依据，同时根据实验结果拟合偏心距 e，以探讨更符合实验结果的正割公式的有效性，对培养学生分析问题的能力很有益。

说明：不少材料力学教科书使用弯曲变形的大变形公式讨论失稳载荷在大变形时的变化趋势，认为存在大于欧拉载荷的平衡状态，但在我们的实验中却无法看到这种结果[1]。我们认为大变形公式的失稳分析并无实际意义：一方面欧拉公式推导时使用的弯曲变形公式源自纯弯曲变形状态，而压杆失稳的弯曲变形状态并非纯弯曲；另一方面无法实现理想的或接近理想的约束条件，同时也无法找到理想直杆。

6.6.3 薄壁圆管弯扭组合变形实验

弯扭组合变形历来是材料力学的难点之一，通过本实验能有效增强对弯扭组合变形杆件的内力分析和应力分析的能力，同时对理解应力状态的概念、掌握广义胡克定律也非常重要。

弯扭组合变形实验使用如图6.9所示的专用实验装置。实验装置由薄壁圆管1、扇臂2、连接杆3、测力传感器4、加载手轮5、底座6和数字测力仪表7组成。

选定某截面沿圆周前、上、后、下均布的四个测点 A、B、C、D，这四个点的应力状态如图6.10（a）所示。薄壁圆管上已在该截面沿圆周方向粘贴有4枚0°和±45°三轴应变花，每枚应变花在空间相隔90°（图6.10（b））。由于总共有12片不同方向或方位的应变片，既可通过不同的组合，直接测得某一内力分量产生的应变，从而求得该内力分量，也可通过分别测得各应变片的应变值进行主应变、主应力分析（参见3.8节）。图6.11即是几种测定内力分量的组桥实例。其中：图6.11（a）为用半桥接线法测定截面的弯矩分量组桥实例；图6.11（b）为用全桥接线法测定截面的扭矩分量组桥实例；图6.11（c）为用全

---

[1] 在压杆约束条件接近理想状态且设备状态比较理想的前提下。

桥接线法测定截面的剪力分量组桥实例。

图 6.9　弯扭组合变形实验装置

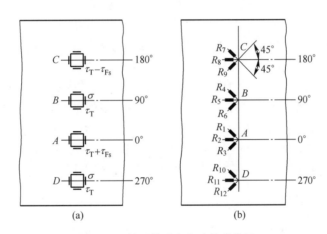

图 6.10　单元体及应变片粘贴位置

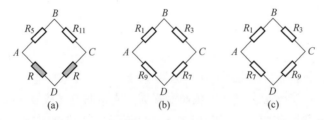

图 6.11　应变片组桥

实验内容。

1. 测定指定点的主应力大小和方向

（1）将指定点的三个应变片按公共接线法接到静态电阻应变仪上，公共补偿片粘贴在专用补偿块上。

（2）必要时调整应变片的灵敏系数，预加载 50N 后，将各应变通道调零。

(3) 按分级加载法逐级加载,记录对应载荷下的应变读数。

(4) 按3.8节计算指定点的主应力和主方向。

2. 测定各内力分量引起的应力及内力分量的大小

(1) 按测定弯矩分量的要求选择合适的应变片,组成半桥(或全桥),按分级加载法加载,测定弯矩分量引起的应变,由胡克定律(或广义胡克定律)计算由于弯矩分量引起的应力,用材料力学的弯曲正应力公式计算弯矩分量的大小。

(2) 按测定扭矩分量的要求选择合适的应变片,组成半桥(或全桥),按分级加载法加载,测定扭矩分量引起的应变,由胡克定律(或广义胡克定律)计算由于扭矩分量引起的切应力,用材料力学的扭转切应力公式计算扭矩分量的大小。

(3) 按测定剪力分量的要求选择合适的应变片,组成半桥(或全桥),按分级加载法加载,测定剪力分量引起的应变,由胡克定律(或广义胡克定律)计算由于剪力分量引起的切应力,用材料力学的弯曲切应力公式计算剪力分量的大小。

测定各内力分量引起的应力时,如果可能,可以将上述三步合并加载,以减少加载工作量,提高测试效率。

6.6.4 开口薄壁梁弯曲中心及内力分量测定实验

在大多数情况下,开口薄壁杆件的抗扭强度和抗扭刚度远低于其抗弯强度和抗弯刚度。因而,如果这类杆件承受垂直于轴线的横向载荷,如果该横向载荷引起扭转变形,则因扭转变形引起的强度和刚度的损失,可能大大影响杆件的强度和刚度。而当载荷作用线经过弯曲中心时,横向载荷将不产生扭转变形。所以,寻找其弯曲中心有重要的现实意义。

使用材料力学的理论计算方法,可以近似确定弯曲中心的位置。这种近似性从工程角度来看,通常已经足够精确,但对于复杂形状的截面,计算可能不够精确。进行开口薄壁梁弯曲中心测定实验,一方面用于验证理论计算的正确性,了解理论计算的近似程度,另一方面,用于探讨约束对实验结果的影响。

实验准备了槽形截面试样(粘贴有多个应变片)、加载装置及测力装置(图6.12)。梁的几何尺寸及贴片位置如图6.13所示。

本实验被设计成探索性实验。实验的具体实施方案由学生自己设计确定,此处提出以下实验任务:

(1) 确定弯曲中心位置;

(2) 测定载荷作用于弯曲中心时,槽形截面翼缘上上下表面中点的弯曲切应力;

(3) 测定载荷作用于弯曲中心时,腹板外侧面中点的弯曲切应力;

(5) 测定载荷作用于截面几何中线时,翼缘上下外表面中点的扭转切应力;

(6) 测定载荷作用于截面几何中线时,腹板外侧面中点的扭转切应力;

(7) 测定载荷在距弯曲中心±8mm处作用时,各应变花粘贴处的主应力大小和方向;

(8) 用实验数据说明圣维南原理的影响范围;

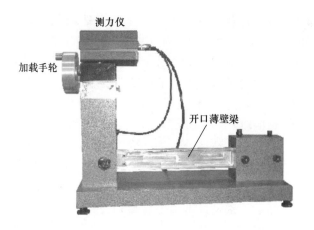

图 6.12 槽型截面梁实验装置

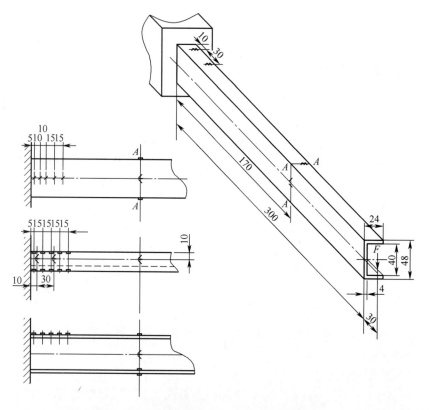

图 6.13 槽型截面梁尺寸及应变片粘贴位置

(9) 用实验数据说明本实验装置的固定端约束对弯曲正应力的局部影响范围。

实验报告要求如下：

(1) 用材料力学知识计算弯曲中心的位置；

(2)提出实验方案(包括理论依据、具体实施方案、注意事项等)、记录实验过程及实验数据、分析实验结果(近似程度分析、由于理论计算误差引起的强度和刚度的损失、圣维南原理对实验结果的影响范围分析、有无可能的更优的实验方案等)。

6.6.5 对径受压圆环设计实验

如果学时允许,让学生自行设计并进行实验,以了解实验的完整过程很有必要。

本实验需要设备:拉压实验装置(图 6.6)或小型的材料试验机、钢圆环一个(图 6.14)、静态应变仪一台(不少于 10 通道)、应变片若干、粘贴工具及胶等。

实验要求:选择合理位置粘贴应变片,加载测试圆环不同截面与不同位置的应力分布,并与理论计算结果对比分析。

设计注意点:必须先进行理论分析计算,确定各截面的内力大小、不同位置的应力大小,选择典型位置贴片;根据主应力方向确定贴片方向,也可沿其他方向贴片,以研究点的应力状态;选择特殊位置贴片,以研究应力集中问题;根据理论计算确定加载载荷大小,原则上不应大于材料屈服载荷(不考虑应力集中而计算得到)的 50%,以免影响下一批学生实验;时间与条件许可时,对测力传感器进行标定。

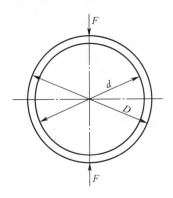

图 6.14 对径受压圆环设计实验

实验结束后,应按 6.5.3 节的要求书写并提交实验报告。

实验用圆环可使用无缝钢管切割加工而成,外径 D 取 160mm 左右较合适。

6.6.6 开口与闭口薄壁管受扭对比实验

开口薄壁与闭口薄壁杆件在受扭时,表现出极大的强度和刚度差异。材料力学中,仅给出了一些近似的结论。通过本实验,可以让学生对材料力学的重要结论有更深刻的认识,同时,让学生深入了解自由扭转与约束扭转的差异。

开口薄壁杆件,材料力学中,仅讨论开口薄壁杆件的自由扭转。真实结构加载时,应注意约束端的设计,使结构受扭时尽量接近自由扭转的受力状态(如使用图 6.15(a)所示夹持件加载,夹持件左、右各使用一个。加工时,夹持件与试样夹持端间应留有必要的配合间隙;试样安装时,试样与夹持件端面应留有3mm以上的轴向间隙,以免加载后产生轴向约束)。在开口薄壁杆件的一端将夹持件焊死进行加载,则可以较好地模拟约束扭转的受力状态(图6.15(b)中的左端夹持件焊死,右端夹持件不焊接)。作为对比实验,闭口薄壁试样应使用同样的截面尺寸。

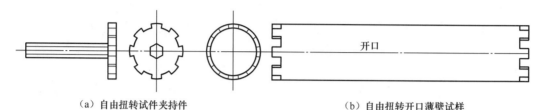

(a)自由扭转试件夹持件　　　　　　　(b)自由扭转开口薄壁试样

图6.15　开口薄壁试样的自由扭转与约束扭转、与闭口薄壁试样的扭转对比实验

扭转实验应在扭转试验机上进行。扭转切应力可以通过粘贴应变片进行测试。

实验要求:对于开口薄壁试样的自由扭转和闭口薄壁杆件的扭转实验,选择一个典型截面,粘贴应变片后进行加载测试。如果实验时间不够,可由实验教师将应变片粘贴好(通常在中间截面粘贴±45°应变花,可在空间相隔180°位置粘贴两片,或在空间相隔90°位置粘贴4片)。对于开口薄壁试样的约束扭转,建议在中间截面和左右1/4位置的两个截面分别粘贴应变花,相对于开口位置,在±45°和±135°位置贴片,进行探索性实验研究。

开口薄壁试样的约束扭转实验,已超出了材料力学实验的基本要求,但作为锻炼学生的实验设计、实验技术、实验研究的能力,是一个理想的实验,可由教师根据学生的具体情况酌情选取。闭口薄壁试样的扭转试验可以省略,使用理论计算的结果进行对比。实验结束后,除提交实验报告外,还可以鼓励学生写出研究论文,供校内交流或在杂志上发表。

6.6.7　光弹性测试实验

光弹性测试作为材料力学的重要测试手段,能够提供应力的全场分布状况,对于了解构件内的应力场分布、研究构件的应力集中等问题,有着重要意义。多数高校配备有光弹性测试仪,具备开设光弹性测试实验的条件。其基本测试原理已在第五章作了详细介绍,可参阅有关章节。

实验目的:

(1)了解光弹性仪器各部分名称和作用,掌握光弹性仪器的使用方法。

(2)观察光弹性模型受力后在偏振光场中的光学效应,加深对典型模型受力后全场应力分布情况的了解。

(3)观察等差线和等倾线,学会判别等差线和等倾线。

实验设备和模型:

(1)光弹性测试仪(PJ20型光弹性测试仪见图6.16)。

(2)光弹性模型梁、圆环、圆盘、有孔拉伸板试件等。

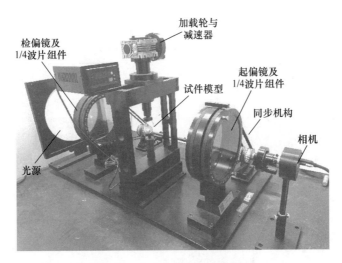

图 6.16 PJ20 型光弹性测试仪

实验内容：

(1) 观察光弹仪各部分，了解其名称和作用。

(2) 布置正交平面偏振光场：开启白光光源，检查两片四分之一波片的位置，若不在零度方位，则分别拔起两片四分之一波片的销子，将波片转至零度方位再放下销子，此时为平面偏振光场。单独旋转检偏镜，观察平面偏振光场的光强变化情况，了解明场与暗场实验环境。

(3) 观察模型在平面偏振光场下的干涉条纹，区分等差线与等倾线：将圆盘模型置于加载架上，将光场调整为暗场，加载 0.5kg（或 1kg）砝码，使模型受压，此时，圆盘中心黑色等倾线应为正交十字线。同步旋转两偏振镜轴，观察等倾线的变化及特点，尤其要注意圆盘边界处等倾线角度值。图 6.17 为不同载荷下白光下平面偏振光场圆盘的光弹图像。

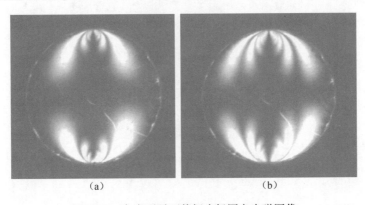

(a)　　　　　　　　　(b)

图 6.17 白光下平面偏振光场圆盘光弹图像

(4) 观察等差线条纹：调整光路为正交圆偏振光场（将两片四分之一波片分别向左、

265

向右旋转45°,暗场),此时等倾线消除,逐级加载,观察等差线图案的变化情况,直至出现4~5级条纹为止。如图6.18(a)所示。

(5)观察明场下的等差线干涉条纹:调整光路为平行圆偏振光场(在正交圆偏振光场中,单独将检偏镜轴旋转90°,使检偏镜轴与起偏镜轴平行),观察等差线图案变化情况(此时观察到的是半数级等差线条纹图案)。如图6.18(b)所示。

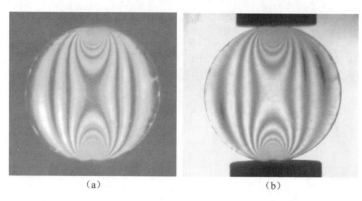

图6.18 单色光下圆偏振光场圆盘的光弹图像

(6)观察单色光下的干涉条纹图:换用单色光源(钠光),重复(4)(5)两步的观察内容。

(7)观察其他模型在单色光下的干涉条纹图,分析条纹特点、条纹级数判定及应力分布。

(8)测定有孔拉伸板试件孔边的应力集中系数。如图6.19所示。

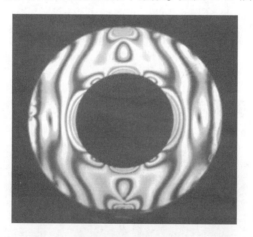

图6.19 单色光下的圆环等差线条纹图

复 习 题

6.1 为什么要进行实验设计?实验设计应遵循哪些原则?

6.2 实验开始前,应做好哪些准备工作?如何进行实验设备的预调?

6.3 什么是实验过程中的异常?为什么要重视实验过程中的异常?如果实验过程中出现了异常,该如何正确处理?

6.4 实验数据处理通常包括哪些内容?如何进行误差分析(或不确定度分析)?

6.5 一份完整的实验报告,应包含哪些基本内容?为什么要包含"实验地点、实验时间、实验人员,实验条件"等内容?

6.6 如果实验经费不够,该如何进行指定要求的实验?

6.7 以设计对径受压圆环实验为例,提出你的实验方案(贴片截面、位置、方向、数量;应变片组桥、测量方案;加载方案;数据处理方案)。实验目的要求:选择几个典型截面,研究截面内力随截面位置的变化规律,验证使用材料力学理论计算的截面内外表面应力的正确性。圆环外径 160mm,内径 150mm,轴向长度 10mm,材料 Q235。

参 考 文 献

[1] 刘鸿文. 材料力学[M]. 6版. 北京:高等教育出版社,2017.
[2] 刘鸿文,吕荣坤. 材料力学实验[M]. 4版. 北京:高等教育出版社,2017.
[3] 张明,李训涛,苏小光. 力学测试技术基础[M]. 2版. 北京:国防工业出版社,2013.
[4] 戴福隆,沈观林,谢惠民. 实验力学[M]. 北京:清华大学出版社,2010.
[5] 刘烈全. 实验应力分析中的电测法[M]. 北京:国防工业出版社,1979.
[6] 吴中岱,陶宝祺. 应变电测原理及技术[M]. 北京:国防工业出版社,1979.
[7] [美]达利·J W,赖利·W F. 实验应力分析[M]. 韩铭宝,邓成光,译. 北京:海洋出版社,1987.
[8] 天津大学材料力学光弹组. 光弹性原理及测试技术[M]. 北京:科学出版社,1978.
[9] 费业泰. 误差理论与数据处理[M]. 5版. 北京:机械工业出版社,2005.
[10] 梁晋文等. 误差理论与数据处理(修订版)[M]. 北京:中国计量出版社,2008.
[11] 董怀武. 误差理论在电磁测量中的应用[M]. 北京:机械工业出版社,1986.
[12] 钟继贵. 误差理论与数据处理[M]. 北京:水利电力出版社,1993.

力学测试技术基础(第3版)实验指导书

李训涛 主编

国防工业出版社
·北京·

目 录

实验一　机械性能实验 ·· 1

    一、实验目的 ·· 1
    二、实验仪器和设备 ··· 1
    三、实验原理和方法 ··· 2
    四、压缩、扭转实验原理和方法 ·· 4
    五、实验结果处理 ·· 4
    六、思考题 ·· 4
  实验数据参考表 ·· 4
  TSE105D 微机控制电子万能材料试验机操作说明 ·· 5

实验二　等强度梁应变测定实验、应变测量组桥实验 ·· 12

    一、实验目的 ·· 12
    二、实验仪器和设备 ··· 12
    三、实验原理和方法 ··· 12
    四、实验内容 ·· 13
    五、实验结果的处理 ··· 15
    六、思考题 ·· 15
  实验数据参考表 ·· 15

实验三　纯弯曲正应力分布规律实验 ·· 17

    一、实验目的 ·· 17
    二、实验仪器和设备 ··· 17
    三、实验原理和方法 ··· 17
    四、实验步骤 ·· 18
    五、实验结果的处理 ··· 19
    六、思考题 ·· 20

| 实验数据参考表 | 20 |

YJ-4501A 静态数字电阻应变仪简要操作说明 ········· 21
    一、面板介绍 ········· 21
    二、操作 ········· 22

实验四　压杆稳定实验 ········· 25
    一、实验目的 ········· 25
    二、实验仪器和设备 ········· 25
    三、实验原理和方法 ········· 25
    四、实验步骤 ········· 28
    五、实验结果处理 ········· 28
    六、讨论 ········· 29

TJ-4501Aa 静态数字电阻应变仪简要操作说明 ········· 29
    一、面板介绍 ········· 29
    二、操作 ········· 30

实验五　光弹性测试方法 ········· 32
    一、实验目的 ········· 32
    二、实验设备和模型 ········· 32
    三、实验原理和方法 ········· 32
    四、实验步骤 ········· 34
    五、实验报告 ········· 34
    六、思考题 ········· 34
    七、注意事项 ········· 35

实验六　薄壁圆管弯扭组合变形测定实验 ········· 36
    一、实验目的 ········· 36
    二、实验仪器和设备 ········· 36
    三、实验原理 ········· 36
    四、实验内容及方法 ········· 37
    五、实验步骤 ········· 38
    六、实验结果的处理 ········· 39
    七、思考题 ········· 39
  实验数据参考表 ········· 39

实验七　电阻应变片粘贴实验 ········· 41
    一、实验目的 ········· 41

二、实验设备和器材 ·· 41

三、实验步骤 ·· 41

实验八　材料弹性常数 E、μ 测定实验 ·· 43

一、实验目的 ·· 43

二、实验仪器和设备 ·· 43

三、实验原理 ·· 43

四、实验步骤 ·· 44

五、实验结果的处理 ·· 44

六、思考题 ·· 44

实验数据参考表 ·· 44

附：材料弹性常数 E、μ 测定实验(详细指导) ·· 45

一、实验目的 ·· 45

二、实验仪器和设备 ·· 45

三、实验原理 ·· 45

四、实验步骤 ·· 46

五、实验结果处理 ·· 46

六、思考题 ·· 47

实验数据参考表 ·· 47

实验九　规定非比例伸长应力 $R_{p0.01}$ 和规定残余伸长应力 $R_{r0.2}$ 测定实验任务书 ······ 48

一、任务 ·· 48

二、实验仪器和设备 ·· 48

三、实验报告 ·· 48

实验十　叠梁、复合梁正应力测定实验任务书 ·· 50

一、任务 ·· 50

二、实验设备和仪器 ·· 50

三、实验报告 ·· 50

实验十一　静不定结构应力、内力测定实验任务书 ·· 52

一、任务 ·· 52

二、实验设备和仪器 ·· 53

三、实验报告 ·· 53

实验十二　槽型截面梁弯心及内力等测定实验任务书 …………………………………… 54

　　一、任务 ……………………………………………………………………………… 54
　　二、实验设备和仪器 ………………………………………………………………… 55
　　三、实验报告 ………………………………………………………………………… 55

实验一　机械性能实验

一、实验目的

1. 测定低碳钢拉伸时的屈服极限 R_{eL}，强度极限 R_m，断后伸长率 $A_{11.3}$ 和断面收缩率 Z；
2. 测定铸铁拉伸时的强度极限 R_m；
3. 观察低碳钢拉伸过程中的各种现象(包括屈服、强化和颈缩等)，并绘出拉伸曲线；
4. 观察并比较低碳钢、铸铁压缩时的变形和破坏现象；
5. 观察并比较低碳钢、铸铁扭转时的变形和破坏现象；
6. 熟悉试验机和其他有关仪器的使用。

二、实验仪器和设备

1. TSE105D 微机控制电子万能材料试验机，如图 1.1 所示；

图 1.1　TSE105D 微机控制电子万能材料试验机

2. SHT4605 电液伺服万能试验机；
3. TST502 微机控制扭转试验机；
4. 游标卡尺及打点机；
5. 拉伸试件、压缩试件、扭转试件。

三、实验原理和方法

1. 拉伸实验原理和方法

本实验是通过拉伸试验来确定低碳钢材料的拉伸力学性能 R_{el}、R_m、$A_{11.3}$、Z 和铸铁材料的拉伸力学性能 R_m。

试验试件采用按国标(GB6397—86)加工成的标准圆截面试件,如图 1.2 所示,取
$$L_0 = 10d_0$$

用 TSE105D 微机控制电子万能材料试验机对试件加载,根据 GB228—2002 对试件进行测定。试验时,利用 CSS-44100 电子万能材料试验机的计算机操作系统,输入有关参数,从计算机显示器上可观察到试件的整个拉伸过程。

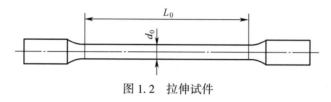

图 1.2 拉伸试件

图中 L_0 ——试件原始标距;
          d_0 ——试件原始直径。

对于低碳钢,有四个阶段(弹性、屈服、强化、颈缩阶段)。屈服阶段($B'-C$)常呈锯齿形,如图 1.3 所示。上屈服点 B' 受变形速度和试件形式等影响较大,而下屈服点 B 则比较稳定,故工程中均以点 B 所对应的载荷作为材料的屈服载荷 F_s,称为下屈服载荷 F_{sl}。过了屈服阶段,继续加载,曲线上升,直至到达点 D,达到最大载荷值 F_m,工程中 F_m 即为强度极限 R_m 所对应的载荷。过了点 D,拉伸曲线开始下降,这时可观察到试件在某一截面附近产生的局部变形,既有颈缩现象,直至 E 点试件断裂。

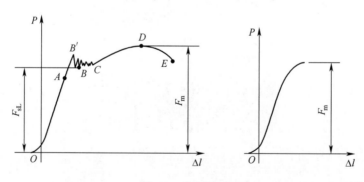

图 1.3 拉伸曲线

对于铸铁,由于拉伸时的塑性变形很小,因此在变形(主要是弹性变形)很小时,就达到了最大载荷,而突然断裂,没有屈服阶段和颈缩现象。断裂时的载荷 F_m 即为强度极限 R_m 所对应的载荷。

根据试验测定的载荷和试件的几何尺寸,根据计算公式：

$$R_{eL} = \frac{F_{eL}}{S_0}$$

$$R_m = \frac{F_m}{S_0}$$

$$A = \frac{L_u - L_0}{L_0} \times 100\%$$

$$Z = \frac{S_0 - S_u}{S_0} \times 100\%$$

就可得到材料拉伸时的力学性能。

用 TSE105D 微机控制电子万能材料试验机进行材料的拉伸性能测定时,不但可以绘出被测材料的拉伸曲线图,根据测得的载荷计算得到 R_{el}、R_m、$A_{11.3}$、Z 指标,同时可以直接输入试件的几何尺寸及有关参数,由计算机计算得到 R_{el}、R_m、$A_{11.3}$、Z。

2. 拉伸实验步骤

1）试件准备

（1）低碳钢试件。

在低碳钢试件长度 L_0 = 100mm 的标距内,用打点机每隔 10mm 打一点,即在长度标距内均匀地分为 10 格,以便观察试件变形沿轴向分布的情况和计算断后伸长率。铸铁试件不需要画圆周线。用游标卡尺在标距两端和中间部位,分别沿互相垂直的两个方向各测量一次直径,并计算这三处的平均值(记录到参考表 1.1),取其最小值作为试件直径 d_0。

（2）铸铁试件。

用游标卡尺在试件两端和中间部位,分别沿互相垂直的两个方向各测量一次直径,并计算这三处的平均值(记录到参考表 1.1),取其最小值作为试件直径 d_0。

分别对低碳钢试件、铸铁试件进行试验。

2）试验机准备

根据 TSE105D 微机控制电子万能材料试验机的试验步骤,打开试验机电源,打开计算机,根据计算机提示(见 TSE105D 微机控制电子万能材料试验机操作说明),输入有关参数,系统进入试验状态。

3）安装试件

先将试件装夹在上夹头中,然后操作手动盒移动横梁至合适位置,软件载荷清零,把试件下端夹持在下夹头中。

4）进行实验

根据计算机提示(或根据计算机操作详细说明)进行试验,直至试件拉断,系统退出试验状态。对于低碳钢试件则进行下一步;对于铸铁试件则根据计算机提示打印拉伸曲线图和试验结果。

5）低碳钢试件断后标距测量和断口直径测量(铸铁试件没有这一步)。

(1) 测量断后标距。将被拉断试件的两段断口对齐并靠紧,如果断口到邻近标距点的距离大于 $1/3L_0$,则用游标卡尺直接测量断后的标距长度,此长度即为 L_u。若断口到邻近标距点的距离小于 $1/3L_0$,则需进行断口移中计算,计算所得长度即为断后标距 L_u。

(2) 测量断口直径。

在断口处(即颈缩最细处)沿互相垂直方向各测量一次直径,取其平均直径 d_u。将试件拼接后,L_u、d_u 根据计算机提示输入。根据计算机提示打印出低碳钢的拉伸曲线图和试验结果。

四、压缩、扭转实验原理和方法

本次实验对压缩和扭转实验的要求是观察其变形过程和破坏现象,并分析引起破坏的原因,因此实验原理和方法不在此详叙。

五、实验结果处理

1. 以表格形式处理实验结果,计算低碳钢材料的拉伸力学性能 R_{el}、R_m、$A_{11.3}$、Z 和铸铁材料的拉伸力学性能 R_m。
2. 绘出低碳钢材料和铸铁材料拉伸、压缩、扭转破坏断口简图。
3. 附电子万能材料试验机拉伸曲线图。

附实验数据记录和结果处理参考表。

六、思考题

1. 测定材料的力学性能为什么要用标准试件?
2. 材料拉伸时有哪些力学性能指标?
3. 测定断后伸长率 $A_{11.3}$ 时,若断面邻近标距点的距离小于或等于 $1/3L_0$ 时,应如何处理?
4. 试述低碳钢、铸铁拉伸、压缩、扭转时,主要是由哪些应力引起破坏的,为什么?
5. 规定微量塑性伸长应力指标 R_p、R_r、R_t 是在受力还是在卸力的情况下测定的?$R_{p0.2}$ 和 $R_{r0.2}$ 有何区别?(此题实验力学与力测学生必做)。

实验数据参考表

表 1.1　试件原始尺寸

材　料	标距 L_0 /mm	直径 d_0/mm								平均横截面面积 S_0 /mm
		截面Ⅰ			截面Ⅱ			截面Ⅲ			
		1	2	平均	1	2	平均	1	2	平均	
低碳钢											
铸铁	/										

表1.2 实验数据

材料	屈伏载荷/N	最大载荷/N	拉断后标距/mm	颈缩处直径/mm			颈缩处横截面面积/mm²
				1	2	平均	
低碳钢							
铸铁			/	/			/

表1.3 试验结果

材料	强度指标		塑性指标		断口形状
	$R_{el}/(MN/m^2)$	$R_m/(MN/m^2)$	$A/\%$	$Z/\%$	
低碳钢					
铸铁		/	/	/	

TSE105D 微机控制电子万能材料试验机操作说明

TSE105D 微机控制电子万能材料试验机及配套的计算机、打印机如图 1.4 所示。

TSE105D 微机控制电子万能材料试验机由施力部分、试件装夹部分、测力部分三部分组成,施力部分包括驱动电机、传动机构,试件装夹部分包括活动横梁、上、下夹具,测力部分包括力传感器、力采集卡。

图 1.4

试验机操作过程如下:

1. 检查试验机急停按钮有无按下,按下请顺时针旋出(此为机器紧急停机按钮,出现紧急情况按下后机器停止),然后打开试验机右侧 开关置于 ON 上,显示灯亮起。

2. 打开计算机,双击桌面上 图标,接着显示电子万能材料试验机试验程序(TestPilot_EDU)(图1.5)。

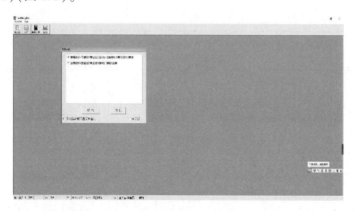

图 1.5

3. 选择所做实验类别,然后单击联机按钮(图1.6)。

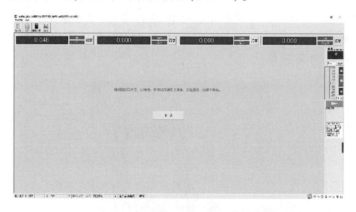

图 1.6

4. 单击联机按钮,等待计算机与试验机通信连接,当联机成功后,可以看到力值位移等信息并提示"测量试样尺寸,画标距,并将试样安装在上夹头,力值清零,再安装下架头"。

注意:该提示中的测量尺寸、画标距一般在操作试验机前均已做好,在此,只需要安装试件。

5. 试件安装(图1.7、图1.8)。

首先将试件的夹持部分放入上夹具中(试件夹持部分与上夹具下端面平齐),根据上夹具提示方向旋紧(箭头方向);然后将下夹具旋松到夹持开口为最大状态,通过操作调节器,移动活动横梁至装夹试件的合适位置(试件夹持部分完全进入下夹具,即试件夹持部分与下夹具上端面平齐),根据下夹具提示方向旋紧(箭头方向),试件安装完毕;

图 1.7

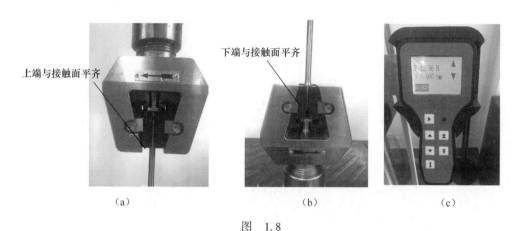

图 1.8

(1) 手动调节器:调节器操作活动横梁的上、下移动等;

(2) ⬆ ——快速上行键;

(3) ⬇ ——快速上行键;

(4) ▲ ——上行微调键;

(5) ▼ ——下行微调键;

(6) ■ ——停止键;

(7) ▶ ——开始测试键;

(8) I ——试样保护键(在加载状态下如需拆掉试样,按下此键机器会自动卸载,载荷到零后可取下试样)。

快速上行键、下行键可以快速移动活动横梁(上行或下行),松掉后停止,上行微调键与下行微调键可以慢速移动活动横梁(上行或下行)。

注意:当移动横梁时注意观察横梁移动过程中试件或夹头请勿接触到任何物体,以免发生安全事故。

6. 单击下一步按钮,会弹出试验条件设置向导(图1.9)。
1) 单击下一步
(1) 学号:建议不同实验使用不同学号作为文件名称;
(2) 标距:填入试样的实际标距;
(3) 直径:填入试样的三个截面的平均直径;
(4) 试样形状:棒材;
(5) 实验类型:拉伸(不可改);
(6) 实验空间:下空间(不可改);

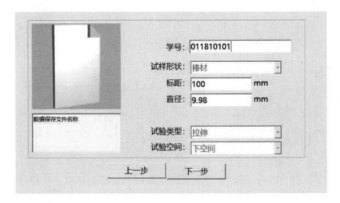

图 1.9

2) 单击下一步(图1.10)
(1) 控制方式:位移控制(不可改);
(2) 输入试验速度:低碳钢7mm/min,铸铁4mm/min。

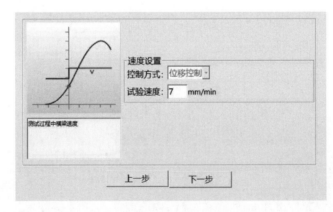

图 1.10

3) 单击下一步(图1.11)
(1) 选择计算项目:把所需计算的项目从左边添加到右边。

(2)选择:低碳钢选择上屈服强度、下屈服强度、最大力、抗拉强度、断后伸长率、断面收缩率,铸铁选择最大力、抗拉强度。

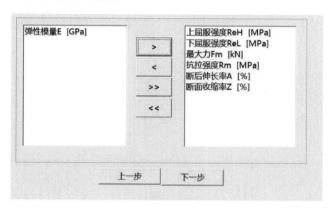

图 1.11

4)单击下一步(图 1.12)

设置打印报告上的内容。

(1)报告标题:输入本试验的名称,如低碳钢拉伸试验或铸铁拉伸试验;

(2)专业、班级、组号、姓名,试样材料等如实填写。

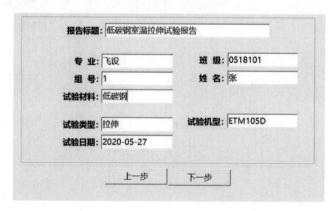

图 1.12

5)单击下一步(图 1.13)

检验所填信息是否完整,如有标记×需要返回更改,全部通过后方可继续实验。

6)单击下一步

试验条件设置向导全部完成,单击完成,退出向导,进入试验状态。

注意:试验条件设置与试件安装可同步进行。

此时,只要单击右侧试验键 ▶ ,或者操作手柄上的试验开始键 ▶ 开始试验,

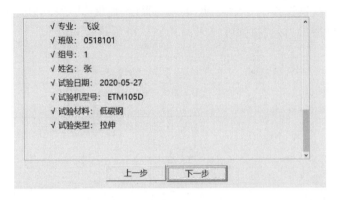

图 1.13

试验过程中若出现问题,可随时单击停止键■,或操作手柄上停止键■终止实验(图1.14)。

试验开始后界面如图 1.14 所示。

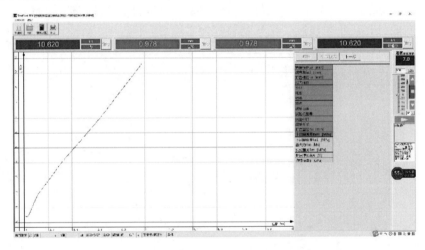

图 1.14

试件拉断后根据试验项目的不同,会有不同的提示,若为低碳钢材料,试验项目中有断后伸长率、断面收缩率,则后面会有输入断后长度、断面直径的提示,只要将试验拉断的试件,按规定测量其断后的长度和断面的直径,输入即可,输入的单位是"mm"(图1.15)。

试验结束,根据试验项目的不同,显示试验结果数据(图1.16)。

试验结束后界面,单击左上角 ,继续下一个试验。

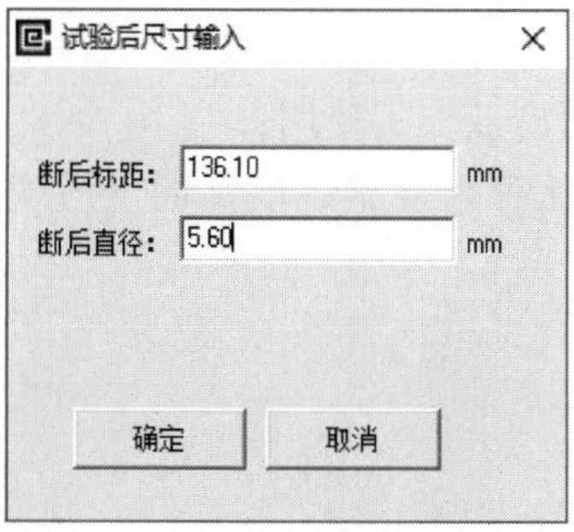

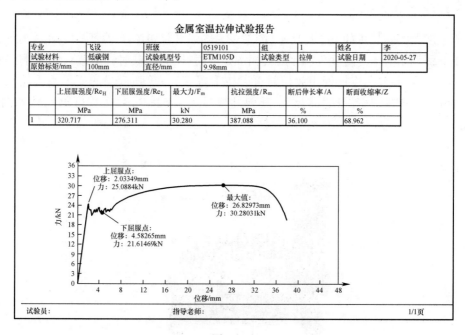

图 1.15

图 1.16

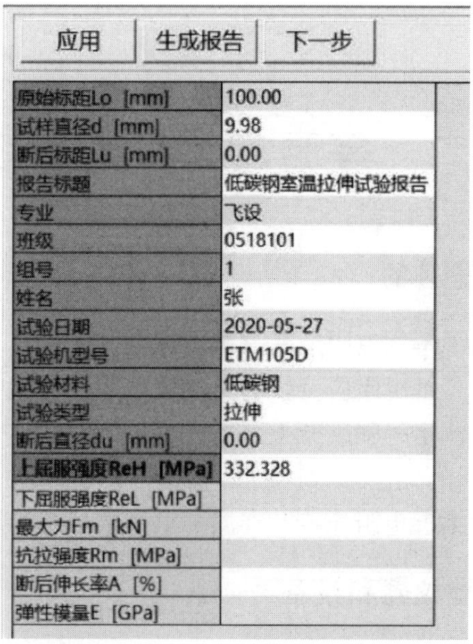

需要打印试验曲线和试验结果数据，只要从结果上方的生成报告即可看到报告，单击打印即可打出数据报告（图 1.17）。

金属室温拉伸试验报告

专业	飞设	班级	0519101	组	1	姓名	李
试验材料	低碳钢	试验机型号	ETM105D	试验类型	拉伸	试验日期	2020-05-27
原始标矩/mm	100mm	直径/mm	9.98mm				

	上屈服强度/Re_H	下屈服强度/Re_L	最大力/F_m	抗拉强度/R_m	断后伸长率/A	断面收缩率/Z
	MPa	MPa	kN	MPa	%	%
1	320.717	276.311	30.280	387.088	36.100	68.962

试验员： 指导老师： 1/1页

图 1.17

实验二　等强度梁应变测定实验、应变测量组桥实验

一、实验目的

1. 了解用电阻应变片测量应变的原理；
2. 了解电阻应变仪的工作原理，掌握本型号电阻应变仪的使用；
3. 测定等强度梁上已粘贴应变片处的应变，验证等强度梁各横截面上应变（应力）相等；
4. 掌握电阻应变片在测量电桥中的各种组桥方式。

二、实验仪器和设备

1. YJ-4501A 静态数字电阻应变仪；
2. 等强度梁实验装置 1 台；
3. 温度补偿块 1 块。

三、实验原理和方法

等强度梁实验装置如图 2.1 所示，图中 1 为等强度梁座体，2 为等强度梁，3 为等强度梁上下表面粘贴的 4 片应变片，4 为加载手轮（逆时针加载，顺时针卸载），5 为力传感器，6 为力仪表（置零键在连杆处于放松时可以按下置零）。等强度梁的变形由手轮加载产生。等强度梁材料为高强度铝合金，其弹性模量 $E = 72\text{GPa}$。等强度梁尺寸如图 2.2 所示。

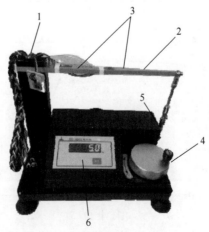

图 2.1　等强度梁实验装置

在图 2.3 的测量电桥中,若在四个桥臂上接入规格相同的电阻应变片,它们的电阻值为 R,灵敏系数为 K。当构件变形后,各桥臂电阻的变化分别为 ΔR_1、ΔR_2、ΔR_3、ΔR_4 它们所感受的应变相应为 ε_1、ε_2、ε_3、ε_4,则 BD 端的输出电压为

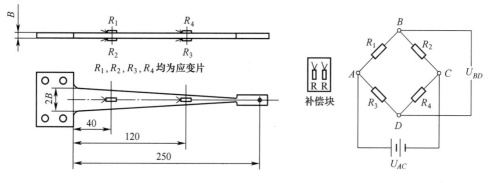

图 2.2　等强度梁尺寸　　　　　　　　图 2.3　测量电桥

$$U_{BD} = \frac{U_{AC}}{4}\left(\frac{\Delta R_1}{R} - \frac{\Delta R_2}{R} - \frac{\Delta R_3}{R} + \frac{\Delta R_4}{R}\right)$$

$$= \frac{U_{AC}K}{4}(\varepsilon_1 - \varepsilon_2 - \varepsilon_3 + \varepsilon_4)$$

$$= \frac{U_{AC}K}{4}\varepsilon_d$$

由此可得应变仪的读数应变为

$$\varepsilon_d = \varepsilon_1 - \varepsilon_2 - \varepsilon_3 + \varepsilon_4$$

在实验中采用了 6 种不同的桥路接线方法,等强度梁上应变测定已包含在其中。桥路接线方法实验其读数应变与被测点应变间的关系均可按上式进行分析。

四、实验内容

1. 单臂(多点)半桥测量

(1) 采用半桥接线法。将等强度梁上 4 片应变片分别接在应变仪背面 1~4 通道的接线柱 A、B 上,补偿块上的应变片接在接线柱 B、C 上(图 2.4),应变仪具体使用见应变仪使用说明。

(2) 载荷为 5.0N 时,按顺序将应变仪每个通道的初始显示置零,然后按每级 10.0N 逐级加载至 55.0N,记录各级载荷作用下的读数应变。

2. 双臂半桥测量

采用半桥接线法。取等强度梁上、下表面各一片应变片,在应变仪上选一通道,按图 2.5(a)接至接线柱 A、B 和 B、C 上,然后进行实验,实验步骤同实验内容 1 的第(2)步。

3. 相对两臂全桥测量

采用全桥接线法。取等强度梁上表面(或下表面)两片应变片,在应变仪上选一通

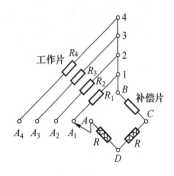 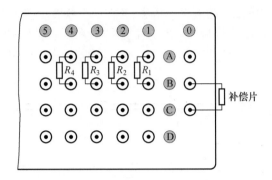

(a) 电桥多点接线原理　　　　　　(b) 应变仪上多点测量接法

图 2.4　单臂半桥接线图

道,按图 2.5(b)接至接线柱 A、B 和 C、D 上,再把两个补偿应变片接到 B、C 和 A、D 上,然后进行实验,实验步骤同实验内容 1 的第(2)步。

4. 四臂全桥测量

采用全桥接线法。取等强度梁上的四片应变片,在应变仪上选一通道按图 2.5(c)接至接线柱 A、B、C、D 上,然后进行实验,实验步骤同实验内容 1 的第(2)步。

5. 串联双臂半桥测量

采用半桥接线法。取等强度梁上四片应变片,在应变仪上选一通道,按图 2.5(d)串联后接至接线柱 A、B 和 B、C 上,然后进行实验,实验步骤同实验内容 1 的第(2)步。

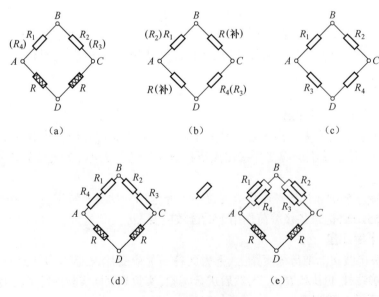

图 2.5　各电桥接线图

注意：两应变片之间的串接点可利用非测量通道的 A、C、D 接线柱作为转接点。B 不能用作转接点(为什么,请思考)。

6. 并联双臂半桥测量

采用半桥接线法。取等强度梁上 4 片应变片,在应变仪上选一通道,按图 2.5(e)并联后接至接线柱 A、B 和 B、C 上,然后进行实验,实验步骤同实验内容 1 的第(2)步。

五、实验结果的处理

1. 计算出以上各种测量方法下,ΔP 所引起的应变的平均值 $\Delta\varepsilon_{d均}$,并计算它们与理论应变值的相对误差。
2. 比较各种测量方法下的测量灵敏度。
3. 比较单臂多点测量实验值,理论上等强度梁各横截面上应变(应力)应相等。

附实验数据记录和结果处理参考表

六、思考题

1. 分析各种组桥方式中温度补偿的实现方法。
2. 采用串联或并联组桥方式,能否提高测量灵敏度?为什么?
3. 当应变片灵敏系数与应变仪灵敏系数一致时,将粘贴在被测件上的应变片组成单臂半桥测量电路,被测件受力后,应变仪读到的应变是否是被测件表面的应变?
4. 电桥测量灵敏度是否指用应变片组成的测量电桥所感受被测件上应变的灵敏程度?

实验数据参考表

表 2.1

载荷	测量方法	单臂多点半桥测量							
		R_1		R_2		R_3		R_4	
F/N	$\Delta F/N$	$\varepsilon/\mu\varepsilon$	$\Delta\varepsilon/\mu\varepsilon$	$\varepsilon/\mu\varepsilon$	$\Delta\varepsilon/\mu\varepsilon$	$\varepsilon/\mu\varepsilon$	$\Delta\varepsilon/\mu\varepsilon$	$\varepsilon/\mu\varepsilon$	$\Delta\varepsilon/\mu\varepsilon$
$\Delta\varepsilon_{d均}/\mu\varepsilon$									

表 2.2

载荷		测量方法 双臂半桥测量		对臂全桥测量		四臂全桥测量		串联双臂半桥测量		并联双臂半桥测量
F/N	$\Delta F/N$	$\varepsilon/\mu\varepsilon$	$\Delta\varepsilon/\mu\varepsilon$	$\varepsilon/\mu\varepsilon$	$\Delta\varepsilon/\mu\varepsilon$	$\varepsilon/\mu\varepsilon$	$\Delta\varepsilon/\mu\varepsilon$	$\varepsilon/\mu\varepsilon$	$\Delta\varepsilon/\mu\varepsilon$	
$\Delta\varepsilon_{d均}/\mu\varepsilon$										

表 2.3

测量方法	读数应变值 /$\mu\varepsilon$	实验应变值 /$\mu\varepsilon$	理论应变值 /$\mu\varepsilon$	相对误差	电桥测量灵敏度（近似倍数）
单臂半桥测量					
双臂半桥测量					
对臂全桥测量					
四臂全桥测量					
串联双臂半桥测量					
并联双臂半桥测量					

* 单臂半桥读数应变值用四个应变片的平均应变值；

* 表2-3中：理论应变值指等强度梁表面测点理论计算应变值；

实验应变值指实验测得的应变值；

电桥测量灵敏度指读数应变值与实验应变值的比值；

相对误差 = $\dfrac{实验应变值 - 理论应变值}{理论应变值} \times 100\%$

实验三　纯弯曲正应力分布规律实验

一、实验目的

1. 用电测法测定梁纯弯曲时沿其横截面高度的正应变(正应力)分布规律；
2. 验证纯弯曲梁的正应力计算公式；
3. 掌握本型号电阻应变仪的使用。

二、实验仪器和设备

1. 弯曲梁实验装置1台；
2. YJ-4501A 静态数字应变仪；
3. 温度补偿块1块。

三、实验原理和方法

弯曲梁实验装置如图3.1所示，它由弯曲梁1、定位板2、支座3、试验机架4、加载系统5、两端带万向接头的加载杆6、加载压头(包括钢珠)7、加载横梁8、载荷传感器9和测力仪10等组成。弯曲梁的材料为钢，其弹性模量 $E=210\text{GPa}$，泊松比 $\mu=0.28$。旋转手轮，则梁的中间段承受纯弯曲。

图 3.1　纯弯曲梁实验装置

根据平面假设和纵向纤维间无挤压的假设,可得到纯弯曲正应力计算公式为

$$\sigma = \frac{M}{I_z} y$$

式中　M——弯矩;

　　　I_z——横截面对中性轴的惯性矩;

　　　y——所求应力点至中性轴的距离。

由上式可知,沿横截面高度正应力按线性规律变化。

实验时,通过旋转手轮,带动蜗轮丝杆运动而改变纯弯曲梁上的受力大小。该装置的加载系统可对纯弯曲梁连续加、卸载,纯弯曲梁上受力的大小通过拉压传感器由测力仪直接显示。当增加力 ΔF 时,通过两根加载杆,使得距梁两端支座各为 c 处分别增加作用力 $\frac{\Delta F}{2}$,如图 3.2 所示。

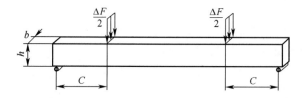

图 3.2　纯弯曲梁

在梁的纯弯曲段内,沿梁的横截面高度已粘贴一组应变片 1~7 号,应变片粘贴位置如图 3.3 所示。另外,8 号应变片粘贴在梁的下表面与 7 号应变片垂直的方向上(在梁的背面相同的位置另有一组应变片 1*~8*)。当梁受载后,可由应变仪测得每片应变片的应变,即得到实测的沿梁横截面高度的应变分布规律,由单向应力状态下的虎克定律公式 $\sigma = E\varepsilon$,可求出实验应力值。实验应力值与理论应力值进行比较,以验证纯弯曲梁的正应力计算公式。若实验测得应变片 7 号和 8 号的应变 ε_7 和 ε_8 满足 $\left|\frac{\varepsilon_8}{\varepsilon_7}\right| \approx \mu$ 则证明梁弯曲时近似为单向状态,梁的纵向纤维间无挤压的假设成立。

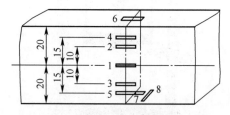

图 3.3　纯弯曲梁应变片粘贴位置

四、实验步骤

注意:本装置同时供给两组同学实验:一组用 1~8 号应变片;另一组用 1*~8* 应变

片;实验加载时请两组同学协调好。

1. 纯弯曲梁有关尺寸:弯曲梁截面宽度 $b=20\text{mm}$,高度 $h=40\text{mm}$,载荷作用点到梁支点距离 $c=150\text{mm}$。

2. 接通测力仪电源,将测力仪开关置开。

3. 本实验采用公共接线法,即梁上应变片已按公共线接法引出 9 根导线,其中一根特殊颜色导线为公共线,如图 3.4 所示。将应变片公共引线接至应变仪 B 点的任意通道上,其他按相应序号接至 A 点各通道上;公共补偿片接在应变仪指定的 B、C 补偿片接线柱上。YJ-4501A 静态电阻应变仪操作见简要操作说明。

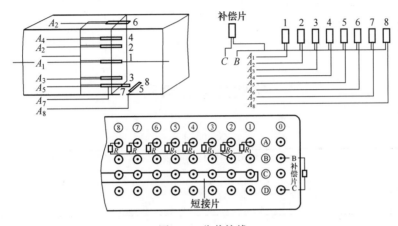

图 3.4　公共接线

4. 实验。

(1) 本实验取初始载荷 $F_0 = 0.5\text{kN}(500\text{N})$,$F_{\max} = 4.5\text{kN}(4500\text{N})$,$\Delta F = 1\text{kN}(1000\text{N})$,共分四次加载;

(2) 加初始载荷 0.5kN(500N)后,按顺序将应变仪每个测量通道的初始应变值置零(指在 0.5kN 初始载荷下,对每个测量桥都置零);

(3) 逐级加载,记录各级载荷作用下各测量通道的读数应变。

五、实验结果的处理

1. 根据实验数据计算各点增量的平均应变,求出各点的实验应力值,并计算出各点的理论应力值;计算实验应力值与理论应力值的相对误差。

2. 同一比例分别画出各点应力的实验值和理论值沿横截面高度的分布曲线,将两者进行比较,如果两者接近,说明纯弯曲梁的正应力计算公式成立。

3. 计算 $\dfrac{\varepsilon_8}{\varepsilon_7}$ 值,若 $\dfrac{\varepsilon_8}{\varepsilon_7} \approx \mu$,则说明梁的纯弯曲段内为单向应力状态。

实验数据记录和计算可参考表 3.1~表 3.3。

六、思考题

1. 比较应变片 6 和 7(或应变片 4 和 5)的应变值,可得到什么结论?
2. 应变片测量的应变是:(1) 应变片栅长中心处的应变?
    (2) 应变片栅长长度内的平均应变?
    (3) 应变片栅长两端点处的平均应变?
3. 实验中对应变片的栅长尺寸有无要求?为什么?
4. 应变片的灵敏系数 K 为 2.24,应变仪的灵敏系数 $K_{仪}$ 为 2.12,已知读数应变分别为 $290\mu\varepsilon$,$218\mu\varepsilon$,$145\mu\varepsilon$,问实测应变为多少?
5. 是否能通过加长或增加应变片敏感栅线数的方法改变应变片的电阻值来改变应变片的灵敏系数?为什么?

实验数据参考表

表 3.1

1~7号应变片至中性层的距离/mm						
y_1	y_2	y_3	y_4	y_5	y_6	y_6

表 3.2

载荷		应变片序号														
		1		2		3		4		5		6		7		8	
F/kN	ΔF/kN	ε/$\mu\varepsilon$	$\Delta\varepsilon$/$\mu\varepsilon$	ε/$\mu\varepsilon$	$\Delta\varepsilon$/$\mu\varepsilon$	ε/$\mu\varepsilon$	$\Delta\varepsilon$/$\mu\varepsilon$	ε/$\mu\varepsilon$	$\Delta\varepsilon$/$\mu\varepsilon$	ε/$\mu\varepsilon$	$\Delta\varepsilon$/$\mu\varepsilon$	ε/$\mu\varepsilon$	$\Delta\varepsilon$/$\mu\varepsilon$	ε/$\mu\varepsilon$	$\Delta\varepsilon$/$\mu\varepsilon$	ε/$\mu\varepsilon$	$\Delta\varepsilon$/$\mu\varepsilon$
$\Delta\varepsilon_{均}$/$\mu\varepsilon$																	

表 3.3

应变片号	1	2	3	4	5	6	7
实验应力值/(MN/m^2)							
理论应力值/(MN/m^2)							
误差/%							

YJ-4501A 静态数字电阻应变仪简要操作说明

一、面板介绍

应变仪面板如图 3.5 所示。

图 3.5 应变仪面板

1. 上显示窗   显示测量值(或校准值)$\mu\varepsilon$(微应变)。
2. 左下显示窗   显示测量通道,00—99,本机 00—12,00 为校准通道。
3. 右下显示窗   显示灵敏系数 K 值。
4. k   灵敏系数设定键,并伴有指示灯。
5. 校准   校准键,并伴有指示灯。
6. 半桥   半桥工作键,并伴有指示灯。
7. 全桥   全桥工作键,并伴有指示灯。
8. 手动   手动测量键,并伴有指示灯。
9. 自动   自动测量键,并伴有指示灯。
10. ▲ ▼   上行、下行键。
11. 置零   置零键。
12. F   功能键。
13. 0 ~ 9   数字键。

二、操作

打开应变仪背面的电源开关,上显示窗显示提示符 nH-JH,且半桥键、手动键指示灯均亮。按数字键 01(或按任意测量通道序号均可,按功能键无效或会出错),应变仪进入半桥、手动测量状态,左下显示窗显示 01 通道(或显示所按的通道序号),右下显示窗显示上次关机时的灵敏系数(若出现的是字母和数字,则按灵敏系数 K 设定操作),上显示窗显示所按通道上的测量电桥的初始值(未接测量电桥,显示的是-----或 OPen)。

1. 灵敏系数 K 设定

在手动测量状态下,按 K 键,K 键指示灯亮,灵敏系数显示窗(右下显示窗)无显示,应变仪进入灵敏系数设定状态。通过数字键键入所需的灵敏系数值后,K 键指示灯自动熄灭,灵敏系数设定完毕,返回到手动测量状态;若不需要重新设定 K 值,则再按 K 键,K 键的指示灯熄灭,返回到手动测量状态,灵敏系数显示窗仍显示原来的 K 值。K 值设定范围 1.00~2.99。

2. 全桥、半桥选择

应变仪开机后,自然进入半桥测量状态,半桥键指示灯亮,处于半桥工作状态;按全桥键,全桥键指示灯亮时,处于全桥工作状态。根据测量要求,选择半桥、全桥测量状态。

3. 电桥接线法

应变仪面板后部如图 3.6 所示,有 0~12 个通道的接线柱,0 通道为主通道,其余为测量通道。

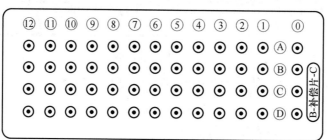

图 3.6 应变仪后面板

(1)半桥接线法。

半桥测量时有两种接线方法,分别为单臂半桥接线法和双臂半桥接线法。多点测量时常用单臂半桥接线法,并且采用一个补偿片补偿多个工作片,称为公共补偿接线法,此时,加短接片,如图 3.7(a)所示,若工作片已按公共接法连接,则按图 3.7(b)接线。各测量通道的 C 接线柱用短接片短接(试验前检查 C 接线柱是否旋紧,与短接片短接是否可靠)。补偿片可按图接线,接在固定的补偿片位置,也可接在任意测量通道的 B、C 接线柱上。双臂半桥接线法,如图 3.7(c)所示。

(2)全桥接线法。

全桥接线法是在 AB、BC、CD、DA 桥臂上均接应变片,卸去的短接片可以全是工作片,也可以是工作片和补偿片的组合。

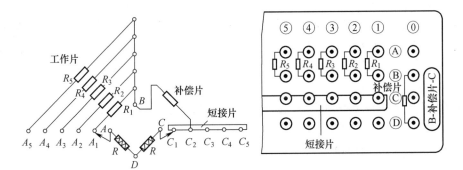

（a）公共补偿接线法

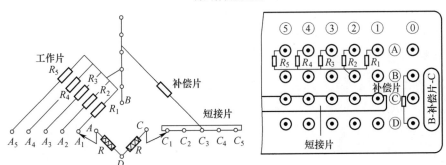

（b）公共接线法

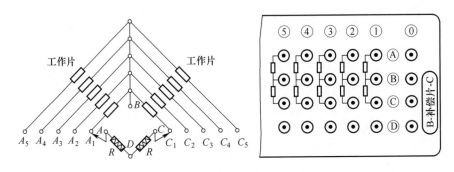

（c）双臂半桥共接线法

图 3.7　电桥接线法
──▨▨▨── R 为应变仪内部电阻

4. 测量

测量电桥接好以后，根据接桥方式选择好半桥或全桥测量状态，就可以进行测量了。应变仪测量分手动测量和自动测量。

23

（1）手动测量。

应变仪开机后,自然进入半桥和手动测量状态,若进行半桥、手动测量,则可以用置零键对各通道分别置零,(置零可反复进行),各通道置零后即可按试验要求进行试验测试。测量通道切换可直接用数字键键入所需通道号(01~12之间),也可以通过上行、下行键按顺序切换。若进行全桥、手动测量,只需按全桥工作键,全桥指示灯亮,这样就可以进行全桥、手动测量了。

注意：纯弯曲正应力分布实验,在半桥、手动测量状态下进行测试。

（2）自动测量。

详见 YJ-4501A 使用说明。

实验四　压杆稳定实验

一、实验目的

1. 观察并用电测法确定两端铰支和一端铰支,一端固支约束条件下细长压杆的临界力 F_{cr};
2. 理论计算上述两种约束条件下细长压杆的临界力 F_{cr} 并与实验测试值进行比较。

二、实验仪器和设备

1. 拉压实验装置 1 台;
2. 矩形截面压杆 1 根(已粘贴应变片);
3. YJ-4501A 静态数字电阻应变仪 1 台。

三、实验原理和方法

拉压实验装置如图 4.1(a)所示,它由座体 1,蜗轮加载系统 2,支承框架 3,活动横梁

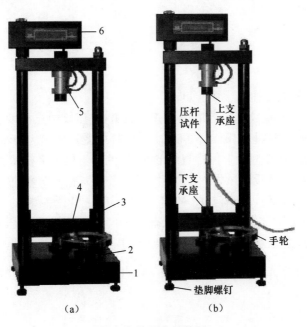

图 4.1　拉压实验装置

4,传感器 5 和测力仪 6 等组成。通过手轮调节传感器和活动横梁中间的距离,将已粘贴好应变片的矩形截面压杆安装在传感器和活动横梁的中间,如图 4.1(b)所示,压杆上下两端可变换支承形式。压杆尺寸为:厚度 $h=3\text{mm}$,宽度 $b=18\text{mm}$,长度 $l=350\text{mm}$,如图 4.2(a)所示,材料为 65Mn,弹性模量 $E=210\text{GPa}$。

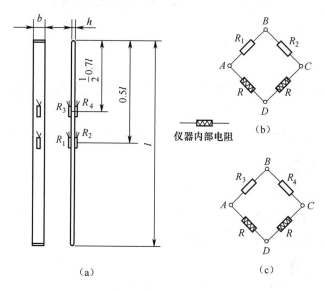

图 4.2 压杆及测量

对于两端铰支的中心受压的细长杆,其临界压力为

$$F_{cr} = \frac{\pi^2 E I_{min}}{l^2}$$

式中 l——压杆长度;

I_{min}——压杆截面的最小惯性矩。

假设理想压杆(两端铰支),若以压力 F 为纵坐标,压杆中点挠度 δ 为横坐标,按小挠度理论绘出的 $F\text{-}\delta$ 曲线图,如图 4.3 所示。当压杆所受压力 F 小于试件的临界压力 F_{cr} 时,中心受压的细长杆在理论上保持直线形状,杆件处于稳定平衡状态,在 $F\text{-}\delta$ 曲线图中即为 OC 段直线;当压杆所受压力 $F \geqq F_{cr}$ 时,杆件因丧失稳定而弯曲,在 $F\text{-}\delta$ 曲线图中即为 CD 段直线。由于试件可能有初曲率,压力可能偏心,以及材料的不均匀等因素,实际的压杆不可能完全符合中心受压的理想状态。在实验过程中,即使压力很小时,杆件也会发生微小弯曲,中点挠度随压力的增加而增大。若令压杆轴线为 x 坐标,压杆下端点为坐标轴原点,如图 4.4 所示,则在 $x=\frac{l}{2}$ 处,横截面上的内力有压力 F 和弯矩 $M_{x=\frac{l}{2}}=F\delta$,横截面上的应力为

$$\sigma = -\frac{F}{A} \pm \frac{M \cdot y}{I_{min}}$$

在 $x=l/2$ 处沿压杆轴向已粘贴两片应变片 R_1、R_2，按图 4.2(b)所示半桥测量电路接至应变仪上，可消除由轴向力产生的应变。此时，应变仪测得的应变只是由弯矩 M 引起的应变，应变仪读数应变是弯矩 M 引起应变的 2 倍，即

$$\varepsilon_M = \frac{\varepsilon_d}{2}$$

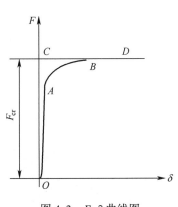

图 4.3 F-δ 曲线图

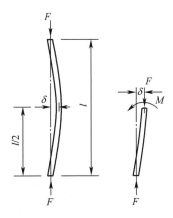

图 4.4 两端铰支压杆

由此可得测点处弯曲正应力

$$\sigma = \frac{M\frac{h}{2}}{I_{\min}} = \frac{F\delta\frac{h}{2}}{I_{\min}} = E\varepsilon_M = E\frac{\varepsilon_d}{2}$$

并可导出 $x=\dfrac{l}{2}$ 处压杆挠度 f 与应变仪读数应变之间的关系式

$$\varepsilon_d = \frac{Fh}{EI_{\min}}\delta, \quad \delta = \frac{EI_{\min}}{Fh}\varepsilon_d$$

由上式可见，在一定的力 F 作用下，应变仪读数应变 ε_d 的大小反映了压杆挠度 δ 的大小，可将图 4.3 中的挠度 δ 横坐标用读数应变 ε_d 来替代，绘制出 F-ε_d 曲线图。当 F 远小于 F_{cr} 时，随着力 F 增加，δ 几乎不变，因此应变 ε_d 很小，有增加，也极为缓慢（OA 段）；而当力 F 趋近于临界力 F_{cr} 时，δ 变化很快，应变 ε_d 随之急剧增加（AB 段）。曲线 AB 是以直线 CD 为渐近线的，因此，可以根据渐近线 CD 的位置来确定临界力 F_{cr}。

对于一端固定，一端铰支的中心受压的细长杆，其临界压力为

$$F_{cr} = \frac{\pi^2 EI_{\min}}{(0.7l)^2}$$

一端固定，一端铰支的压杆，在一定的 F 力作用下，如图 4.5 所示，C 点离固定端 $0.3l$，其弯矩接近于零，C 点可看成铰支约束。这样在离铰支端 $0.7l$ 的中间截面上（即 $0.35l$ 处），其变化规律与两端铰支约束时，$x=l/2$ 处的变化相同。在该截面也粘贴两片

应变片,组成图 4.2(c)所示半桥测量电路接至应变仪,当 F 远小于 F_{cr} 时,随力 F 增加应变 ε_d 也增加,但增加的极为缓慢(OA 段);而当力 F 趋近于临界力 F_{cr} 时,应变 ε_d 急剧增加(AB 段),曲线 AB 是以直线 CD 为渐近线的,因此,可以根据渐近线 CD 的位置来确定一端固定,一端铰支压杆的临界力 F_{cr}。

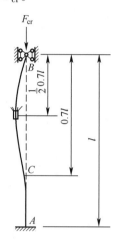

图 4.5 一端固支一端铰支压杆

四、实验步骤

1. 两端铰支撑

(1) 将压杆两端安装铰支撑;

(2) 接通测力仪电源,将测力仪开关置开;

(3) 按图 4.2(b)所示,半桥测量电路将应变片导线接至应变仪;

(4) 在力 F 为零时将应变仪测量通道置零;

(5) 旋转手轮对压杆施加载荷,要求分级加载荷,并记录 F 值和 ε_d 值,在 F 远小于 F_{cr} 段,分级可粗些,当接近 F_{cr} 时,分级要细,直至压杆有明显弯曲变形,轴向应变不超过 $1200\mu\varepsilon$。

2. 一端固定支撑,一端铰支撑

(1) 将压杆一端安装铰支撑,另一端安装固定支撑;

(2) 按图 4.2(c)所示半桥测量电路将应变片导线接至应变仪;

(3) 在力 F 为零时将应变仪测量通道置零;

(4) 旋转手轮对压杆施加载荷,要求分级加载荷,并记录 F 值和 ε_d 值,在 F 远小于 F_{cr} 段,分级可粗些,当接近 F_{cr} 时,分级要细,直至压杆有明显弯曲变形,轴向应变不超过 $1200\mu\varepsilon$。

五、实验结果处理

1. 根据实验设计实验数据记录表格;

2. 绘制两种支撑条件下的 F-ε_d 试验曲线,确定相应的临界力测试值 F_{cr};
3. 理论计算两种支撑条件下的临界力值 F_{cr}。

六、讨论

1. 不同约束支撑条件下,细长压杆失稳时的变形特征有何不同?
2. 临界力测定结果和理论计算结果之间的差异主要是由哪些因数引起的?

YJ-4501Aa 静态数字电阻应变仪简要操作说明

一、面板介绍

应变仪面板如图 4.6 所示。

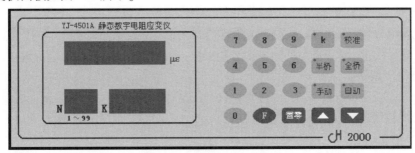

图 4.6　应变仪面板

1. 上显示窗　　　显示测量值(或校准值)$\mu\varepsilon$(微应变)。
2. 左下显示窗　　显示测量通道,00—99,本机 00—12,00 为校准通道。
3. 右下显示窗　　显示灵敏系数 K 值。
4. ❋k　　　　　　灵敏系数设定键,并伴有指示灯。
5. 校准　　　　　校准键,并伴有指示灯。
6. 半桥　　　　　半桥工作键,并伴有指示灯。
7. 全桥　　　　　全桥工作键,并伴有指示灯。
8. 手动　　　　　手动测量键,并伴有指示灯。
9. 自动　　　　　自动测量键,并伴有指示灯。
10. ▲ ▼　　　　上行、下行键。
11. 置零　　　　　置零键。
12. F　　　　　　功能键。
13. 0 ~ 9　　　　数字键。

二、操作

打开应变仪背面的电源开关,上显示窗显示提示符 nH--JH,且半桥键、手动键指示灯均亮。按数字键01(或按任意测量通道序号均可,按功能键无效或会出错),应变仪进入半桥、手动测量状态,左下显示窗显示 01 通道(或显示所按的通道序号),右下显示窗显示上次关机时的灵敏系数,上显示窗显示所按通道上的测量电桥的初始值。

1. 灵敏系数 K 设定

在手动测量状态下,按 K 键,K 键指示灯亮,灵敏系数显示窗(右下显示窗)无显示,应变仪进入灵敏系数设定状态。通过数字键键入所需的灵敏系数值后,K 键指示灯自动熄灭,灵敏系数设定完毕,返回到手动测量状态;若不需要重新设定 K 值,则再按 K 键,K 键的指示灯熄灭,返回到手动测量状态,灵敏系数显示窗仍显示原来的 K 值。K 值设定范围 1.0~2.99。

2. 全桥、半桥选择

应变仪半桥键指示灯亮时,处于半桥工作状态,全桥键指示灯亮时,处于全桥工作状态。根据测量要求,若需要半桥测量则按半桥键,若需要全桥测量则按全桥键。

3. 电桥接线法

应变仪面板后部如图 4.7 所示,有 0~12 个通道的接线柱,0 通道为校准通道,其余为测量通道。测量电桥有以下几种接线方法。

(1)半桥接线法。

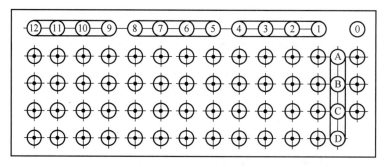

图 4.7 应变仪后部面板

半桥测量时有两种接线方法,分别为单臂半桥接线法和双臂半桥接线法。

单臂半桥接线法是在 AB 桥臂上接工作应变片,BC 桥臂上接补偿应变片。多点测量时常用这种接线方法,又称为公共补偿法。如图 4.8(a)所示,各通道的 A、B 接线柱上接工作片,补偿片接在 0 通道的 B、C 接线柱上;若工作应变片已用公共线接法,则按图 4.8(b)接线,各通道的 A 接线柱上接工作片,工作片公共线接在任一通道的 B 接线柱上,补偿片仍接在 0 通道的 B、C 接线柱上。

双臂半桥接线法是在 AB、BC 桥臂上都接工作应变片,如图 4.8(c)所示。

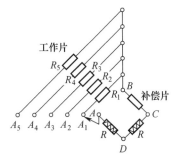 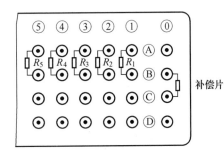

(a)公共补偿接线法　　　　　　(b)公共接线法

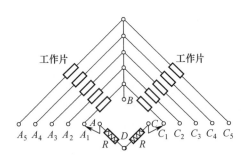 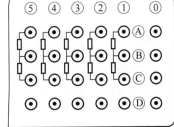

(c)双臂半桥接线法

图 4.8　电桥接线法

(a)公共补偿接线法;(b)公共接线法;(c)双臂半桥接线法

(2)全桥接线法。

全桥接线法是在 AB、BC、CD、DA 桥臂上均接上应变片。

4. 测量

测量电桥接好以后,根据接桥方式选择好半桥或全桥测量状态,就可以进行测量了。应变仪测量分手动测量和自动测量。

(1)手动测量。

手动测量时,按手动键,手动键指示灯亮,应变仪处于手动测量状态,在该状态下,测量通道切换可直接用数字键键入所需通道号(01~12 之间),也可以通过上行、下行键按顺序切换。用置零键对各通道分别置零,(可反复进行),各通道置零后即可按试验要求进行试验测试。

(2)自动测量。

详见 YJ-4501Aa 使用说明书。

实验五　光弹性测试方法

一、实验目的

1. 了解光弹性仪器各部分名称和作用,掌握光弹性仪器的使用方法;
2. 观察光弹性模型受力后在偏振光场中的光学效应,加深对典型模型受力后全场应力分布情况的了解;
3. 观察等差线和等倾线,学会判别等差线和等倾线。

二、实验设备和模型

1. TST1002 型光弹性仪。
2. 光弹性模型梁、圆环、圆盘、有孔拉伸板试件。

三、实验原理和方法

光弹性仪由光源(包括白光和单色光)、一对偏振镜、一对 1/4 波片以及透镜等构成,如图 5.1 所示。

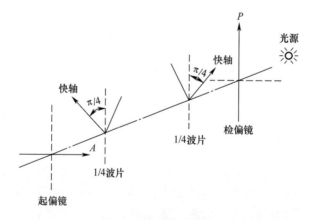

图 5.1　光弹仪原理图

TST1002 型光弹性仪除偏振片、1/4 波片以及透镜外,还有给模型加载荷的加载系统,如图 5.2 所示。

光弹性实验,最基本的是布置平面偏振光场,该光场是由光源和一对偏振镜组成,靠近光源的为起偏镜,另一片为检偏镜。当两偏振镜轴成正交时形成暗场,平行时为亮场。通常暗场时,调整起偏镜轴于垂直方向,检偏镜轴为水平方向。

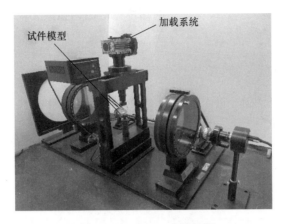

图 5.2 TST-1002 光弹性仪

在正交平面偏振光场中,由暂时双折射材料制成的模型受力后,使入射到模型的平面偏振光分解为沿各点主应力方向振动的两列平面偏振光,且其传播速度不同,通过模型后,产生光程差 Δ,此光程差与模型厚度 h 及主应力差 $\sigma_1-\sigma_2$ 成正比:

$$\Delta = Ch(\sigma_1 - \sigma_2) \tag{5.1}$$

式中:C 为应力光学系数。

式(5.1)为平面应力-光学定律,当光程差 Δ 为入射光波波长 λ 的整数倍时,即

$$\Delta = N\lambda \quad (N = 0,1,2\cdots) \tag{5.2}$$

产生消光干涉,呈现暗点,同时满足光程差为同一整数倍波长的诸点形成黑色条纹,称为等差线。由式(5.1)、式(5.2)可得

$$\sigma_1 - \sigma_2 = \frac{Nf}{h} \tag{5.3}$$

式中:$f = \lambda/C$ 称为模型材料条纹值。

由此可知,等差线上各点主应力差相同,对应于不同的 N 值则有 0 级、1 级、2 级、… 等差线。

在模型内凡主应力方向与偏振镜轴重合的点,亦形成一条黑色干涉条纹,称为等倾线。由等倾线可以确定各点的主应力方向。当两偏振轴分别为垂直和水平放置时,对应的为零度等倾线。此时若再将偏振镜轴同步反时针方向旋转 10°,20°,… 就得到 10°,20°,… 的等倾线,其上各点主应力方向与垂直或水平线成 10°,20°,… 夹角。

等差线和等倾线是光弹性实验提供的两个重要的资料,据此可以根据模型的受力特点计算应力。

为了消除等倾线以获得清晰的等差线图,在两偏振镜之间加入一对 1/4 波片,以形成正交圆偏振光场,各镜片光轴的相对位置如图 5.1 所示。一般观测等差线时,首先采用白光光源,此时等差线为彩色,故又称为等色线。当 $N=0$ 时呈黑色,其等差级数为零级,其余等差线级数可根据零级依次确定,非零级条纹均为彩色。色序按黄、红、绿次序,指示着主应力差($\sigma_1-\sigma_2$)的增加,并以红绿之间的深紫色交线为整数级条纹,观察时若采用单色光源如钠光,可提高测量精度。

四、实验步骤

1. 观看光弹仪各部分,了解其名称和作用。
2. 开启白光光源,检查两片 1/4 波片的位置,若不在零度方位,则分别拔起两片 1/4 波片的销子,将波片转至零度方位再放下销子,此时为平面偏振光场。单独旋转检偏镜,反复观察平面偏振光场的光强变化情况,正确布置出正交平面偏振光场。
3. 将圆盘模型置于载荷架上,预载 5N(或 10N)砝码,使模型受压,此时,圆盘中心黑色等倾线应为正交十字线。
4. 同步旋转两偏振镜轴,观察等倾线的变化及特点,尤其要注意圆盘边界处等倾线角度值。
5. 调整光路为正交圆偏振光场(将两片 1/4 波片分别向左、向右旋转 45°),此时等倾线消除,逐级加载,观察等差线图案的变化情况,直至出现 4~5 级条纹为止。
6. 调整光路为平行圆偏振光场(在正交圆偏振光场中,单独将检偏镜轴旋转 90°,使检偏镜轴与起偏镜轴平行),观察等差线图案变化情况(此时观察到的是半数级等差线条纹图案)。
7. 换用单色光源,重复 5、6 两步骤观察内容。
8. 取下圆盘模型,换上弯曲梁模型,加载成四点弯曲(纯弯曲)和三点弯曲两种情况,重复 5、6、7 三个步骤,观察等差线图案特点及变化情况。
9. 依次再换圆环模型和有孔拉伸板试件,重复 5、6、7 三个步骤,观察等差线图案特点及变化情况。
10. 关闭光源,卸载后,取下模型,整理仪器。

五、实验报告

1. 简述仪器调整过程,绘出正交平面偏振光场以及圆偏振光场布置简图。
2. 简述不同偏振光场和不同光源下,观察到的模型中等差线条纹图案的特点。
3. 记录(或拍摄)不同模型的受力条纹图,并简述条纹图的特点。

六、思考题

1. 如何区分等差线和等倾线?
2. 对径受压圆盘外圆边界处,等倾线角度有何特点?说明什么问题?
3. 弯曲梁四个角点处(自由方角)等差线图案有何特点?表明该点处于何种应力状态?
4. 纯弯曲梁和三点横力弯曲梁等差线图案有何区别?原因何在?

七、注意事项

1. 光弹仪镜片部分切勿用手去摸。
2. 加载时,切勿使模型弹出,以免损坏光学元件。

实验六 薄壁圆管弯扭组合变形测定实验

一、实验目的

1. 用电测法测定平面应力状态下主应力的大小及方向；
2. 测定薄壁圆管在弯扭组合变形作用下，分别由弯矩、剪力和扭矩所引起的应力。

二、实验仪器和设备

1. 弯扭组合实验装置；
2. YJ-4501A 静态数字电阻应变仪。

三、实验原理

弯扭组合实验装置如图 6.1 所示，由薄壁圆管 1(已粘好应变片)，扇臂 2，钢索 3，传感器 4，加载手轮 5，座体 6，数字测力仪 7 等组成。试验时，逆时针转动加载手轮，传感器受力，将信号传给数字测力仪，此时，数字测力仪显示的数字即为作用在扇臂顶端的载荷值，扇臂顶端作用力传递至薄壁圆管上，薄壁圆管产生弯扭组合变形。

图 6.1 弯扭组合实验装置

薄壁圆管材料为铝合金，其弹性模量 E 为 72GPa，泊松比 μ 为 0.33。薄壁圆管截面尺寸、受力简图如图 6.2 所示，Ⅰ-Ⅰ 截面为被测试截面，由材料力学可知，该截面上的内力有弯矩、剪力和扭矩。取 Ⅰ-Ⅰ 截面的 A、B、C、D 四个被测点，其应力状态如图 6.3 所示。每点处按 $-45°$、$0°$、$+45°$ 方向粘贴一枚三轴 45°应变花，如图 6.4 所示。

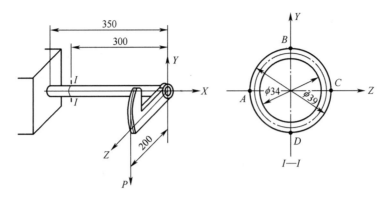

图 6.2 薄壁圆管受力简图

四、实验内容及方法

1. 指定点的主应力大小和方向的测定

受弯扭组合变形作用的薄壁圆管其表面各点处于平面应力状态,用应变花测出三个方向的线应变,然后运用应变-应力换算关系求出主应力的大小和方向。本实验用的是 45°应变花,若测得应变 ε_{-45}、ε_0、ε_{45},则主应力大小的计算公式为

$$\begin{matrix}\sigma_1\\ \sigma_3\end{matrix} = \frac{E}{1-\mu^2}\left[\frac{1+\mu}{2}(\varepsilon_{-45}+\varepsilon_{45}) \pm \frac{1-\mu}{\sqrt{2}}\sqrt{(\varepsilon_{-45}-\varepsilon_0)^2+(\varepsilon_0-\varepsilon_{45})^2}\right]$$

主应力方向计算公式为

$$\mathrm{tg}2\alpha = \frac{\varepsilon_{45}-\varepsilon_{-45}}{(\varepsilon_0-\varepsilon_{-45})-(\varepsilon_{45}-\varepsilon_0)}$$

2. 弯矩、剪力、扭矩所分别引起的应力的测定

(1) 弯矩 M 引起的正应力的测定。

用 B、D 两被测点 0°方向的应变片组成图 6.5(a)所示半桥线路,可测得弯矩 M 引的正应变:

$$\varepsilon_M = \frac{\varepsilon_{Md}}{2}$$

由虎克定律可求得弯矩 M 引起的正应力:

$$\sigma_M = E\varepsilon_M = \frac{E\varepsilon_{Md}}{2}$$

(2) 扭矩 T 引起的剪应力的测定。

用 A、C 两被测点 $-45°$、$45°$ 方向的应变片组成图 6.5(b)所示全桥线路,可测得扭矩 M_n 在 45°方向所引起的应变为

$$\varepsilon_T = \frac{\varepsilon_{Td}}{4}$$

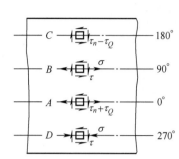 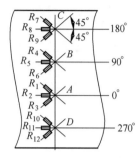 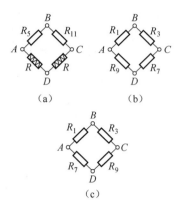

图 6.3　四测点应力状态　　图 6.4　应变片粘贴位置　　图 6.5　应变片组桥

由广义虎克定律可求得剪力 M_n 引起的剪应力

$$\tau_T = \frac{E\varepsilon_{Td}}{4(1+\mu)} = \frac{G\varepsilon_{Td}}{2}$$

(3) 剪力 F_S 引起的切应力的测定。

用 A、C 两被测点 $-45°$、$45°$ 方向的应变片组成图 6.5(c) 所示全桥线路,可测得剪力 Q 在 $45°$ 方向所引起的应变为

$$\varepsilon_{F_S} = \frac{\varepsilon_{F_{Sd}}}{4}$$

由广义虎克定律可求得剪力 F_S 引起的剪应力：

$$\tau_{F_S} = \frac{E\varepsilon_{F_{Sd}}}{4(1+\mu)} = \frac{G\varepsilon_{F_{Sd}}}{2}$$

五、实验步骤

1. 将传感器与测力仪连接,接通测力仪电源,将测力仪开关置开。
2. 将薄壁圆管上 A、B、C、D 各点的应变片按单臂(多点)半桥测量接线方法接至应变仪测量通道上。
3. 逆时针旋转手轮,预加 50N 初始载荷,将应变仪各测量通道置零。
4. 分级加载,每级 100N,加至 450N,记录各级载荷作用下应变片的读数应变。
5. 卸去载荷。
6. 将薄壁圆管上 B、D 两点 0° 方向的应变片按图 6.5(a) 半桥测量接线方法接至应变仪测量通道上,重复步骤 3、4、5。
7. 将薄壁圆管上 A、C 两点 $-45°$、$45°$ 方向的应变片按图 6.5(b) 全桥测量接线方法接至应变仪测量通道上,重复步骤 3、4、5。
8. 将薄壁圆管上 A、C 两点 $-45°$、$45°$ 方向的应变片按图 6.5(c) 全桥测量接线方法接

至应变仪测量通道上,重复步骤 3、4、5。

六、实验结果的处理

1. 计算 A、B、C、D 四点的主应力大小和方向。
2. 计算 $I-I$ 截面上分别由弯矩、剪力、扭矩所引起的应力。

实验数据记录和计算可参考表 6.1~表 6.4。

七、思考题

1. 测定由弯矩、剪力、扭矩所引起的应变,还有哪些接线方法,请画出测量电桥的接法。
2. 本实验中能否用二轴 45°应变花替代三轴 45°应变花来确定主应力的大小和方向?为什么?
3. 本实验中,测定剪力 Q 引起的剪应力时,是否有其他力的影响?若存在其他力的影响,请画出仅测定剪力 Q 引起的剪应力的布片图以及组桥接线图。

实验数据参考表

表 6.1

载荷	读数应变	A						B					
		$-45°(R_1)$		$0°(R_2)$		$45°(R_3)$		$-45°(R_4)$		$0°(R_5)$		$45°(R_6)$	
F/N	$\Delta F/N$	$\varepsilon/\mu\varepsilon$	$\Delta\varepsilon/\mu\varepsilon$	$\varepsilon/\mu\varepsilon$	$\Delta\varepsilon/\mu\varepsilon$	$\varepsilon/\mu\varepsilon$	$\Delta\varepsilon/\mu\varepsilon$	$\varepsilon/\mu\varepsilon$	$\Delta\varepsilon/\mu\varepsilon$	$\varepsilon/\mu\varepsilon$	$\Delta\varepsilon/\mu\varepsilon$	$\varepsilon/\mu\varepsilon$	$\Delta\varepsilon/\mu\varepsilon$
$\Delta\varepsilon_{d均}/\mu\varepsilon$													

表 6.2

载荷 \ 读数应变		C						D					
		−45°(R_1)		0°(R_2)		45°(R_3)		−45°(R_4)		0°(R_5)		45°(R_6)	
F/N	ΔF/N	ε/$\mu\varepsilon$	$\Delta\varepsilon$/$\mu\varepsilon$	ε/$\mu\varepsilon$	$\Delta\varepsilon$/$\mu\varepsilon$	ε/$\mu\varepsilon$	$\Delta\varepsilon$/$\mu\varepsilon$	ε/$\mu\varepsilon$	$\Delta\varepsilon$/$\mu\varepsilon$	ε/$\mu\varepsilon$	$\Delta\varepsilon$/$\mu\varepsilon$	ε/$\mu\varepsilon$	$\Delta\varepsilon$/$\mu\varepsilon$
$\Delta\varepsilon_{d均}$/$\mu\varepsilon$													

表 6.3

主应力 \ 被测点	A	B	C	D
σ_1/(MN/m²)				
σ_3/(MN/m²)				
α_0(°)				

表 6.4

载荷 \ 读数应变		弯矩 /M		扭矩 /T		剪力 /F_S	
F/N	ΔF/N	ε_{Md}/$\mu\varepsilon$	$\Delta\varepsilon_{Md}$/$\mu\varepsilon$	ε_{Td}/$\mu\varepsilon$	$\Delta\varepsilon_{Td}$/$\mu\varepsilon$	ε_{Fsd}/$\mu\varepsilon$	$\Delta\varepsilon_{Fsd}$/$\mu\varepsilon$
应力 σ/(MN/m²)		σ_M		τ_T		τ_{Fs}	

实验七　电阻应变片粘贴实验

一、实验目的

1. 初步掌握常温电阻应变片的粘贴技术；
2. 初步掌握导线焊接技术；
3. 了解应变片防潮和检查等。

二、实验设备和器材

1. 常温电阻应变片；
2. 试件(试件横截面尺寸为:宽 20mm,厚 3mm)；
3. 砂布；
4. 丙酮(或酒精)等清洗器材；
5. 502 黏结剂；
6. 测量导线；
7. 电烙铁；
8. 万用表。

三、实验步骤

1. 定出试件被测位置(测量材料的弹性常数 E、μ),画出贴片定位线。在贴片处用细砂布按 45°方向交叉打磨,然后用浸有丙酮(或酒精)的棉球将打磨处擦洗干净(钢试件用丙酮棉球,铝试件用酒精棉球)直至棉球洁白为止。

2. 一手镊住应变片引线,一手拿 502 胶,在应变片基底底面涂上 502 胶(挤上一滴 502 胶即可),立即将应变片底面向下放在试件被测位置上,并使应变片基准对准定位线。将一小片薄膜盖在应变片上,用手指柔和滚压挤出多余的胶,然后手指静压 1min,使应变片和试件完全黏结后再放开。从应变片无引线的一端向有引线的一端揭掉薄膜。检查应变片与试件之间有无气泡、翘曲、脱胶等现象,若有则需重贴。

注意:502 胶不能用的过多或过少,过多使胶层太厚影响应变片测试性能,过少则黏结不牢不能准确传递应变,也影响应变片测试性能。此外小心不要被 502 胶黏住手指,如被黏住用丙酮泡洗。

3. 将导线与应变片连接的一端去掉 2mm 塑料皮,涂上焊锡。

4. 将应变片引线与试件轻轻拉开,把一端涂上焊锡的导线与应变片引线靠近用胶布固定在试件上,然后用电烙铁将应变片引线与导线焊接。焊点要光滑,防止虚焊。

5. 用万用表检查:与应变片焊接的导线是否导通(两导线之间电阻约 120Ω 左右);应变片与试件之间是否绝缘(绝缘电阻大于 $100M\Omega$)。

实验八 材料弹性常数 E、μ 测定实验

一、实验目的

1. 用电阻应变片测量材料弹性模量 E 和泊松比 μ；
2. 用两种方法计算 E、μ。

二、实验仪器和设备

1. 拉压实验装置,如图 8.1 所示；

图 8.1 拉压实验装置

2. YJ-4501A 静态数字电阻应变仪 1 台；
3. 试件(已由实验者沿试件轴向和横向粘贴好应变片,试件横截面尺寸为:宽 20mm,厚 3mm)。

三、实验原理

用拉伸的方法在材料弹性范围内测定材料弹性常数 E、μ。弹性阶段材料服从胡克定律, $E = \sigma/\varepsilon$。若已知载荷 F 及试件横截面面积 A,只要测得试件表面轴向应变 ε_F,则

$$E = \frac{F}{A\varepsilon_F}$$

43

若同时测得试件表面横向应变 ε'_F，则

$$\mu = \left|\frac{\varepsilon'_F}{\varepsilon_F}\right|$$

四、实验步骤

由实验者拟订（注意：首先根据电桥基本特性，将应变片接至应变仪上，确定最大载荷，然后拟订加载方案。最小二乘法需要 8 对或多于 8 对数据）。

五、实验结果的处理

根据实验数据，用两种方法（包括最小二乘法）计算弹性模量 E 和泊松比 μ。

六、思考题

1. 试件尺寸、形状对测定弹性模量 E 和泊松比 u 有无影响？为什么？
2. 试件上应变片粘贴时与试件轴线出现平移或角度差，对试验结果有无影响？
3. 本实验采用什么组桥方式？应注意什么问题？
4. 比较本实验的数据处理方法。

实验数据参考表

表 8.1

序号	载荷	读数应变	轴向应变/$\mu\varepsilon$		横向应变/$\mu\varepsilon$	
	F	ΔF	ε_{Fd}	$\Delta\varepsilon_{Fd}$	$\varepsilon_{Fd}{'}$	$\Delta\varepsilon_{Fd}{'}$
初载						
1						
2						
3						
4						
5						
6						
7						
8						
9						
10						
均值	$\Delta F_{均}$		$\Delta\varepsilon_{F均}$		$\Delta\varepsilon_{F均}{'}$	

实验结果： 弹性模量 $E=$ 泊松比 $u=$

附：材料弹性常数 E、μ 测定实验（详细指导）

一、实验目的

1. 用电阻应变片测量材料弹性模量 E 和泊松比 μ；
2. 用两种方法计算 E、μ。

二、实验仪器和设备

1. 拉压实验装置 1 台；
2. YJ-4501A 静态数字电阻应变仪 1 台；
3. 板试件一根（已粘贴好应变片）。

三、实验原理

拉压实验装置如图 8.2(a)所示，它由座体 1，蜗轮加载系统 2，支承框架 3，活动横梁 4，传感器 5 和测力仪 6 等组成。通过手轮调节传感器和活动横梁中间的距离，将万向接头和已粘贴好应变片的试件安装在传感器和活动横梁的中间，如图 8.2(b)所示。

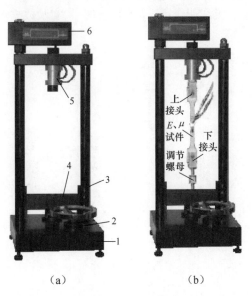

图 8.2 拉压实验装置

用拉伸的方法在材料弹性范围内测定材料弹性常数 E、μ。弹性阶段材料服从虎克定律，$E = \sigma/\varepsilon$。若已知载荷 P 及试件横截面面积 A，只要测得试件表面轴向应变 ε_F，则

$$E = \frac{P}{A\varepsilon_F}$$

45

若同时测得试件表面横向应变 ε_F'，则

$$\mu = \left| \frac{\varepsilon_F'}{\varepsilon_F} \right|$$

E、u 测定试件如图 8.3 所示，是由铝合金(或钢)加工成的板试件，在试件中间的两个面上，沿试件的轴线方向和横向共粘贴 4 片应变片，分别为 R_1、R_2、R_1'、R_2'，为消除试件初弯曲和加载可能存在的偏心影响，采用全桥接线法。由轴向应变测量桥和横向应变测量桥可分别测得 ε_F 和 ε_F'，由此，可计算得到弹性模量 E 和泊松比 u。

四、实验步骤

1. 试件横截面尺寸为：铝合金材料，宽 20mm，厚 3mm。
2. 接通测力仪电源，将测力仪开关置开。
3. 将应变片按图 8.3 全桥接线法接至应变仪通道上(应变仪操作可参考应变仪使用说明书)。
4. 检查应变仪灵敏系数是否与应变片一致，若不一致，重新设置。
5. 实验：

(1) 本实验取初始载荷 $P_0 = 0.2\text{kN}(200\text{N})$，$P_{\max} = 2.6\text{kN}(2200\text{N})$，$\Delta P = 0.3\text{kN}(300\text{N})$，共分 8 次加载；

(2) 加初始载荷 0.2kN(200N)，通道置零；

(3) 逐级加载，记录各级载荷作用下的读数应变。实验数据记录可参考下面记录表。

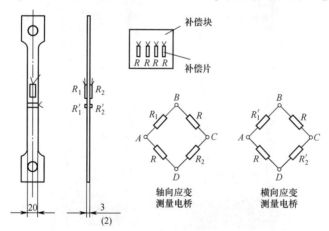

图 8.3 E、u 测定试件及组桥

五、实验结果处理

1. 平均值法

根据记录表记录的各项数据，每级相减，得到各级增加量的差值(从这些差值可看出力与应变的线性关系)，然后计算这些差值的算术平均值 $\Delta F_{均}$、$\Delta \varepsilon_{F均}$、$\Delta \varepsilon_{F均}'$，可由下式计算出弹性模量 E 和泊松比 μ：

$$E = \frac{\Delta F_{均}}{A_0 \Delta \varepsilon_{F均}}, \qquad \mu = \frac{|\Delta \varepsilon_{F均}{}'|}{|\Delta \varepsilon_{F均}|}$$

2. 最小二乘法

利用最小二乘法计算弹性模量 E 和泊松比 μ：

$$E = \frac{\sum\limits_{i=1}^{n} \varepsilon_{Fi}\sigma_i}{\sum\limits_{i=1}^{n} \varepsilon_{Fi}^2}, \qquad \mu = \frac{\sum\limits_{i=1}^{n} \varepsilon_{Fi}\varepsilon_{Fi}{}'}{\sum\limits_{i=1}^{n} \varepsilon_{Fi}^2}$$

六、思考题

1. 试件尺寸、形状对测定弹性模量 E 和泊松比 u 有无影响？为什么？
2. 试件上应变片粘贴时与试件轴线出现平移或角度差，对试验结果有无影响？
3. 本实验为什么采用全桥接线法？
4. 比较本实验的数据处理方法。

实验数据参考表

表 8-2

序号	载荷		读数应变		轴向应变/$\mu\varepsilon$		横向应变/$\mu\varepsilon$	
	F	ΔF	ε_{Fd}	$\Delta\varepsilon_{Fd}$	$\varepsilon_{Fd}{}'$	$\Delta\varepsilon_{Fd}{}'$
初载						
1						
2						
3						
4						
5						
6						
7						
8						
9						
10						
均值	$\Delta F_{均}$		$\Delta\varepsilon_{F均}$		$\Delta\varepsilon_{F均}{}'$	

实验结果： 弹性模量 $E=$ 泊松比 $u=$

实验九 规定非比例伸长应力 $R_{p0.01}$ 和规定残余伸长应力 $R_{r0.2}$ 测定实验任务书

对于没有明显屈服现象的材料,如合金钢、铝合金、铜合金等,屈服强度指标按 GB228—87 中规定,用微量塑性伸长应力指标作为这类材料的屈服强度指标。

一、任务

根据规定非比例伸长应力 $R_{p0.01}$ 和残余伸长应力 $R_{r0.2}$ 的定义,自行设计试验方案,测定 30CrMnSi、LY12 材料的规定非比例伸长应力 $R_{p0.01}$ 和残余伸长应力 $R_{r0.2}$。

二、实验仪器和设备

1. TSE105D 电子万能材料试验机如图 9.1 所示。

图 9.1 电子万能材料试验机

2. 应变片式引伸计。

3. 30CrMnSi、LY12 标准试件各 1 根($d_0 = 10\text{mm}, l_0 = 100\text{mm}$),如图 9.2 所示。

三、实验报告

1. 叙述规定微量塑性伸长应力指标的定义,并用图示的方法说明这些指标间的关系。

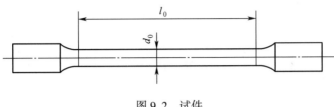

图 9.2 试件

2. 试验方案,试验数据,试验结果及分析。
3. 分析内容。
(1) 什么时候安装引伸计？引伸计反映的位移是试件产生的变形吗？
(2) 如何确定 $F_{p0.01}$ 和 $F_{r0.2}$ 的？
(3) 测定规定非比例伸长应力 $R_{p0.01}$ 和残余伸长应力 $R_{r0.2}$ 应注意什么问题？通过实验,谈谈实验体会。

实验十 叠梁、复合梁正应力测定实验任务书

叠梁、复合梁如图 10.1 所示,在叠梁或复合梁的纯弯曲段内,沿叠梁或复合梁的横截面高度已粘贴一组应变片,叠梁、复合梁材料分别有同材料(钢)叠合,不同材料(铝、钢)叠合,不同材料(铝、钢)复合几种组合。铝梁和钢梁的弹性模量分别为 $E = 72 \text{GN/m}^2$ 和 $E = 210 \text{GPa}$。

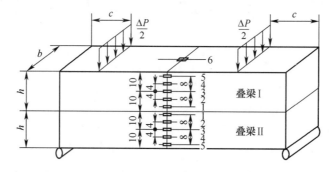

图 10.1 叠梁、复合梁受力状态及应变片粘贴位置图

一、任务

1. 用材料力学知识推导叠梁、复合梁的正应力计算公式,并计算出沿梁横截面高度的正应力分布的理论值;
2. 测定叠梁、复合梁各种组合下沿梁横截面高度的正应力分布规律,自行设计试验方案、根据试验方案确定组桥和加载方式等。

二、实验设备和仪器

1. 叠梁、复合梁实验装置,如图 10.2 所示;
2. YJ-4501A 静态数字电阻应变仪。

三、实验报告

1. 用材料力学知识推导出叠梁、复合梁的正应力计算公式,并计算出沿梁横截面高度的正应力分布的理论值。
2. 试验方案,试验数据,试验结果及分析,分析内容包括:
(1) 完成该实验,用何种组桥方式,应注意哪些问题;

图 10.2 叠梁、复合梁实验装置

(2) 如何理解叠梁中各梁受力大小与其刚度有关;

(3) 通过实验,分析理论值与实验值的差异,探讨此种梁的工程实际意义,谈谈自己的体会。

实验十一　静不定结构应力、内力测定实验任务书

如图 11.1 所示小刚架结构,横梁上已粘贴了 9 片应变片,应变片粘贴位置在图中已标出,A-A 截面 5 片,距横梁中性层尺寸如图 11.2 所示,其余截面 4 片;拉(压)杆上沿拉杆的轴向和横向粘贴 4 片应变片,如图 11.3 所示。材料均为 LY12 铝合金材料,铝合金材料的弹性模量 $E=72\text{GPa}$,$\mu=0.33$。

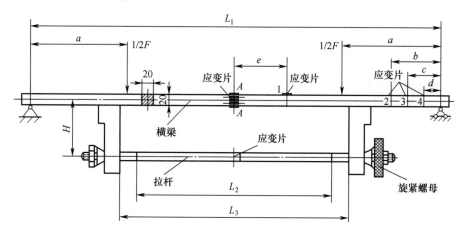

图 11.1　小刚架结构

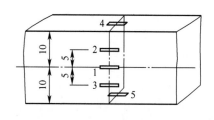

图 11.2　应变片粘贴位置

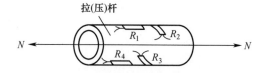

图 11.3　拉杆及应变片粘贴位置

小刚架有关尺寸:$L_1=620\text{mm}$,$L_2=300\text{mm}$,$L_3=350\text{mm}$,$a=150\text{mm}$,$b=75\text{mm}$,$c=50\text{mm}$,$d=25\text{mm}$,$e=80\text{mm}$,$H=90\text{mm}$,拉杆外径 $\phi16\text{mm}$,壁厚 1mm,因为拉杆两端是实心连接的,计算时拉杆长度取 L_2。

一、任务

对小刚架结构进行应变测试。自行设计试验方案、根据试验方案确定组桥、加载以及

加载顺序等(建议初始载荷 $F=0.2$kN,施加载荷增量 $\Delta F=1$kN,拉杆施加应变,全桥为 $800\mu\varepsilon$,半桥为 $400\mu\varepsilon$),完成以下项目。

1. 根据小刚架结构建立力学计算模型,计算梁上应变片粘贴处的正应力及拉(压)杆内力;
2. 根据实验数据计算梁上应变片粘贴处的正应力和拉(压)杆的内力。
(提示:拉(压)杆施加载荷时,根据内力和应变的关系由应变来确定)

二、实验设备和仪器

1. 静不定实验装置,如图11.4所示;
2. YJ-4501A 静态数字电阻应变仪。

图11.4 静不定实验装置

三、实验报告

1. 建立该结构力学计算模型,用材料力学知识计算该结构中梁上应变贴片处的正应力及拉(压)杆内力。
2. 试验方案,试验数据,试验结果及分析。
3. 分析内容。
(1) 完成该试验可有几种组桥方案,应注意哪些问题;
(2) 在该实验装置中如何确定对拉(压)杆施加的力;
(3) 通过实验,分析理论计算和实验结果之差异,探讨此种结构的实际意义,谈谈实验体会。

实验十二 槽型截面梁弯心及内力等测定实验任务书

一悬臂槽型截面梁,在该槽型截面梁上粘贴了若干片应变片,槽型截面梁尺寸及应变片粘贴位置如图 12.1 所示。

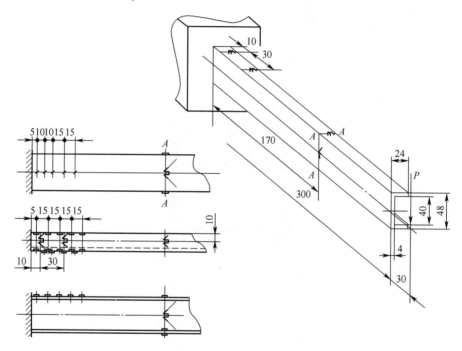

图 12.1 槽型截面梁尺寸及应变片粘贴位置

一、任务

根据槽型截面梁上已粘贴的应变片对其进行测试,完成以下项目(或选做其中几项)。自行设计试验方案、根据试验方案确定组桥和加载方式等。

1. 确定弯心 e_z;
2. 测定翼缘上下外表面中点的弯曲切应力;
3. 测定腹板外侧面中点的弯曲切应力;
4. 测定载荷作用于腹板中线时,翼缘上下外表面中点的扭转切应力;
5. 测定载荷作用于腹板中线时,腹板外侧面中点的扭转切应力;
6. 测定载荷在距弯心正负 8mm 处作用时,各应变花粘贴处的主应力大小和方向;

7. 用实验数据说明圣维南原理的影响范围；
8. 用实验数据说明本实验装置的固定端约束对弯曲正应力的局部影响范围。

二、实验设备和仪器

1. 槽型截面梁实验装置,如图12.2所示；
2. YJ-4501A 静态数字电阻应变仪。

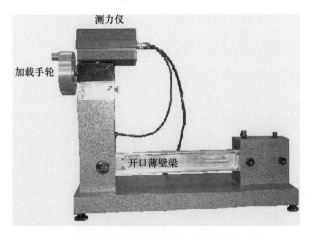

图12.2　槽型截面梁实验装置

三、实验报告

1. 用材料力学知识计算开口薄壁梁弯心。
2. 试验方案,试验数据,试验结果及分析。
3. 分析内容。
（1）完成以上各项目的测试,用哪些位置的应变片,如何组桥,应注意哪些问题？
（2）在该实验装置测定弯心,还有哪些贴片方案和组桥方式？
（3）用数据分析圣维南原理的影响范围和固定端约束对弯曲正应力的局部影响范围。
（4）通过实验,谈谈实验体会,或者根据选做的内容谈谈实验体会。